页岩气藏开发评价技术

杨　宇　孙晗森　陈万钢　著

科学出版社

北　京

内 容 简 介

本书基于页岩气储层静动态一体化评价的理念，以页岩储层评价为核心，系统阐述了页岩储层评价的地质和工程方法，包括：开发地质评价、测井地质评价、压前先导性评价、多重介质数值模拟和动态分析等。在内容安排上，先介绍了室内物性测试和测井物性解释方法的基本原理，再重点介绍了美国石油工程师协会在页岩气气藏工程领域的新技术与发展。

本书适合从事页岩气开发的技术人员和管理人员参考阅读，也可作为高等院校资源勘查工程、油气田开发工程等专业的教学资料。

图书在版编目（CIP）数据

页岩气藏开发评价技术／杨宇，孙晗森，陈万钢著 . —北京：科学出版社，2019.5

ISBN 978-7-03-060727-0

Ⅰ.①页… Ⅱ.①杨… ②孙… ③陈… Ⅲ.①油页岩–油气田开发–研究 Ⅳ.①P618.130.8

中国版本图书馆 CIP 数据核字（2019）第 042925 号

责任编辑：焦 健 韩 鹏／责任校对：张小霞
责任印制：赵 博／封面设计：北京图阅盛世

科学出版社 出版
北京东黄城根北街 16 号
邮政编码：100717
http://www.sciencep.com
北京中石油彩色印刷有限责任公司印刷
科学出版社发行 各地新华书店经销
＊
2019 年 5 月第 一 版 开本：787×1092 1/16
2025 年 2 月第二次印刷 印张：14 1/4
字数：338 000
定价：138.00 元
（如有印装质量问题，我社负责调换）

序

　　能源是国民经济和社会现代化的重要基础，能源结构更是度量一个国家环境清洁或污染的指标。2017 年世界和中国能源结构中，化石能源占绝对优势，分别为 85.05% 和 85.9%。其中，低碳的绿色化石能源天然气比例大于高碳化石能源煤炭和石油之一的国家和地区，污染较少，如北美和中东地区（2017 年天然气在能源结构中分别占 31.1% 和 52.3%）；而我国 2017 年天然气在能源结构中仅占 7%，相应地，环境污染更严重。美国近年来不断提高页岩气产量，一直保持着世界产量霸主地位，2017 年年产页岩气达 $4740 \times 10^8 m^3$，占该国年产总量 64.5%，页岩气是美国天然气从进口转外销立下汗马功劳的关键气种。

　　我国的页岩气资源十分丰富，但还处于勘探开发初期，预计将来页岩气在改变我国能源结构中将起到重要作用。页岩气属于"人工气藏"，这表明页岩气开发具有极其重要的意义。《页岩气藏开发评价技术》是"人工气藏"的智囊书。该书的作者有从事页岩气藏研究的高校教师，也有从事页岩气地质与工程管理工作的现场技术人员，具有理论和实践结合的优势。专著既借鉴了近年来北美页岩气评价与开采技术的成功经验，又精选了国内页岩气研究的最新成果。内容选择上注重基础理论与方法的综合，遴选国内外最新技术的进展；章节安排上，涉及页岩气藏研究核心的储层地质评价、测井地质评价、增产改造和数值模拟等方面。

　　《页岩气藏开发评价技术》为高校相关专业学生和现场技术人员提供了实用的页岩气藏开发地质评价与气藏工程评价方法。该专著的出版将为我国天然气工业发展增添一份智慧和动力，这是可喜可贺的。开卷有益，相信该书的读者定会受益匪浅。

中国科学院院士

戴金星

前　言

页岩气作为非常规天然气资源的重要组成部分，具有巨大的经济和社会价值。随着北美和中国的页岩气藏投入大规模开采，页岩气已影响全球能源发展格局，页岩气开采评价技术已成为气藏工程中最为活跃的研究领域之一。

本书在内容选择上，注重基础理论与方法的阐述，做到浅显易懂，并尽量反映国内外最新技术的发展。全书分为 6 章：第 1 章是页岩气开发的地质基础；第 2 章介绍了如何应用常规测井方法和特殊测井方法评价页岩气层；第 3 章是泥页岩异常高压机理分析；第 4 章是页岩气压裂评价技术；第 5 章介绍了如何利用数值模拟方法开展页岩气藏研究；第 6 章是页岩气藏工程中常用的动态分析方法。杨宇、孙晗森、陈万钢为本书主要编著者。其中，陈万钢博士负责第 4 章编写，其余各章由杨宇负责。张凤东、张昊、罗陶涛、吴昌荣和陈红伟博士参与了书稿的讨论，伍文明、周瑞立、胡艾国、吕新东、彭小东、刘鑫、段策、毛鑫、李军、张骞、赵俊、杨琦、刘世界、林璠、张城玮、颜平等研究生参与了书稿的修订。周伟和杨琛承担了图表的绘制工作，全书由孙晗森校稿。

本书的编写过程中，得到了成都理工大学、油气藏地质及开发工程国家重点实验室、中国地质大学和中联煤层气有限责任公司的周文、康毅力、闫长辉、罗小平、康志宏和吴建光教授，以及阿德莱德大学石油学院 Haghighi 教授的支持。斯伦贝谢公司为成都理工大学提供了 GEOFRAME 和 ECLIPSE 软件，"十三五"国家科技重大专项"大型油气田及煤层气开发——临兴神府地区煤系地层煤层气、致密气、页岩气合采示范工程"（编号 2016ZX05066003-003）、"页岩气资源评价方法与勘查技术攻关"（编号 2016ZX05034-002-006）提供了支持，在此一并表示衷心的感谢，同时也向书中引用文献的作者表示感谢。

《页岩气藏开发评价技术》的编写目的是将基础的页岩气开发评价技术系统地介绍给从事页岩气开发工作的技术人员和相关院校的本科高年级学生，为从事页岩气藏管理工作打下较为牢靠的基础。

由于编写人员水平有限，本书难免存在缺点和不妥之处，敬请使用本书的师生和技术人员批评指正。

杨　宇

2019 年 1 月

目　　录

第1章　页岩气藏地质评价与分析

1.1　有机地球化学评价指标

1.1.1　有机质类型

沉积岩中的分散有机物质一般有三种类型：可溶性液态烃类、可溶性非烃类（沥青）及不溶性有机质（油母质或干酪根）。

可溶性液态烃类：在成岩作用期间及其后的地质过程中，烃类逸出后在烃源岩中残留的液态烃类。它们是有机物质堆积到水盆底后经历生物化学作用和化学作用的产物。

油母质或干酪根：沉积岩中不溶于碱、非氧化型酸和非极性有机溶剂的分散有机质，占总有机质的 70%～90%。它的成分最完全地反映原始有机物质的成分及其成因类型。干酪根的浓缩压干物呈黑色或褐色粉末，基本上为无结构物质（占 70%～90%）和形态分子（植物分子残余直径小于 0.5mm）。只要含有干酪根，页岩就可以生成油气。

与之对照，沥青是可溶性有机质，可用有机溶剂从沉积岩中分离出沥青。按照它们在有机溶剂中的溶解度不同，可以分为油质、胶质和沥青质。

含有一定丰度干酪根的成熟页岩称为烃源岩。当温度升高时，干酪根生成原油或天然气。如果页岩的干酪根丰度高，但热成熟度低（未达到生油门限值），可称为"油页岩"。为了从油页岩中提取石油，应采用加温的特殊工艺。为鉴别岩石中干酪根的类型及其生烃潜力，需要对地层样品进行实验室分析：热解，化学降解，光谱法或岩相学方法，在许多地球化学的专辑中都能找到这些实验室技术的细节。基于测试分析，可以确定岩石的干酪根类型，热成熟度和总有机碳含量 TOC。

在有机地球化学中，干酪根主要分为四种类型：

Ⅰ型：又称为腐泥型干酪根。富含藻质体和无定形有机质。

Ⅱ型：又称为混合型或中间型干酪根。富含藻质体和草质（在杂环化合物中可能含有一定量的硫元素）。

Ⅲ型：又称为腐殖型干酪根。主要来源于陆地植物的木质素、纤维素和芳香丹宁，含有很多可鉴别的植物碎屑。

Ⅳ型：由分解的有机物组成，属于沉积岩的再循环干酪根。

在Ⅰ型干酪根的热解生油气过程中，会产生液态烃。Ⅱ型产生甲烷和油，Ⅲ型产生甲烷、煤（通常为煤层气），在极端条件下产生石油。一般认为Ⅳ型干酪根不能生烃。Ⅲ型和Ⅱ型干酪根在成熟阶段产生页岩气。各类干酪根具有不同的 H/C、O/C 原子比和稳定碳同位素 $\delta^{13}C$（表 1-1）。

表 1-1 干酪根类型和元素组成

干酪根类型	H/C	O/C	δ^{13}C
I	>1.5	<0.1	<−28‰
II	1.0～1.5	0.1～0.2	−28‰～−25‰
III	<1.0	0.2～0.3	>−25‰
IV	0.5～0.6	>0.3	—

1.1.2 有机质丰度

页岩气储层中的有机质是形成油气的物质基础,有机质在岩石中的含量是决定含气量的主要因素。有机质在页岩中的分布形式有 3 种:条带状、断续条带状和分散状。有机质在页岩中的相对含量称为有机质丰度,目前常用的丰度指标主要包括:总有机碳含量(TOC)、氯仿沥青"A"和总烃(HC)含量、岩石热解产烃潜量等。

1. 总有机碳含量 TOC

为了确定页岩的生烃潜力,推测干酪根的原始含量十分重要。另一方面,在页岩气的岩石物理评价中,为了准确计算吸附气含量和孔隙度,评价干酪根的目前含量也很重要。在测井解释中,核心研究任务之一是解释干酪根的体积含量(体积百分比)。但是,测井解释干酪根的体积含量前,还需要进行地球化学测试,用以检验干酪根含量的测井计算值。

总有机碳含量(TOC)是指岩石中所有有机质的碳元素的总和占岩石总重量的百分比,它表征了经历化学和细菌降解过程,然后受温度和压力影响,最终保存在岩石中的剩余有机碳的含量。总有机碳包括:甲烷、油、干酪根、沥青、焦沥青和煤。在干酪根热演化过程中,随着烃(甲烷和油)的生成,干酪根的含量减少,如果烃没有排出岩石,岩石中的 TOC 会保持不变。在岩石中的干酪根并不一定表明在岩石中存在游离烃。尽管可溶性有机物(如油、沥青、焦沥青等)也是有机碳,但是在测井解释中很难区分干酪根和可溶性有机物,所以一般不区分有机质含量和干酪根含量的差别。

TOC 是评价烃源岩质量主要指标之一,现在也用于评价非常规油气藏。总的来说,TOC 与页岩、富含泥质的黏土岩和碳酸盐岩都密切相关。表 1-2 中列出了部分页岩气藏的 TOC 平均值。

表 1-2 部分页岩气藏的 TOC 平均值(据 Juan and Rattia, 2012)

页岩气藏	Marcellus 页岩	Barnett 页岩	Haynesville 页岩	Fayetteville 页岩	Vaca Muerta 页岩
岩性	泥质页岩	硅质页岩	钙质泥质混合页岩	硅质页岩	泥质硅质钙质混合页岩
平均总有机碳含量/(wt%)	6	5	4	4	2.5～3.5
平均孔隙度/%	6	5	10	6.5	8

W_{TOC} 是估算吸附气量的基础参数。由于 TOC 并不反映有机质中 H，O，N 和 S 的含量，因此把 TOC 转换为有机质的质量百分数 W_{TOC}（wt%），不但需要考虑有机碳的重量在有机质重量中的比例，还必须考虑有机质类型和热演阶段（表1-3）。

$$W_{TOC} = C_{kerogen} TOC \tag{1-1}$$

式中，W_{TOC} 为总有机质含量，g/g；TOC 为总有机碳含量，g/g；$C_{kerogen}$ 为转化系数。

表1-3　有机质含量与 TOC 转化系数

演化阶段	干酪根类型			煤
	Ⅰ型	Ⅱ型	Ⅲ型	
成岩作用阶段	1.25	1.34	1.48	1.57
深成作用阶段	1.2	1.19	1.18	1.12

根据有机质体积、有机质密度和岩石体积密度，可以通过下式进行转换，原理如图1-1。

$$V_{TOC} = \frac{W_{TOC}}{\rho_{TOC}} \rho_b \tag{1-2}$$

式中，V_{TOC} 为有机质的体积百分比，cm^3/cm^3；ρ_{TOC} 为有机质骨架的密度，g/cm^3；ρ_b 为页岩体积密度，g/cm^3。

把式（1-1）代入式（1-2），得

$$V_{TOC} = \frac{C_{kerogen} \rho_b}{\rho_{TOC}} TOC \tag{1-3}$$

图1-1　有机质含量换算示意图

另外，也可作如下推测：有机质骨架的密度一般较低（约 $1.1 \sim 1.4 g/cm^3$），骨架矿物的密度一般较高（约 $2.6 \sim 2.7 g/cm^3$）。假设 W_{TOC} 为5%，换算成体积百分比后，有机质骨架体积占页岩的体积比（V_{TOC}）约为10%；假设有机质的孔隙度为50%，有机质总体积占页岩总体积的比例约为20%。

为了评估页岩吸附气量，确定 TOC 含量是很重要的。当页岩中存在干酪根时，岩石密度减少，所以密度测井曲线可以计算干酪根含量。虽然可供测试的样品数目有限，但大部分的井都进行了测井，因此，研究人员一般采用统计方法进行研究，弥补了取样少的不足。例如，先在室内测试 TOC 和岩石密度（ρ_b），并回归二者之间的关系式（图1-2）；然后，基于回归方程，用密度测井曲线解释 TOC 值。

在实验室测试 TOC 和岩石密度（ρ_b）的过程中，使用了干燥样品（无液体），但是，密度测井时，地层岩石中的密度测井值包含了气和水的质量，室内测试与测井值存在一定偏差。

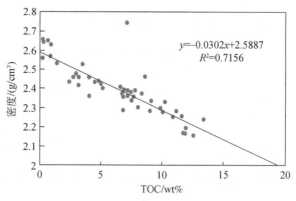

图 1-2　页岩密度与 TOC 关系曲线

也可以通过其他类型的测井资料计算 TOC，如 U（铀）和声波测井时间（Δt）。在 Neuquén 盆地，Δt 和 TOC 之间有很强的相关性。Passey 提出了 $\Delta logGR$ 方法，可以基于声波时差和电阻率解释 TOC，TOC 的评价标准如表 1-4 所示。

表 1-4　TOC 含量的评价等级

等级	TOC/%
差	<0.5
一般	0.5 ~ 1
好	1 ~ 2
很好	2 ~ 4
优秀	>4

2. 氯仿沥青"A"和总烃（HC）含量

氯仿沥青"A"是岩样在未经盐酸处理之前用氯仿抽提出来的一种沥青，它包括四个族组分，分别为饱和烃、芳香烃、非烃和沥青质。

总烃（HC）是指氯仿沥青"A"中饱和烃与芳香烃之和。烃源岩中氯仿沥青"A"和总烃（HC）含量通常用它们占岩石的质量百分数表示。

3. 岩石热解生烃潜量

20 世纪 70 年代，法国石油研究院 Tissot 等人成功地制造了第一台 Rock Eval 仪器。该设备在 20 世纪 80 年代初期主要用于快速评价生油岩的有机质丰度、有机质类型和成熟度。在热解实验中可以获得以下参数：氢指数（HI），氧指数（OI）；游离烃（S_1），干酪根热解生成的烃类（S_2），干酪根含氧基团热解生成的 CO_2（S_3）、CO，残余有机碳

（S_4）；在干酪根热解过程中，烃类生成速度最大时的温度（T_{max}）。

岩石热解分析流程（图1-3）：①将100mg样品粉碎（粒径小于0.5mm）、称量置于热解坩埚，用加热至90℃的氮气吹洗2min，将样品内的轻烃吹入氢焰检测器，测得S_0峰；②样品被自动置于热解炉中，在炉温300℃时恒温3min，测得样品中的重烃S_1峰；③热解炉从300℃升温到600℃，测出S_2峰；④热解完毕的样品被转入到氧化炉内，通入空气，在600℃温度下恒温5min，把岩样中的残余碳燃烧成二氧化碳，由热导检测器测出S_4峰。

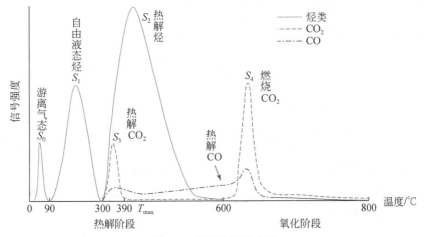

图1-3　热解分析示意图

在热解谱图中，①S_1代表在较低温度（<300℃）下岩石中释放的以吸附状态存在的游离烃；②S_2代表较高温度（300～600℃）下岩石中干酪根热解生成的烃类（也可能包括少量可溶重质组分，如胶质和沥青质的裂解产物），其他分析参数见表1-5。

应用热解法，能够完成烃源岩生烃潜力的半定量评价：S_1代表了已经有效转化为烃类的原始生烃潜力部分，S_2代表了生烃潜力的剩余部分，所以$S_0+S_1+S_2$称作产烃潜量，表示烃源岩残余的和潜在的产油气量。利用产烃潜量对页岩进行分类：低于2mg/g为差烃源岩，只具有生成天然气的潜力；2～6mg/g为中等烃源岩；6mg/g以上为好烃源岩。

表1-5　岩石热解参数汇总

类别	参数	派生方法	烃源岩
分析参数	S_0		90℃以下检测的吸附烃（气态烃）含量，mg/g
	S_1		300℃以下检测的吸附烃含量（生成但未运移的液烃），mg/g
	S_2		300～600℃下检测的有机质热解烃含量（可热解的总烃量），mg/g
	S_3		300～390℃下检测的CO_2量，mg/g
	S_4		残余碳经氧化加氢气生成的油气量，mg/g
	T_{max}		S_2对应的最大峰温，℃

续表

类别	参数	派生方法	烃源岩
派生参数	RC	$RC = 0.1 \times S_4$	残余有机质的碳占岩石质量的百分数，%
	PG	$PG = S_0 + S_1 + S_2$	产烃潜量，mg/g
	PC	$PC = 0.083 \times (S_0 + S_1 + S_2)$	有效碳，%
	TOC	$TOC = PC + RC$	总有机碳，%
	GPI	$GPI = S_0 / PG$	气产率指数
	OPI	$OPI = S_1 / PG$	油产率指数
	TPI	$TPI = (S_0 + S_1) / PG$	总产率指数
	HI	$HI = 100 \times S_2 / TOC$	氢指数，mg/g
	OI	$OI = 100 \times S_3 / TOC$	氧指数，mg/g
	HCI	$HCI = 100 \times (S_0 + S_1) / TOC$	烃指数，mg/g
	D	$D = 100 \times PC / TOC$	降解潜率，%

岩石热解结果也可以用于研究有机质的类型。利用热解分析所得出的氢指数和氧指数与有机质的类型有关。可如图 1-4 所示，划分干酪根类型，也可用氢指数替换 H/C（原子比），氧指数替换 O/C（原子比）。

1.1.3 有机质成熟度

在有机质演化过程中，干酪根先失去 O，释放 CO_2 和 H_2O，再失去 H、产生烃。有机质成熟度是页岩气评价的关键指标之一。在热演过程中干酪根含量减少，但是，只有在烃类发生运移后，TOC 才会变化。表征有机质成熟度的参数有镜质组反射率（R^o）、热变指数（TAI）和热解温度（T_{max}）。

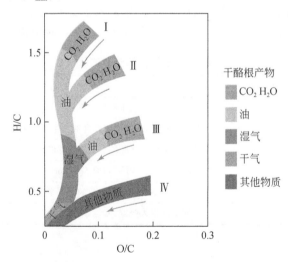

图 1-4 不同干酪根类型的 O/C 和 H/C（原子比）（据 Juan and Rattia，2012）

1. 镜质组反射率（R^o）

镜质组反射率是估算有机质热成熟度的关键指标。在实验室测量地层样品时，必须考虑干酪根类型。取样，分析和数据解释都应按行业标准执行。在测井解释 TOC 时，需要采用镜质组反射率（R^o）或有机变质程度（LOM）评价干酪根的成熟度。在图1-5中，不同类型的干酪根在不同热演阶段的 R^o 范围。镜质组反射率 R^o 和热变质程度 LOM 可以相互换算。

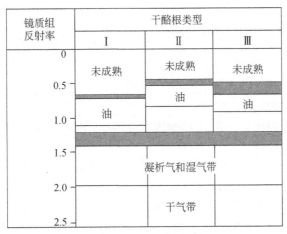

图1-5　有机质热演阶段与镜质组反射率的相关性示意图

在进行镜质组反射率鉴定时，如果难以找到镜质体，可以测定沥青质反射率，再根据区域经验方程进行转化。常见的 Jacob 方程式为

$$R^o = 0.618 \times R_b^o + 0.4 \tag{1-4}$$

式中，R_b^o 为沥青质反射率。

在实际研究中，由于沥青和镜质体的组成和结构不同，在热演过程中存在一定的差异，不能用沥青质反射率直接替代镜质组反射率。可以采集既有原生沥青和镜质体的样品，根据热模拟实验，回归出镜质组反射率和沥青质反射率之间的线性关系。

2. 热变指数（TAI）

在热演化过程中，由孢粉、藻类等直接形成的显微组分将会发生有规律的颜色变化。在显微镜下，通过透射光观测可以确定特定显微组分的颜色，进而确定有机质的演化程度。

按颜色变化确定有机质的演化程度，提出了热变指数的五个级别，如下：

1 级——未变化，有机残渣呈黄色。

2 级——轻微热变质，呈橘色。

3 级——中等热变质，呈棕色或褐色。

4 级——强变质，呈黑色。

5 级——强烈热变质，除有机残渣呈黑色外，还有岩石变质现象。

石油、湿气和凝析气生成阶段的热变质指数约 2.5～3.7，即 TAI<2.5 对应未成熟阶

段；TAI 在 2.5 ~ 3.7 为成熟—高成熟阶段；TAI>3.7 为过成熟阶段。

3. 热解温度（T_{max}）

烃源岩的热演化程度越高，残余干酪根的可降解碳就越少。不但 P_2 峰减小，P_2 峰最高点对应的热解温度（T_{max}）也越大。有机质类型会影响 T_{max}，所以利用该参数划分成熟度阶段时，不同类型的有机质使用不同的标准（表1-6）。

表1-6　不同类型有机质不同成熟阶段的热解温度（T_{max}）值

成熟度指标		未成熟		主要生油带		凝析油带		湿气带		干气带	
		国外	国内	国外	国内	国外	国内	国外	国内	国外	国内
镜质组反射率 R^o/%		<0.5		0.5 ~ 1.3		1.0 ~ 1.5		1.3 ~ 2		>2	
T_{max}/℃	I	<440	<437	440 ~ 450	437 ~ 460		450 ~ 460		460 ~ 490		>490
	II	<435	<435	435 ~ 455	435 ~ 455		447 ~ 460		455 ~ 490		>490
	III	<430	<432	430 ~ 465	432 ~ 460	455 ~ 475	445 ~ 470	465 ~ 540	460 ~ 505	>540	>505

在干酪根大量生烃前，含氧基团因化学降解作用而断裂，产生有机酸、酚和 CO_2。有机酸和酚是岩石组分溶解的重要溶剂，以蒙脱石转化脱水所产生的水作为载体，从而影响无机成岩演化的过程，并间接地影响孔隙的发育和演化。CO_2 溶解于水可以生成碳酸。另外，干酪根生烃后，油气运移进入孔隙，在一定程度上阻止孔隙水的交换，抑制胶结作用。

对于砂岩，在成岩阶段的孔隙发生演化：在早成岩阶段 B 期，开始出现次生孔隙，但仍以原生孔隙为主。在中成岩阶段 A1 期，由于有机酸大量生成，次生孔隙发育，形成第一个次生孔隙带。中成岩阶段 B 期，由于 CO_2 的大量生成，形成第二个次生孔隙带。晚成岩期，孔隙基本消失。

对于泥页岩，在成岩阶段的演化过程是：

1）早成岩阶段 A 期

在上覆重力负荷作用下，自由水被不断排出，原生孔隙急剧减少，泥质沉积物由疏松的沉积物逐渐弱固结-半固结。

2）早成岩阶段 B 期

该阶段温度在 65 ~ 85℃，泥质沉积岩中的蒙脱石明显向伊/蒙混层转化。随着埋藏深度的不断增加，在持续胶结作用和强烈的压实作用下，塑性的黏土等颗粒已不断变形和重新排列，泥页岩半固结-固结。

随着温度和压力升高，有机质热脱羧释放部分 CO_2 和有机酸等，进入孔隙流体形成具有较强溶蚀能力的有机酸和碳酸溶液。成岩流体环境转变为酸性后，酸性环境下不稳定的长石、易溶岩屑和碳酸盐矿物遭受溶蚀，并形成次生溶蚀孔隙，溶蚀产生的矿物会充填原生孔隙和溶蚀孔隙。例如，斜长石和钾长石在酸的溶蚀作用下，形成自生石英和高岭石胶结物；钾长石与碳酸反应，生成伊利石。

3）中成岩阶段

在中成岩阶段 A1 期，泥页岩已完全固结成岩。大量的蒙脱石向伊利石转化，在温度和黏土矿物催化作用下，有机质的演化进入热催化生油气阶段，形成大量的羧酸，并溶于水使得成岩流体呈弱酸性，长石和碳酸盐岩矿物不断被溶蚀。但是，由于该阶段泥页岩已经致密化，水-岩反应并不强烈，因此溶蚀作用形成的溶蚀孔隙有限。

在中成岩阶段 A 期的后期，随着生排烃作用的不断发生，大量有机酸被不断排出泥页岩储层，孔隙流体中的酸性物质在溶蚀作用下不断被消耗，成岩流体环境逐渐由酸性转变为弱碱性。孔隙水中的 CO_2 很容易与 Ca^{2+} 和 Fe^{2+} 结合形成铁方解石，充填孔隙后使一部分粒间孔隙消失。

目前，国内外学者制定的碎屑岩成岩阶段划分依据多侧重于砂岩，许多划分依据无法适用于泥页岩成岩阶段的划分，如下：

（1）包裹体均一温度。由于泥页岩的矿物粒度细小，次生矿物（石英加大边或碳酸盐胶结物等）中的流体包裹体很难观测，因此很难获取包裹体均一温度。

（2）颗粒接触类型。与常规的砂岩储层相比，泥页岩具有较高含量的黏土矿物，刚性的碎屑矿物颗粒常被塑性的黏土矿物包裹，因此也无法依据颗粒接触关系划分泥页岩成岩阶段。

（3）孔隙类型。由于泥页岩的孔隙类型复杂，因此无法依据泥页岩中原生孔隙和次生孔隙的比例划分其成岩阶段。

有机质成熟度不但是表征烃源岩有机质热演化程度的指标，也能够有效反映页岩气储层的成岩阶段。采用有机质热成熟度划分成岩阶段的指标参见第 3 章 3.2.2 节。

1.2　页岩脆性特征评价

页岩储层中包含多种矿物，其性质有较大差异。页岩骨架主要包括：黏土矿物，颗粒直径小于 $4\mu m$（粒级为泥）的石英、长石、斜长石以及碳酸盐岩矿物；另外，在页岩骨架中还有颗粒直径在 $4\mu m$ 到 $2mm$ 之间（粒级为粉砂-砂）的石英、正长石、斜长石、碳酸盐岩矿物，以及重矿物（如黄铁矿）等。

Passey 等（2010）指出：在各页岩储层中，矿物含量变化很大，甚至在不同区域的同一页岩层中，矿物含量差异也很大。大多数页岩储层中黏土矿物含量在 20% ~30%，而某些储层中黏土含量高达 70%。页岩储层的黏土矿物含量决定了储层的岩性、地球物理特征和力学性质。同理，页岩储层中的重矿物、石英、碳酸盐岩矿物以及硅质和钙质胶结物的含量，也会对储层物性造成影响。其中，受影响最明显的是储层的脆性以及孔、渗性能。

根据表 1-7，储层的脆性指数决定了压裂液的类型、支撑剂用量和压裂液体积，最终影响压裂缝的形态。Rickman 等（2008）指出：对于脆性指数较高的页岩储层，可以采用活性水压裂液（Slick Water）、低砂比，形成网状缝；对于塑性页岩储层（脆性指数较低），应采用传统的交联压裂液（X-linked）、高砂比，形成双翼对称的单条压裂缝。

表 1-7　脆性指数、压裂施工参数和压裂缝形态的关系（据 Rickman *et al.*，2008）

脆性指数	压裂液类型	压裂缝形态	支撑剂浓度	压裂液体积	支撑剂体积
70%	活性水压裂液		低	大	小
60%	活性水压裂液				
50%	Hybrid				
40%	Linear				
30%	Foam				
20%	交联压裂液				
10%	交联压裂液		高	小	大

1.2.1　岩石力学性质测试

首先讨论杨氏模量和泊松比的基本定义。以一个初始长为 l，直径为 d 的圆柱样品为例（图 1-6），当样品两端受力为 F 时，在载荷方向样品变短，所受应力为

$$\sigma_1 = \frac{4F}{\pi d^2} \tag{1-5}$$

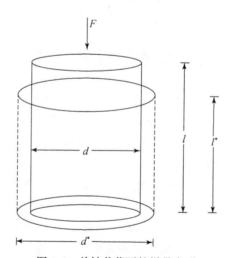

图 1-6　单轴载荷下的样品变形

相应的轴向应变为

$$\varepsilon_1 = \frac{l - l^*}{l} \tag{1-6}$$

式中，l 为样品应力加载前的长度；l^* 为样品应力加载后的最终长度。

对于线弹性体，假设应力应变之间为线性的关系，当载荷释放后，应变会恢复。在单轴压缩实验中，有

$$\sigma_1 = E\varepsilon_1 \tag{1-7}$$

式中，比例系数 E 为杨氏模量，GPa。

杨氏模量通常用 E 表示，可理解为对岩石的"刚度"的测度，是岩石在外力作用下抵抗变形的能力。

当岩样在一个方向受压缩时，它不仅沿载荷方向变短，同时也径向膨胀。可以引入泊松比来确定这种影响。泊松比定义为径向膨胀量与纵向收缩量的比值：

$$v = - \frac{\varepsilon_r}{\varepsilon_1} \tag{1-8}$$

$$\varepsilon_r = \frac{d - d^*}{d} \tag{1-9}$$

式中，d^* 为压缩后的岩样直径。

式（1-8）中引入负号，这是因为泊松比应是一个正值。

岩石在一定条件下受外力的作用而达到破坏时的应力，被称为岩石在这种条件下的强度。岩石的强度是岩石的机械性质，是岩石在一定条件下抵抗外力破坏的能力。岩石强度的大小取决于岩石的内聚力和内摩擦力。岩石的内聚力表现为矿物晶体或碎屑间的相互作用力，或是矿物颗粒与胶结物之间的连接力。岩石的内摩擦力是颗粒之间的原始接触状态即将被破坏而要产生位移时的摩擦阻力。岩石内摩擦力产生岩石破碎时的附加阻力，且随应力状态而变化。坚固岩石和塑性岩石的强度主要取决于岩石的内聚力和内摩擦力，松散岩石的强度主要取决于内摩擦力。

外力撤除后，岩石的外形和尺寸不能完全恢复而产生残留变形，这种情况称为塑性变形（或不可逆变形）。岩石的脆性是反映岩石破碎前不可逆形变中没有明显地吸收机械能量，即没有明显的塑性变形的特性。

在压入破碎试验中，对平底圆柱压头加载，并记录压入岩石过程中载荷与吃入深度的相关曲线（图1-7）。

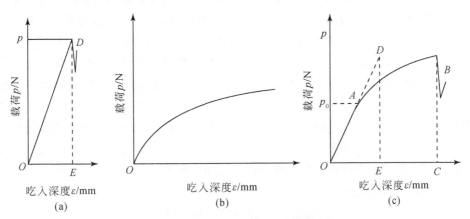

图1-7　平底圆柱压头压入岩石的变形曲线

（a）脆性岩石荷载-吃入深度曲线；（b）塑性岩石荷载-吃入深度曲线；（c）塑脆性岩石荷载-吃入深度曲线

如图1-7所示，不同岩石在外力作用下产生变形直至破坏的过程是不同的：

（1）在图1-7（a）中，岩石在外力作用下，直至破碎也无明显的形状改变，称为脆性岩石。其特点是 OD 段为弹性变形阶段，达到 D 点后即发生脆性破碎。

（2）在图1-7（b）中，在外力作用下，岩石只改变其形状和大小，而不破坏自身的连续性，称为塑性岩石。其特点是施加不大的载荷即产生塑性变形，其后变形随变形时间的延长而增加，无明显的脆性破坏现象。

（3）在图1-7（c）中，岩石为塑脆性岩石，其 OA 段为弹性变形阶段，AB 为塑性变形区，到达 B 点时产生脆性破碎。

岩石的塑性系数是定量表征岩石塑性及脆性大小的参数。塑性系数为岩石破碎前耗费的总功 A_F 与岩石破碎前弹性变形功 A_E 的比值。计算依据如图1-7（c）所示的岩石压入破碎过程中的载荷–吃入深度曲线。对于塑脆性岩石：

$$K_p = \frac{A_F}{A_E} = \frac{OABC \text{ 的面积}}{ODE \text{ 的面积}} \tag{1-10}$$

式中，K_p 为塑性系数。

对于脆性岩石，破碎前的总功 A_F 与弹性变形功 A_E 相等，塑性系数 $K_p = 1$。塑性系数大于6时，可认为是塑性岩石。

1.2.2　脆性指数计算

储层的脆性指数会影响压裂缝的形态。在储层的脆性指数定义中，包括储层岩石的泊松比和杨氏模量。泊松比反映了岩石的抗压能力，杨氏模量反映了压裂缝保持开启的能力。

塑性较强的页岩，为油气的储藏提供了良好的保存条件。在塑性较强（脆性指数较差）的页岩储层中，天然裂缝和水力压裂缝都容易闭合，所以不是好的产层。由于天然裂缝不发育，塑性较强的页岩储层在压裂后会形成常规的双翼对称的单条压裂缝。

在脆性指数较高的页岩储层中，天然裂缝一般较发育，压裂改造的效果更好。压裂后除形成主压裂缝外，还会在体积增产改造区（即 SRV 区）形成网状缝，大大提高了页岩气产量。Rickman 等（2008）统计了北美地区泥页岩的弹性模量分布范围为 $1.0 \times 10^4 \sim 8.0 \times 10^4$ MPa，泊松比分布范围 $0.15 \sim 0.40$。考虑到杨氏模量越大、泊松比越小，则脆性越大，进而提出利用杨氏模量、泊松比两个参数表征岩石的脆性强弱。

根据杨氏模量和泊松比的比值来确定储层的脆性指数：泊松比越小、或者杨氏模量越大，储层的脆性越强。因为杨氏模量和泊松比的单位不同，故先分别采用杨氏模量和泊松比计算归一化参数，再求算术平均值作为岩石的脆性指数。

脆性指数的计算公式是

$$\text{BRIT} = \frac{\text{YM\_BRIT} + \text{PR\_BRIT}}{2} \tag{1-11}$$

$$\text{YM\_BRIT} = \left(\frac{E - E_{min}}{E_{max} - E_{min}} \right) \tag{1-12}$$

$$\text{PR\_BRIT} = \left(\frac{v - v_{min}}{v_{max} - v_{min}} \right) \tag{1-13}$$

式中，YM_BRIT 是归一化的杨氏模量，$0 \sim 1$；PR_BRIT 是归一化的泊松比，$0 \sim 1$；E 是静

态杨氏模量，GPa；$E_{\min}$ 是最小静态杨氏模量，GPa；$E_{\max}$ 最大静态杨氏模量，GPa；v 是静态泊松比，无因次；$v_{\min}$ 是最小静态泊松比，无因次；$v_{\max}$ 是最大静态泊松比，无因次。

另一种常用的脆性评价方法是根据脆性矿物含量来定量评价岩石脆性。该方法利用多矿物组分测井解释的方法定量解释页岩气储层岩石中矿物的含量。脆性矿物一般是指石英、碳酸盐岩矿物，计算其中脆性矿物占岩石骨架的百分比，并以此定量评价页岩脆性。

$$B_{\mathrm{mi}} = \frac{v_{石英} + v_{长石} + v_{碳酸盐}}{v_{石英} + v_{长石} + v_{碳酸盐} + v_{黏土} + v_{其他}} \times 100\% \tag{1-14}$$

这类方法实用性强，根据测井解释的矿物含量能够计算出全井段脆性剖面。但是，相同矿物组成的岩石，如果经历不同的压实阶段或构造运动，其脆性可能表现出极大差异。

1.3 页岩孔隙度测试与分析

1.3.1 页岩孔隙度的定义

页岩气储层中的储集空间包括：有机孔、无机孔和裂缝。其中，无机孔又可细分为粒间孔和粒内孔。

1. 粒间孔

（1）颗粒粒间孔：石英、长石等粒状颗粒间保存下来的孔隙，包括原生粒间孔、残余粒间孔和溶蚀粒间孔。

（2）晶间孔：自生矿物晶间架构成的孔隙，包括黄铁矿、自生黏土等颗粒。

（3）黏土絮体间孔：絮状黏土颗粒间的孔隙，一般为弯片状或者缝网状。

（4）边缘孔：粒状颗粒与片状矿物间、有机质与碎屑颗粒间等存在的压扁状孔或拉伸孔。

2. 粒内孔

包括草莓状黄铁矿内部的粒内孔、粪球粒或似球粒内部的粒内孔、生物体腔孔、黏土集合体内部矿片间的孔隙、贴粒溶孔、颗粒铸模孔和晶体铸模孔。

根据图 1-8，页岩孔隙度的定义如下。

（1）总孔隙度：高温烘干碎样处理后，去除黏土矿物的黏土束缚水，测试连通孔隙的体积百分比。

（2）有效孔隙度：控制测试过程中的湿度和温度，在保存页岩的黏土束缚水的条件下，采用柱塞样测试的连通孔隙的体积百分比（不包括黏土束缚水的体积）。应指出的是，测井解释中定义的有效孔隙度不包括黏土束缚水的体积。

（3）含气孔隙度：不作洗油和烘干处理的岩样，用汞驱替岩样测试的孔隙体积的百分比。

美国能源部和天然气研究所 GRI 在阿巴拉契亚（Appalachian）盆地东部的泥盆系页岩气的开发，推动了页岩气储层孔隙结构的研究工作。目前，有多种技术方法可以测量气页

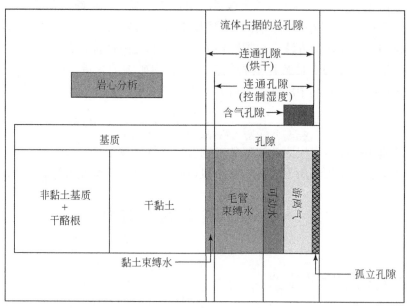

图 1-8　实验室测试的孔隙类型（据 Juan and Rattia，2012）

岩孔隙度。根据岩石总体积、孔隙体积和骨架体积的测量原理，将孔隙度测量方法分为气体膨胀法、饱和液体法和其他方法三类：①气体膨胀法，基于玻意耳定律，通过气体膨胀测量岩石骨架体积。②饱和液体法，选择已知密度液体，利用阿基米德原理测量岩石总体积和骨架体积。③其他方法，如核磁共振、小角散射法等。

在本节中，主要对常用的气体膨胀法和饱和液体法进行介绍。

1.3.2　页岩孔隙度测试的影响因素

在岩样准备工作中，影响页岩孔隙度测量精度的因素主要如下：

（1）是否去除孔隙中的毛细管束缚水、黏土束缚水和残留的液烃。

（2）气体（氦气、氮气、甲烷）和液体（汞、水）分子是否能够进入孔隙。

（3）吸附效应的影响：干酪根内的吸附 CH_4 呈液态，占据一部分干酪根的孔隙体积。

（4）粉碎方法、样品尺寸和碎样重量的影响。

（5）孔隙压力和有效垂向应力对孔隙和微裂缝的影响（包括天然缝和取心过程中的诱导缝）。

下面以气体膨胀法中的两种代表性方法为例，介绍孔隙度测试前的岩样准备工作。

1. Soeder 测试方法

Soeder（1988）采用柱塞样，测试了 Appalachian 盆地泥盆系页岩的孔隙度和渗透率。使用 CORAL 仪器完成测试的样品包括：7 个 Huron 页岩样，1 个 Marcellus 页岩样品。虽然 Soeder 没有使用碎样进行孔隙度和渗透率测试，但是他讨论了以下问题：孔隙中残留的液烃对孔隙度测试结果的影响是什么？吸附气对骨架体积的影响是什么？

Soeder（1988）采用的测试流程如下：

（1）用高压水射流切割岩样。

（2）置于恒温恒湿箱中烘干（湿度：45%，温度：60℃），直到重量稳定。在此条件下能够保存一至两层黏土束缚水，测试的孔隙度为有效孔隙度。

（3）样品置于样品室内，氮气孔隙压力设为 6.8MPa，围压范围为 11.9~40.8MPa（1750~6000psi），测量骨架体积。受围压影响，Marcellus 页岩样的测试孔隙度在 8%~10%。

Soeder（1988）为了验证气体吸附的影响，对比了甲烷和氮气的测试结果：在较低的孔隙压力下，甲烷测试的孔隙度高于氮气；随着孔隙压力增加，测试的孔隙度降低。Cui 等（2009）进一步讨论了吸附对孔隙度测试的影响。Soeder（1988）认为：在 45% 湿度和 60℃ 温度的烘干条件下，孔隙中有残留的液态烃，造成 Huron 页岩样实测孔隙度偏低。

2. Luffel 测试方法

Luffel 和 Guidry（1992）采用了碎岩样进行孔隙度测试，并且研究了如何在孔隙度测试中采用物理和化学方法消除残留液烃的影响。由于页岩的喉道尺寸小，即使是连通孔隙，氮气也需要很长时间才能充满所有的孔隙，所以压力平衡时间较长。Luffel 认为黏土束缚水对孔隙度和渗透率的测试结果影响很大。Luffel 和 Guidry（1992）的测试流程如下。

（1）称取 300g 页岩样品后，浸入汞中，测量并计算体积密度。

（2）样品粉碎，采用甲苯洗油，采用 Dean Stark 装置抽提蒸馏 1~2 周后，再在 110℃（230℉）的烘箱中干燥 2 周。这种洗油和烘干方法可以避免 Soeder（1988）观察到的残余液烃对孔隙度测试的影响。

为了验证测试方法的可靠性，Luffel 和 Guidry（1992）先使用 10 个 Berea 砂岩样品进行了一致性检验：①制作直径 1in① 的柱塞样，采用氦气测试总体积、骨架体积；②随后将柱塞样制成约 1/2in 的小样，同样采用氦气测试总体积、骨架体积；③最后，将 1/2in 的小样粉碎，用 12 目筛进行分选，同样采用氦气测试总体积、骨架体积。如图 1-9 所示，所有砂岩样的测试结果都表现出非常一致的结果。

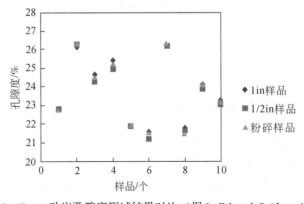

图 1-9　Berea 砂岩孔隙度测试结果对比（据 Luffel and Guidry，1992）

---

① 1in=2.54cm。

　　Luffel 和 Guidry（1992）对 5 个泥盆系页岩样开展了类似的测试，结果显示页岩柱塞样的孔隙度比页岩碎样的孔隙度低。页岩孔隙比砂岩更小，氦气不能进入页岩柱塞样的所有孔隙，是造成测试结果差异的主要原因。由于这些页岩样都处于干气带，因此所有测试都不受孔隙中残留液烃的影响。

　　页岩孔隙度测量中的影响因素归纳如下：

　　1）粉碎方式和碎样粒径对孔隙度测试的影响

　　Luffel 和 Guidry（1992）认为：样品粉碎后，部分死孔隙被破碎、打开，可以增加测试的孔隙体积，更能体现总孔隙的体积。Luffel 采用了 12 目的碎样。在国家标准《页岩氦气法孔隙度和脉冲衰减法渗透率的测定》（GB/T 34533-2017）中推荐采用 20~35 目的碎样。

　　为了对比粉碎方式对孔隙度测试的影响，Sondergeld 等（2010）把相同深度段的岩样（密闭取心）一分为三：①第 1 种粉碎后进行筛选，粒径为 12 目；②第 2 种粉碎后不进行筛选；③第 3 种不粉碎，采用柱塞样。

　　三种页岩样均未进行洗油和烘干处理，采用氦气法分别开展了孔隙度对比测试。如图 1-10 所示，第 1 种测试的平均孔隙度比第 2 种高约 1.5%，第 3 种测试的平均孔隙度最低。

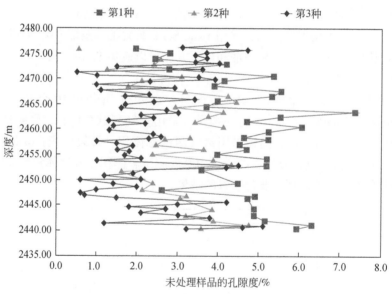

图 1-10　三种页岩样的孔隙度对比测试结果（据 Sondergeld *et al.*，2010）

　　为了甄别页岩的非均质性对孔隙度测试的影响，把相同深度段的岩样（密闭取心）一分为二，两组样均未进行洗油和烘干处理。第 1 组粉碎后进行筛选（粒径为 12 目）。第 2 组粉碎后不进行筛选。分别统计了第 1 组和第 2 组岩样在粉碎前后的密度差异（图 1-11）：①粉碎前，两组页岩样的体积密度具有很好的一致性，两组岩样基本相同，说明页岩非均质性的影响很小；②粉碎后，第 1 组的骨架密度明显高于第 2 组。证实了粉碎和筛选方式对页岩样物性测试产生影响，进而造成孔隙度的差异。

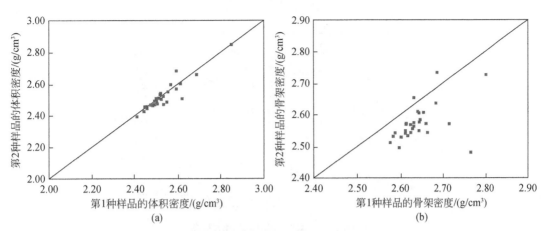

图1-11　粉碎前后两组页岩样品的密度测试结果（据Sondergeld *et al.*，2010）

（a）粉碎前的体积密度；（b）粉碎后的骨架密度

2）洗油过程对孔隙度测试的影响

页岩中有机质主要分为干酪根与沥青。干酪根通常不溶于有机溶剂，是骨架的一部分。沥青可溶于有机溶剂，在洗油过程中可以去除孔隙中的沥青，但不容易去除骨架（和孤立孔隙）中的沥青。因此，不同的洗油方法对孔隙度测试结果的影响也不同。

3）样品烘干温度对孔隙度测试的影响

烘干页岩样品的目的是去除孔隙中的可动水（自由流体水）与毛管束缚水，但不能在烘干过程中造成有机物裂解，也不能改变黏土矿物类型。蒙脱石的第二迅速转化带（S层±20%）的温度为110～140℃。伊蒙混层消失带（伊利石带）的温度为170～200℃。国家标准《页岩氦气法孔隙度和脉冲衰减法渗透率的测定》（GB/T 34533–2017）推荐采用105℃作为烘干温度。在美国天然气研究所GRI的方法中，推荐采用110℃作为烘干温度。

下面先讨论黏土矿物中的水的赋存状态。黏土矿物中的水可划分为：结构水、层间水和束缚水。

（1）结构水。

结构水不是真正的水分子，它是以OH^-（或H_3O^+）的形式参与晶体的基本结构层，有固定的配位位置和比例。在高温作用下晶格被破坏，失去结构水。

（2）层间水。

层间水是黏土矿物晶体的"层间域"中的水分子。

黏土矿物是由"基本结构层"（2∶1型或1∶1型）重复堆叠而成的，相邻的基本结构层之间的空间称为"层间域"。一个"基本结构层"与"层间域"组成的层状体称为"单位构造"。以蒙脱石晶体结构为例：在图1-12中，S_1和S_2分别表示两个相邻的基本结构层（2∶1型）；T_1表示基本结构层S_1的第1个四面体片，T_2表示基本结构层S_1的第2个四面体片，O_1表示基本结构层的八面体片；I_1表示S_1和S_2基本结构层之间的层间域；d_0表示一个单位构造的高度。

层间域中可以有物质存在，也可以没有物质存在。层间域中的物质称为层间物，一般是水、交换性阳离子。

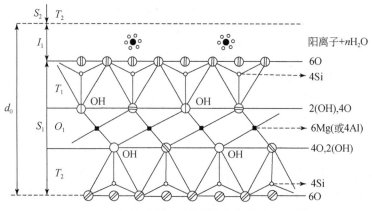

图 1-12　蒙脱石晶体结构示意图

与其他黏土矿物不同，蒙脱石的层间域中的交换性阳离子是 Na^+、Ca^{2+}、Mg^{2+} 等，基本结构层之间的静电引力较弱，水分子可以渗入层间域，形成层间水。蒙脱石最多可有 4 层水分子，其中，钙蒙脱石以 2 层水分子最稳定，钠蒙脱石有 1、2、3 层水分子。

（3）黏土束缚水。

黏土颗粒表面具有负电荷，既可直接吸附极性水分子，又可通过吸附的水合离子而间接吸引极性水分子，从而在黏土表面形成一层薄水膜，称为黏土束缚水。黏土束缚水的性质参见第 2 章 2.5 节。

Luffel 和 Guidry（1992）认为加热到 110℃（常压）时，可去除可动水、毛细管水和黏土束缚水，测试孔隙度为总孔隙度。在 110℃（常压）时，也会失去大量的层间水，虽然不会破坏晶体的基本结构层，但会使基本结构层之间的间距缩小。

洗油和烘干处理后，采用氦气法测量的孔隙度远高于未处理岩样的孔隙度（图 1-13）。

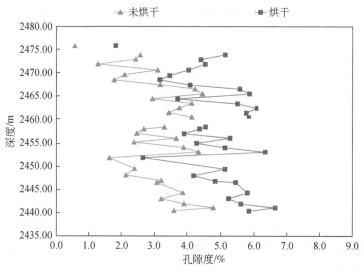

图 1-13　洗油和烘干对岩心孔隙度测试结果的影响（据 Sondergeld et al.，2010）

但是，Kuila 等（2014）认为 110℃ 不能完全去除黏土束缚水，应采用 200℃。为了检验温度对烘干效果的影响，Bihan 等（2014）采用热重分析（thermal gravimetric analysis）方法讨论了温度对页岩质量的影响（图 1-14）：加热到 150℃，由于水蒸气产生，岩样质量减少 50mg；在 150~400℃，水蒸气质量对时间的导数近似为常数，岩样质量损失小；大于 400℃ 后，岩样质量显著减少，推测是页岩中有机质裂解造成的。Bihan 等（2014）认为烘干温度应控制在 150℃。

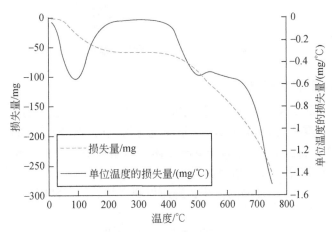

图 1-14　TGA 测试结果（据 Bihan *et al.*，2014）

（4）测试流体类型的影响。

页岩本身十分致密，内部孔隙复杂多样，多以纳米级孔隙存在。不同的气体（氦气，氮气，甲烷）和液体（汞，水），由于具有不同的分子直径，能进入的孔隙也不相同，测试结果存在一定的差别。范德瓦尔斯常数有两个（即 a 和 b），b 相当于 1mol 分子的临界体积，除以阿伏伽德罗常数，即得一个分子的临界体积，再代入球体积公式就可以算出一个分子的临界直径。常见流体的分子直径见表 1-8。

表 1-8　部分流体分子的直径

流体类型	分子临界直径/(0.1nm)	流体类型	分子临界直径/(0.1nm)
氦	2.18	甲烷	3.8
水蒸气	2.7~3.1	C_2H_6	4.0
CO_2	3.3	C_3H_8	4.2
氮气	3.64	C_2H_5OH	5.1

1.3.3　氦气法孔隙度测试原理

氦气法测孔隙度是基于气体等温膨胀原理。根据玻意耳定律，温度相同时，理想气体体积与压力的乘积为一常数。如图 1-15 所示，已知体积（参比室体积）的气体，在确定的压力下向样品室做等温膨胀。稳定后，可测定最终的平衡压力。

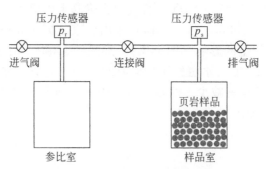

图 1-15　氮气法测孔隙度示意图

1. 页岩样品体积密度测试

页岩体积密度的测量采用密封法。首先每个岩心柱体同一侧连续切取厚度较薄、边长约 2cm 的块状，按照《煤和岩石物理力学性质测定方法　第 3 部分：煤和岩石块体》（GB/T 23561. 3-2009）将样品在 105℃条件下烘干 24h，样品在空气中进行称重得到其质量 m；然后用石蜡液蜡封该样品，称重蜡封后样品在空气中的质量 m_1；最后测量蜡封后样品在水中的质量 m_2。如此可计算样品的体积，进而得到样品的体积密度 ρ_b。

$$\rho_b = \frac{m}{\dfrac{m_1 - m_2}{\rho_{水}} - \dfrac{m_1 - m}{\rho_{蜡}}} \tag{1-15}$$

式中，m 为样品在空气中的质量；m_1 为样品蜡封后在空气中的质量；m_2 为样品蜡封后在水中的质量；ρ_b 为样品的体积密度，g/cm^3；$\rho_{水}$ 为水的密度，g/cm^3；$\rho_{蜡}$ 为固态石蜡的密度，g/cm^3。

Luffel 和 Guidry（1992）不蜡封样品，而是把样品浸没水银后称重，计算样品的体积密度。

$$\rho_b = \frac{m}{m - m_2}\rho_{水银} \tag{1-16}$$

式中，m 为样品在空气中的质量；m_2 为样品在水银中的质量；$\rho_{水银}$ 为水银密度。

2. 页岩样品总孔隙度测试

将样品粉碎为 20 ~ 35 目，在 105℃下烘干到恒重（例如，采用甲苯和 Dean Stark 装置，在 105℃下烘干 1 ~ 2 周，到恒重），称取质量 m 的页岩样品放入样品室。

向参比室中输入一定压力的氮气，分别记录样品室和参比室的初始压力 p_s、p_r；连通样品室和参比室，待压力平衡后，记录系统压力 p_b。可根据玻意耳定律求得样品的骨架体积 V_g：

$$p_r \times V_r + p_s \times (V_c - V_g) = p_b \times (V_c + V_r - V_g) \tag{1-17}$$

式中，p_r 为参比室初始压力，MPa；p_s 为样品室初始压力，MPa；p_b 为平衡后的压力，MPa；V_r 为参比室体积，cm^3；V_c 为样品室体积，cm^3；V_g 为样品的骨架体积。

样品总孔隙度 ϕ：

$$\phi = \frac{V_p}{V_b} = \frac{V_b - V_g}{V_b}$$

$$V_b = \frac{m}{\rho_b} \qquad (1\text{-}18)$$

式中，V_b 为样品总体积，cm^3；m 为样品质量，g；ρ_b 为样品体积密度，g/cm^3。

Luffel 和 Guidry（1992）在采用 Dean Stark 装置烘干碎样时，计量了凝析水量（样品孔隙中水的体积）。从烘干过程里岩样的总质量损失中扣除凝析水量后，得到孔隙中油的体积。通过含水量和含油量可以分别计算含水饱和度 S_w 和含油饱和度 S_o。Luffel 把 95 个岩样分为两份，分别送两个实验室进行测试。平均孔隙度相差 0.2%，平均 S_w 相差 3.4%。

3. 页岩样品有效孔隙度测试

钻取直径 1in 的柱塞样，控制测试过程中的湿度和温度（可以保存页岩的黏土束缚水），其余步骤与测试总孔隙度类似。根据玻意耳定律求得样品的骨架体积 V_{ge}：

$$p_{re} \times V_{re} + p_{se} \times (V_{ce} - V_{ge}) = p_{be} \times (V_{ce} + V_{re} - V_{ge}) \qquad (1\text{-}19)$$

式中，p_{re} 为参比室初始压力，MPa；p_{se} 为样品室初始压力，MPa；p_{be} 为平衡后的压力，MPa；V_{re} 为参比室体积，cm^3；V_{ce} 为样品室体积，cm^3。

则样品有效孔隙度 ϕ_e：

$$\phi_e = \frac{V_{pe}}{V_{be}} = \frac{V_{be} - V_{ge}}{V_{be}} \qquad (1\text{-}20)$$

$$V_{be} = \frac{m_e}{\rho_b} \qquad (1\text{-}21)$$

式中，V_{be} 为样品总体积，cm^3；m_e 为样品质量，g；ρ_b 为样品体积密度，g/cm^3。

1.3.4 饱和液体法测试原理

饱和液体法测量孔隙度主要依据浮力定律。样品经烘干处理后，测量干重；饱和已知密度流体后，测量在空气中的重量和流体中的重量，分别计算岩石总体积和骨架体积。目前，典型的方法包括 WIP 法和 DLP 法。

1. WIP 法

Kuila 等（2014）提出了依据浮力定律测量页岩样品总孔隙度的方法。具体步骤为：

（1）制样 2~5 块，每块样品约 5g。采用索氏抽提方式洗油，去除轻烃、沥青和 C_{10}—C_{40+} 的重质成分；将样品在 200℃ 的真空烘箱中干燥（12~16h），去除孔隙中的所有流体（C_2—C_5、水和气），但不破坏岩石骨架。

（2）将样品在 200℃ 的高温湿度分析仪中加热 15 分钟后，测量干重 $W_{dry\text{-}air}$。将样品放置于容器内，在压力小于 1.33Pa（10μmHg[①]）的真空条件下脱气。

（3）在 13.7MPa（2000psi[②]）的压力下用蒸馏水饱和 24h。

（4）饱和水后的样品，在空气中测量质量，重复 5 次取平均值，记为 $W_{sat\text{-}air}$。将饱和

---

① 1μmHg=0.133322Pa。

② 1psi=6.89476×10^3Pa。

水的样品浸入蒸馏水中称重，重复 5 次取平均值，记为 $W_{\text{sat-water}}$。

页岩孔隙体积为

$$V_{\text{p}} = \frac{W_{\text{sat-air}} - W_{\text{dry-air}}}{\rho_{\text{H}_2\text{O}}} \tag{1-22}$$

页岩总体积为

$$V_{\text{T}} = \frac{W_{\text{sat-air}} - W_{\text{sat-water}}}{\rho_{\text{H}_2\text{O}}} \tag{1-23}$$

页岩骨架体积为

$$V_{\text{ma}} = \frac{W_{\text{dry-air}} - W_{\text{sat-water}}}{\rho_{\text{H}_2\text{O}}} \tag{1-24}$$

岩石饱和水后的体积密度（ρ_{B}）可以表示为

$$\rho_{\text{B}} = \frac{W_{\text{sat-air}}}{W_{\text{sat-air}} - W_{\text{sat-water}}} \times \rho_{\text{H}_2\text{O}} \tag{1-25}$$

岩石骨架密度（ρ_{ma}）可以表示为

$$\rho_{\text{ma}} = \frac{W_{\text{dry-air}}}{W_{\text{dry-Air}} - W_{\text{sat-water}}} \times \rho_{\text{H}_2\text{O}} \tag{1-26}$$

相对于页岩和水，空气的密度一般为 $0.0012\text{g}/\text{cm}^3$，可以忽略空气对重量的影响。不同温度条件下水的密度计算公式为

$$\rho_{\text{H}_2\text{O}} = -0.0000053T^2 + 0.0000081T + 1.0001627 \tag{1-27}$$

式中，T 为温度，℃。

WIP 法测量的孔隙度计算公式为

$$\phi_{\text{WIP}} = \frac{V_{\text{p}}}{V_{\text{T}}} = \frac{W_{\text{sat-air}} - W_{\text{dry-air}}}{W_{\text{sat-air}} - W_{\text{sat-water}}} \tag{1-28}$$

或采用双密度法：

$$\phi_{\text{WIP}} = \frac{\rho_{\text{ma}} - \rho_{\text{B}}}{\rho_{\text{ma}} - \rho_{\text{H}_2\text{O}}} \tag{1-29}$$

与气测孔隙度法相比，水浸没法（WIP）具有精度高等优点，但不适用于含蒙脱石或伊-蒙混层黏土矿物的样品。同时，测量结果极大依赖于样品的饱和程度和饱和流体的选择。把 WIP 法中的水换成煤油或酒精等液体，也可以进行类似的孔隙度测试。

2. DLP 法

把水作为饱和流体和浸没流体，称之为 WIP，把煤油作为饱和流体和浸没流体，称为 KIP。综合考虑到以下因素：①在 WIP 法中，含有蒙脱石、高混层比伊-蒙混层黏土矿物的页岩会吸水膨胀，影响体积密度的测量精度；②在 KIP 法中，页岩样从烘箱移到饱和容器的过程中，可能重新吸附空气中的水蒸气。另外，煤油也可能很难完全饱和孔隙，造成岩石骨架密度偏小。

Tomasz 等（2016）提出的双液法（DLP）是以水和煤油分别作为饱和流体和浸没流体，采用浸没技术测量岩心样品总孔隙度的一种方法。与前节中的 WIP 法流程相比，在 DLP 法中样品只是抽真空饱和，而不加压饱和。

双液法（DLP）的测试流程为：①在实验中先以煤油作为饱和流体和浸没流体，测量饱和煤油岩石的体积密度（$\rho_{\text{B-KIP}}$）；②烘干后，以水作为饱和流体和浸没流体，测量岩石的骨架密度（$\rho_{\text{ma-WIP}}$）。采用 WIP 法中的骨架密度和 KIP 法中的体积密度计算页岩气储层的孔隙度：

$$\phi_{\text{DLP}} = (\rho_{\text{ma-WIP}} - \rho_{\text{B-KIP}}) / (\rho_{\text{ma-WIP}} - \rho_{\text{ker}}) \tag{1-30}$$

式中，$\rho_{\text{ma-WIP}}$ 为 WIP 法中测得的骨架密度；$\rho_{\text{B-KIP}}$ 为 KIP 法中测得的岩石体积密度；ρ_{ker} 为煤油的密度。

DLP 法可以很好地解决黏土膨胀问题，但实验过程较为烦琐，在反复干燥和饱和油水的过程中页岩样品易损坏。如果未对样品进行洗油处理，样品在加压饱和水时难以充分饱和，孔隙度测试结果偏大。

1.4　页岩渗透率测试与分析

页岩的基质渗透率十分重要，决定了气藏是否可以长期稳定生产。受测试手段的影响，大部分测试方法只能够保证 0.01mD[①] 以上的岩样的测量精度。另外，在很多岩样中还存在其他不利影响因素，如天然裂缝或诱导微裂缝。所以，应开发新的渗透率测试方法，满足微达西级别以下的岩样渗透率测试。在现有页岩渗透率测试技术主要有 3 种：①柱塞脉冲衰减法。对实验仪器和样品制备要求严格，适用于室内对页岩等致密储层进行精密的渗透率测试；②岩屑脉冲衰减法。不受样品形状限制，样品尺寸小，能够避免天然裂缝的影响；③脱气法。精度相对较低，测试结果可作为参考数据。

1.4.1　页岩微观渗流机理

页岩气的储、渗空间为微米（$1 \times 10^{-6}\text{m}$）到埃米（$1 \times 10^{-10}\text{m}$）的孔隙网络。在开放的孔隙和裂缝中，甲烷气体是游离态；在干酪根和黏土表面，还存在吸附气。在较大的连通孔喉中，流动通常符合达西公式，即无滑脱效应。在纳米孔隙中，流动受滑脱效应、流固表面作用力综合控制。Javadpour 等（2007）和 Javadpour（2009）阐述了不同的尺度的孔隙中气体的储集和渗流机理（图1-16）。

在泥盆系页岩的氩离子抛光 SEM 图中，颗粒直径大约是 1μm。孔隙和有机物呈现暗色，表现出一种复杂的孔隙喉道网络。不同孔隙的尺度差异，对流体的流动造成了影响。

Klinkenberg（1941）提出了多孔介质的气体滑脱效应。气体滑脱条件是：气体分子平均自由程接近岩石平均有效孔隙喉道半径，当气体在多孔介质中流动时，气体分子在壁面发生相对运动。气体分子在多孔介质表面滑脱时，气测渗透率大于岩样的真实绝对渗透率。Klinkenberg 提出的气测渗透率（k_a）和平均压力（p）的倒数的近线性关系如图1-17所示。

---

①　$1\text{mD} = 0.986923 \times 10^{-15}\text{m}^2$。

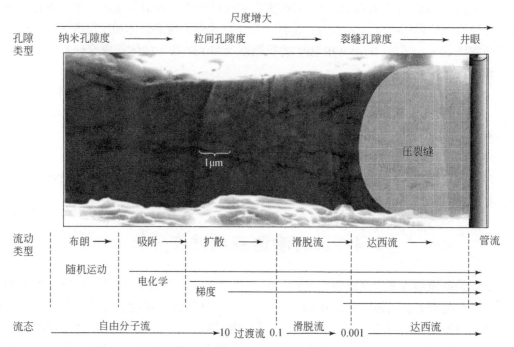

图 1-16　页岩中孔隙尺度与渗流类（据 Sondergeld *et al.*，2010）

$$k_a = k_\infty \left[1 + \frac{b_K}{p} \right] \tag{1-31}$$

式中，k_∞ 为等效液测渗透率，也称为 Klinkenberg 修正渗透率，或样品的真实绝对渗透率；b_K 为气体滑脱因子，是与平均压力（p）、有效孔隙半径（r）、分子平均自由程 λ 有关的常数。

气体滑脱因子 b_K 的定义为

$$\frac{b_K}{p} = \frac{4c\overline{\lambda}}{r} \quad (c \approx 1) \tag{1-32}$$

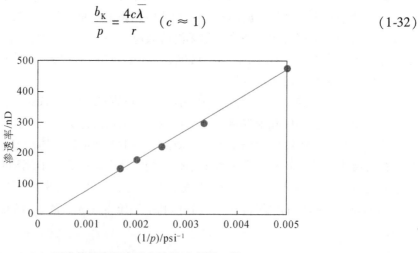

图 1-17　Marcellus 页岩等效液测渗透率计算示意图（据 Elsaig *et al.*，2016）

由于页岩气藏中存在纳米孔隙，气体渗流机理更复杂，除了滑脱效应外还有其他渗流状态。Kundsen 数是表征页岩渗流类别的重要参数。

Kundsen 数的定义：

$$Kn = \frac{\lambda}{r} \tag{1-33}$$

式中，Kn 是 Kundsen 数；λ 是分子平均自由程，m；r 是孔隙半径，m。

Civan 等（2011）提出的平均自由程的计算公式为

$$\lambda = \frac{\mu Z}{p} \sqrt{\frac{\pi R T}{2M}} \tag{1-34}$$

式中，μ 是气体黏度，Pa·s；Z 是气体偏差因子；p 是平均孔隙气体压力，Pa；R 是通用气体常数，8.314J/(K·mol)；T 是温度，K；M 是气体摩尔质量，g/mol。

根据 Kundsen 数的定义，r 越小，Kn 越大。Swami 等（2012）按照 Kundsen 数的取值范围，把页岩气的渗流划分为 4 种类别（表 1-9）。

表 1-9　页岩气的渗流类别

Kn	$0 \sim 1 \times 10^{-3}$	$1 \times 10^{-3} \sim 1 \times 10^{-1}$	$1 \times 10^{-1} \sim 10$	>10
渗流类别	达西流	滑脱流	过渡流	自由分子流

（1）达西流。

与孔隙半径相比，气体分子平均自由程很小。在气体流动过程中，只考虑气体分子之间的碰撞，可忽略气体分子与孔隙壁面之间的碰撞。

（2）滑脱流。

孔隙壁面处的流速不为 0。由于孔隙半径小，分子平均自由程不能忽略，在气体流动过程中，必须考虑气体分子与孔隙壁面之间的碰撞。在绝大多数致密砂岩气藏存在滑脱流。

（3）过渡流。

发生在半径很小的孔隙中。在大部分页岩气藏和一些致密气藏存在过渡流。

（4）自由分子流。

只存在小部分页岩气藏。可采用康德森（Kundsen）扩散，玻尔兹曼（Boltzman）模拟和蒙特卡洛（Monte Carlo）方法进行研究。

Civan（2010）在 Beskok 和 Karniadakis（1999）的研究基础上，提出了一种视渗透率计算方法：

$$k_a = k_\infty f(Kn) \tag{1-35}$$

$$f(Kn) = (1 + \alpha Kn)\left(1 + \frac{4Kn}{1 - bKn}\right) \tag{1-36}$$

式中，k_a 是视渗透率，m^2；k_∞ 是等效液测渗透率，m^2；α 是无因次系数。

Beskok 和 Karniadakis（1999）认为 $b = -1$。Civan 根据 Loyalka 和 Hamoodi（1990）的实验数据进行拟合，提出式（1-37）中各常参数的取值为：$\alpha_0 = 1.358$，$A = 0.178$，$B = 0.4348$。

$$\begin{cases} \alpha = 0, & 0.001 < Kn < 0.1 \quad 滑脱流 \\ \alpha = \alpha_0 \left(\dfrac{Kn^B}{A + Kn^B} \right), & 0.1 < Kn < 1000 \quad 过渡流，自由分子流 \end{cases} \tag{1-37}$$

1.4.2 页岩等效液测渗透率与微观孔隙结构的关系

实际岩石的孔隙可视为并联毛管束。假设在渗流截面积为 A 的区域中，有 n 根不同管径毛管（实际流动长度相同）。根据泊肃叶（Poiseuille）定理，对于单根毛管的情形，有

$$Q = \frac{\pi r^4 \Delta p}{8 \mu L_e} \tag{1-38}$$

式中，μ 为液体黏度，$Pa \cdot s$；L_e 为毛细管的实际流动长度，m；Q 为流量，m^3/s。

$$Q = \sum_{i=1}^{n} \frac{\pi r_i^4 \Delta p}{8 \mu L_e} \tag{1-39}$$

式中，n 为面积 A 中毛细管数目；r_i 为第 i 条毛细管的半径，m；Δp 为岩石两端的压差，Pa。

假设岩石的渗流面积为 A，根据达西渗流公式

$$Q = \frac{k_\infty A \Delta p}{\mu L} \tag{1-40}$$

式中，k_∞ 为等效液测渗透率，m^2；L 为岩石的长度，m；

由式（1-39）和式（1-40）得

$$k_\infty = \frac{1}{A\tau} \sum_{i=1}^{n} \frac{\pi r_i^4}{8}, \qquad \tau = \frac{L_e}{L} \tag{1-41}$$

假设半径为 r_i 的毛细管的体积占总孔隙体积的比例为 S_i：

$$S_i = \frac{V_i}{V_p} = \frac{\pi r_i^2 L_e}{AL\phi} \tag{1-42}$$

式中，V_i 为半径为 r_i 的毛细管的体积，m^3；V_p 为岩石的有效孔隙体积，m^3；ϕ 为岩石的有效孔隙度；τ 为迂曲度，无因次。

整理式（1-41）和式（1-42），得

$$K_\infty = \frac{\phi}{8\tau^2} \sum_{i=1}^{n} S_i r_i^2 \tag{1-43}$$

由式（1-43）可得

$$K_\infty = \frac{\phi}{8\tau^2} \bar{r}^2 \tag{1-44}$$

式中，$\bar{r}$ 为平均孔隙半径。

1.4.3 柱塞样脉冲衰减法测试与分析

1. 柱塞样脉冲衰减法的特点

柱塞样脉冲衰减法的优点：

（1）脉冲衰减法适用于测量超低渗样品（10nd~1md），通过合理选择气罐体积和压力传感器范围，也可以扩展测试范围。

（2）不需要流量计，只进行时间—压力测定。

（3）利用了高回压（压力变化<5%）来避免气体滑脱效应，能够测试给定围压条件下的页岩样品的渗透率。

柱塞样脉冲衰减法的应用局限：由于这种方法在高压下测量渗透率非常低的岩样，所以仪器的严格密封非常重要，同时控制周围环境的温度变化也非常关键。

2. 柱塞样脉冲衰减法的测试流程

如图1-18所示，柱塞样品（长：L；横截面积：A；有效孔隙度：ϕ）。在脉冲衰减渗透率测试实验中：①在样品两端连接容器，并施加一定围压。先打开 V1、V2 和 V3 阀门，使得实验装置中的上游室、下游室和岩样孔隙压力相等且达到平衡状态；②关闭 V2 和 V3 阀门；③使上游室内气体增压，待系统稳定后，打开阀门 V2，并连续监测样品两端容器内压力数据变化。Cui 等（2009）利用解析方法，结合相关参数对压力数据进行计算，分析样品的渗透率。

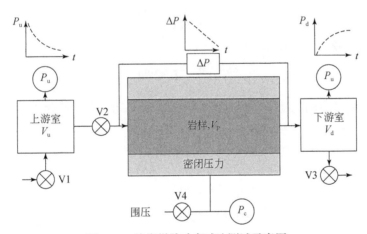

图1-18　柱塞样脉冲衰减法测试示意图

3. 分析理论

1）基本渗流模型

Cui 等（2009）根据质量守恒原理及达西定律，考虑解吸作用，得

$$\phi \frac{\partial \rho}{\partial t} + (1 - \phi) \frac{\partial q}{\partial t} = \frac{1}{x^n} \frac{\partial}{\partial x} \left(x^n \frac{\rho k}{\mu} \frac{\partial p}{\partial x} \right) \tag{1-45}$$

式中，ϕ 为孔隙度，小数；ρ 为气体的密度，mol/m³，q 为单位体积岩样的吸附气量，mol/m³；μ 为流体黏度，Pa·s；k 为岩样渗透率，m²。对于一维线性渗流，$n=0$；二维径向渗流，$n=1$；三维球形渗流，$n=2$。

式（1-45）改写为：

$$\left[\phi + (1 - \phi) \frac{\partial q}{\partial \rho} \right] \frac{\partial \rho}{\partial t} = \frac{1}{x^n} \frac{\partial}{\partial x} \left(x^n \frac{\rho k}{\mu} \frac{\partial p}{\partial x} \right) \tag{1-46}$$

根据状态方程，气体密度计算式为

$$\rho = \frac{p}{ZRT} \tag{1-47}$$

气体的等温压缩系数的定义式为

$$c_g = \frac{\mathrm{d}\rho}{\rho \mathrm{d}p} \tag{1-48}$$

考虑到解吸对渗流的影响，引入 q 对气体密度的导数：

$$K_a = \frac{\partial q}{\partial \rho} \tag{1-49}$$

式中，K_a 为 q 对气体密度的导数。

考虑解吸后，传导系数定义为

$$\eta = \frac{k}{\mu c_g \left[\phi + (1 - \phi) K_a \right]} \tag{1-50}$$

式中，η 为传导系数。

根据式（1-49）和式（1-50），式（1-46）可化简为

$$\frac{\partial \rho}{\partial t} = \frac{\eta}{x^n} \frac{\partial}{\partial x} \left(x^n \frac{\partial \rho}{\partial x} \right) \tag{1-51}$$

如果压力变化较小，上式还可以表示为：

$$\frac{\partial p}{\partial t} = \frac{\eta}{x^n} \frac{\partial}{\partial x} \left(x^n \frac{\partial p}{\partial x} \right) \tag{1-52}$$

气体在柱塞岩样中的流动一维线性渗流时，由于 $n = 0$，上式简化为

$$\frac{\partial p}{\partial t} = \eta \frac{\partial}{\partial x} \left(\frac{\partial p}{\partial x} \right) \tag{1-53}$$

边界条件：

$$\begin{aligned} p(0, t) &= p_u(t), \quad t \geqslant 0 \\ p(L, t) &= p_d(t), \quad t \geqslant 0 \end{aligned} \tag{1-54}$$

初始条件：

$$\begin{aligned} p(x, 0) &= p_d(0), \quad x > 0 \\ p(0, 0) &= p_u(0) \end{aligned} \tag{1-55}$$

2）吸附对气体渗流的影响分析

气体的吸附作用增大了页岩的储集能力。下面对式（1-50）中的 $(1 - \phi) K_a$ 项进行分析。

定义有效吸附孔隙度为

$$\phi_a = (1 - \phi) K_a \tag{1-56}$$

式中，ϕ_a 为有效吸附孔隙度。

设吸附气占据的孔隙空间比例为

$$f_a = \frac{\phi_a}{\phi} \tag{1-57}$$

在测试过程中，考虑到有效吸附孔隙度，把孔隙度修正为 $\phi(1 + f_a)$。

根据 Langmuir 方程：

$$q_a = \frac{q_L p}{p_L + p} \tag{1-58}$$

式中，q_a 为单位质量岩石的吸附气量（标况），m^3/kg；q_L 为 Langmuir 体积，m^3/kg；P_L 为 Langmuir 压力，MPa；P 为气体压力，MPa。

单位体积岩样的吸附气量为

$$q = \frac{\rho_{ma} q_a}{V_{std}} \tag{1-59}$$

式中，q 为单位体积岩样的吸附气量，mol/m^3；ρ_{ma} 为岩石骨架密度，kg/m^3；V_{std} 为气体在标况下的摩尔体积，$0.0224 m^3/mol$。

根据 K_a 的定义式，求导并化简得 K_a 的计算式：

$$K_a = \frac{\partial q}{\partial \rho} = \frac{\partial q}{\partial p} \frac{\partial p}{\partial \rho} = \frac{\rho_{ma}}{V_{std} c_g \rho} \frac{q_L p_L}{(p_L + p)^2} \tag{1-60}$$

代入有效吸附孔隙度的定义，得

$$\phi_a = (1 - \phi) K_a = \frac{(1 - \phi)\rho_{ma}}{V_{std} c_g \rho} \frac{q_L p_L}{(p_L + p)^2} \tag{1-61}$$

根据式（1-61）可知，气体的有效吸附孔隙度受压力和页岩的吸附特征的综合影响。

3）方程组求解与渗透率计算

引入无因次量定义：

$$\begin{cases} \Delta p_D = \dfrac{p_u(t_D) - p_d(t_D)}{p_u(0) - p_d(0)} \\ t_D = \dfrac{kt}{(\phi + \phi_a)\mu c_g L^2} \\ x_D = \dfrac{x}{L} \end{cases} \tag{1-62}$$

渗流方程组求解得

$$\Delta p_D = 2 \sum_{n=1}^{\infty} \frac{a(b^2 + \theta_n^2) - (-1)^n b\sqrt{(a^2 + \theta_n^2)(b^2 + \theta_n^2)}}{\theta_n^2(\theta_n^2 + a + a^2 + b + b^2) + ab(a + b + ab)} \times e^{(-\theta_n^2 t_D)}$$

$$a = \frac{V_p(1 + f_a)}{V_u}, \quad b = \frac{V_p(1 + f_a)}{V_d}, \quad V_p = LA\phi \tag{1-63}$$

式中，θ_n 为超越方程 $\tan\theta = \dfrac{(a + b)\theta}{\theta^2 - ab}$ 的第 n 个正数解；a，b 为页岩的储集能力与上游室体积 V_u、下游室体积 V_d 之比；V_p 为岩样的有效孔隙体积；$1 + f_a$ 为考虑吸附孔隙度后对 V_p 的修正系数。

Dicker 和 Smits（1988）认为：在晚期段（如 $t_D \geqslant 0.1$）时，式（1-63）中除第一项外，其余各项趋于 0，可简化为

$$\ln(\Delta p_D) = \ln(f_0) + s_1 t \tag{1-64}$$

截距的表达式为

$$f_0 = \frac{2\left[a(b^2 + \theta_1^2) + b\sqrt{(a^2 + \theta_1^2)(b^2 + \theta_1^2)}\right]}{\theta_1^2(\theta_1^2 + a + a^2 + b + b^2) + ab(a + b + ab)} \tag{1-65}$$

$$\theta_1^2 = (a + b + ab) - \frac{1}{3}(a + b + 0.4132ab)^2 + 0.0744(a + b + 0.0578ab)^3 \tag{1-66}$$

斜率的表达式为

$$s_1 = \frac{-kf_1A(1/V_u + 1/V_d)}{(\mu Lc_g)} \tag{1-67}$$

$$f_1 = \frac{\theta_1^2}{(a + b)} \tag{1-68}$$

根据式 (1-67) 得渗透率的计算公式为

$$k = \frac{-s_1\mu Lc_g}{f_1A(1/V_u + 1/V_d)} \tag{1-69}$$

根据气体状态方程, 得

$$c_g = \frac{1}{p}\left[1 - \frac{d\ln(Z)}{d\ln(p)}\right] \tag{1-70}$$

式中, Z 为实际气体的偏差因子。

令

$$f_Z = 1 - \frac{d\ln(Z)}{d\ln(p)} \tag{1-71}$$

代入式 (1-70), 得

$$c_g = \frac{f_Z}{p} \tag{1-72}$$

上下游室的平均压力为

$$p_m(t) = \left[p_u(t) + p_d(t)\right]/2 \tag{1-73}$$

把式 (1-72)、式 (1-73) 代入式 (1-69), 可得到《页岩氦气法孔隙度和脉冲衰减法渗透率的测定》(GB/T 34533–2017) 中给出的计算公式:

$$k = \frac{-s_1\mu Lf_Z}{f_1Ap_m(1/V_u + 1/V_d)} \tag{1-74}$$

计算渗透率的步骤是:

(1) 作 $\ln(\Delta p_D)$ 和 t 的关系图, 根据式 (1-64) 拟合直线的斜率 s_1。

(2) 根据式 (1-69) 或式 (1-74), 求渗透率。

1.4.4　岩屑脉冲衰减法测试与分析

1. 岩屑脉冲衰减法的特点

页岩储层脆性较强, 标准岩心柱制备过程存在较多问题。因此, Luffel 提出了岩屑脉冲衰减渗透率法, 在原始含水饱和度条件下测试岩屑的渗透率。

岩屑脉冲衰减法的优点如下。

（1）测试效率高，测试条件不受限制，可在现场进行测试。

（2）能够测试不同含水饱和度条件下的气体渗透率。

（3）样品外形不受限制，能够测试岩心切片、钻井岩屑等不规则样品。

（4）缩小了样品测试尺寸，理论上更容易去除天然裂缝的影响，为页岩储层基质渗透率的测试研究提供参考。

岩屑脉冲衰减法的应用局限为样品不能施加围压，测试精度相对较低，测试样品形状对测试结果有一定的影响。

2. 岩屑脉冲衰减法的测试流程

图 1-19 给出了岩屑脉冲衰减渗透率测试装置示意图，主要包括：两个容器，一系列控制阀门和高精度压力传感器。岩屑脉冲衰减渗透率测试前，将岩屑容器和装有实验气体（通常为 He）的标准容器对接。通过标准容器内气体形成压力脉冲，连续记录岩屑容器和标准容器的压力变化数据，利用数学处理方法获得岩样的渗透率。

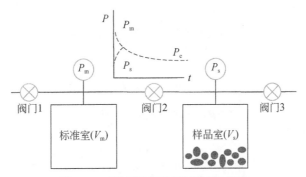

图 1-19　岩屑脉冲衰减法测试示意图

实验过程中：①首先关闭阀门 2、打开阀门 3，对岩屑样品室抽真空，待系统稳定后关闭阀门 3，记录 p_0；②打开阀门 1，向标准室输入高压气体，关闭阀门 1，稳定后记录 p_{m0}；③打开阀门 2，将岩屑样品室与标准室连通，利用高精度压力传感器连续测试两容器的压力变化数据，直至系统稳定，然后测试整个系统的平衡压力 p_e。

3. 分析理论

1）有效孔隙度计算

根据质量守恒定律，样品室和标准室平衡前后的气体摩尔数相同，得

$$V_b \phi \left(\frac{p_e}{Z_e} - \frac{p_0}{Z_0} \right) + (V_s - V_b) \left(\frac{p_e}{Z_e} - \frac{p_0}{Z_0} \right) = V_m \left(\frac{p_{m0}}{Z_{m0}} - \frac{p_e}{Z_e} \right) \tag{1-75}$$

$$V_b = \frac{M_s}{\rho_b} \tag{1-76}$$

式中，V_b 为岩屑的总体积；p_e 为系统的最终平衡压力；Z_e 为 p_e 条件下气体的偏差系数；p_0 为岩屑样品室抽真空后的压力；Z_0 为 p_0 条件下气体的偏差系数；V_s 为岩屑样品室的总体积；V_m 为标准室的总体积；p_{m0} 为标准室的初始压力；Z_{m0} 为 p_{m0} 条件下气体的偏差系数。M_s 为岩屑的质量；ρ_b 为岩样的体积密度。

由式（1-75）得

$$\phi = \frac{\left[\dfrac{V_m}{V_b}\left(\dfrac{p_{m0}}{Z_{m0}} - \dfrac{p_e}{Z_e} \right) + \left(\dfrac{V_s}{V_b} - 1 \right)\left(\dfrac{p_0}{Z_0} - \dfrac{p_e}{Z_e} \right) \right]}{\left(\dfrac{p_e}{Z_e} - \dfrac{p_0}{Z_0} \right)} \qquad (1-77)$$

2）渗流方程组与求解

把碎样简化为球形体。对于三维球形渗流，$n=2$，根据式（1-45），得到三维球形渗流的微分方程：

$$\frac{\partial \rho}{\partial t} = \frac{\eta}{r^2}\frac{\partial}{\partial r}\left(r^2 \frac{\partial \rho}{\partial r} \right) \qquad (1-78)$$

边界条件 1：

$$\frac{\partial \rho}{\partial r} = 0, \qquad r = 0 \qquad (1-79)$$

边界条件 2：

$$-A_s \frac{k}{\mu c_g}\frac{\partial \rho}{\partial r} = V_c \frac{\partial \rho}{\partial t}, \qquad r = R_a \qquad (1-80)$$

初始条件：

$$\begin{cases} \rho = \rho_0 & (0 \leqslant r < R_a, \ t = 0) \\ \rho = \rho_{c0} & (r = R_a, \ t = 0) \end{cases} \qquad (1-81)$$

其他中间参数的表达式为

$$A_s = \frac{3M_s}{\rho_b R_a} \qquad (1-82)$$

$$V_c = V_m + V_s - V_b(1 - \phi) \qquad (1-83)$$

$$\rho_{c0} = \frac{\rho_{m0}V_m + \rho_0(V_s - V_b)}{V_m + V_s - V_b} \qquad (1-84)$$

式中，ρ 为气体的密度，$\mathrm{mol/m^3}$；R_a 为岩屑平均粒径，m；A_s 为所有岩屑的总外表面积，$\mathrm{m^2}$；V_c 为在岩屑样品室和标准室内，扣除岩屑骨架后的总体积，$\mathrm{m^3}$；ρ_{c0} 为岩屑样品室和标准室气体平衡后，但尚未向岩屑中的孔隙渗流前，样品室气体的密度，$\mathrm{mol/m^3}$；ρ_0 是 p_0 条件下的气体密度，$\mathrm{mol/m^3}$；ρ_{m0} 是 p_{m0} 条件下的气体密度，$\mathrm{mol/m^3}$。

根据 Carslaw 和 Jaegar（1959）的研究，方程组的解为

$$\rho = \rho_{c0} - \frac{\rho_{c0} - \rho_0}{K_c + 1} + 6K_c(\rho_{c0} - \rho_0)\sum_{n=1}^{\infty} \frac{e^{-\eta\alpha_n^2 t/R_a^2}}{K_c^2\alpha_n^2 + 9(K_c + 1)} \qquad (1-85)$$

式中，α_n 是以下超越方程的第 n 个根。

$$\tan\alpha = \frac{3\alpha}{3 + K_c\alpha^2} \qquad (1-86)$$

$$K_c = \frac{\rho_b V_c}{M_s[\phi + (1 - \phi)K_a]} \qquad (1-87)$$

式中，K_c 为 V_c 相较于岩屑孔隙储集能力的倍数。

在某一时刻 t，假设岩屑孔隙中气体压力为 p，已渗入岩屑的气体质量与最终渗入岩

屑的气体质量的比例 F_U 为

$$F_U = \frac{(K_c + 1)(\rho_{c0} - \rho)}{\rho_{c0} - \rho_0} \tag{1-88}$$

在该时刻 t，尚未渗入岩屑的气体质量与最终渗入岩屑的气体质量的比例：

$$F_R = 1 - F_U = 1 - \frac{(K_c + 1)(\rho_{c0} - \rho)}{\rho_{c0} - \rho_0} \tag{1-89}$$

把式（1-85）代入式（1-89），得

$$F_R = 6K_c(K_c + 1) \sum_{n=1}^{\infty} \frac{e^{-\eta \alpha_n^2 t / R_a^2}}{K_c^2 \alpha_n^2 + 9(K_c + 1)} \tag{1-90}$$

Cui 等（2009）提出：由于岩屑孔隙相对较小，当 $K_c > 50$，式（1-90）可以进一步简化为

$$F_R = \frac{6}{\pi} \sum_{n=1}^{\infty} e^{-\pi^2 n^2 \eta t / R_a^2} \frac{1}{n^2} \tag{1-91}$$

3）根据晚期数据计算渗透率

无因次时间定义：

$$\tau = \frac{\eta t}{R_a^2} \tag{1-92}$$

根据图 1-20，当无因次时间 $\tau > 0.1$，$K_c > 50$ 时，F_R 与时间成半对数直线关系：

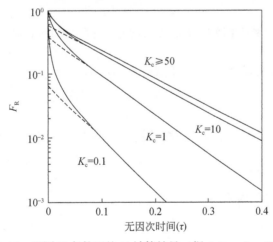

图 1-20　不同 K_c 条件下的 F_R 计算结果（据 Cui *et al.*，2009）

$$\ln(F_R) = f_0 - s_1 t \tag{1-93}$$

$$s_1 = \frac{\eta \alpha_1}{R_a^2} \tag{1-94}$$

$$f_0 = \ln\left(\frac{6K_c(K_c + 1)}{K_c^2 \alpha_1^2 + 9(K_c + 1)}\right) \tag{1-95}$$

式中，α_1 是式（1-86）的第 1 个根；η 为传导系数。

拟合出半对数直线的斜率 s_1 后，根据式（1-94）变形得到渗透率计算公式：

$$k = \frac{R_\alpha^2 [\phi + (1 - \phi) K_a] \mu c_g s_1}{\alpha_1^2} \tag{1-96}$$

4）根据早期数据计算渗透率

根据图 1-21，Carslaw 和 Jaegar（1959）的研究，如果 $K_c > 50$，当无因次时间 $\tau < 0.0002$ 或 $F_U < 0.2$ 时，式（1-91）在早期可简化为

$$F_U = 1 - F_R = \frac{6\sqrt{\tau}}{\sqrt{\pi}} = \frac{6\sqrt{\eta}}{\sqrt{\pi R_a^2}}\sqrt{t} = s_0 \sqrt{t} \tag{1-97}$$

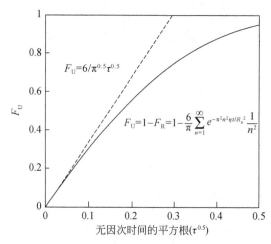

图 1-21　测试早期 F_U 与无因次时间近似关系（据 Cui et $al.$，2009）

根据式（1-97），拟合斜率 s_0，由下式计算渗透率：

$$k = \frac{\pi s_0 R_a^2 [\phi + (1 - \phi) K_a] \mu c_g}{36} \tag{1-98}$$

在岩屑脉冲衰减法中，根据早期数据计算渗透率的误差较大，推荐采用晚期数据进行渗透率计算。

1.4.5　脱气法测试与分析

1. 脱气渗透率测试方法的特点

如图 1-22 所示，脱气渗透率测试方法主要适用于柱塞样（长度 L，半径 R_a）的测试，脱气渗透率测试方法在地层温度和室内压力条件下，是对柱塞样的累积解吸气量监测，求取样品的渗透率。与上述渗透率测试方法相比，脱气渗透率测试方法测试精度较低。Cui 等（2009）对脱气渗透率测试方法进行了研究，并给出了渗透率求解方法。

2. 渗流方程组与求解

假设柱塞样 $L > 2R_a$。柱状体的渗流简化为径向渗流，$n = 1$，根据式（1-45），得到柱状体渗流的微分方程：

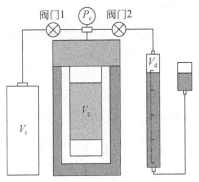

图 1-22　脱气渗透率测试示意图

$$\frac{\partial \rho}{\partial t} = \frac{\eta}{r} \frac{\partial}{\partial r}\left(r \frac{\partial \rho}{\partial r}\right) \tag{1-99}$$

边界条件 1：

$$\frac{\partial \rho}{\partial r} = 0, \quad r = 0 \tag{1-100}$$

边界条件 2：

$$\rho = \rho_e, \ p = p_e, \quad r = R_a \tag{1-101}$$

初始条件：

$$\rho = \rho_0, \ p = p_0, \quad 0 \leqslant r \leqslant R_a, \ t = 0 \tag{1-102}$$

式中，p_0 是柱塞样内的初始气体压力；ρ_0 是 p_0 条件下的气体密度；p_e 是室内压力（常量）；ρ_e 是 p_e 条件下的气体密度（常量）。

由于 $L>2R_a$，把圆柱体中的渗流简化为一维径向流动，不考虑柱塞样的顶部和底部的气体解吸。

引入定义：某一时刻 t，累积解吸气体质量与最终累积解吸气质量的比值为 F_D。

方程组的解为

$$F_D = 1 - 4 \sum_{n=1}^{\infty} \frac{1}{\xi_n^2} e^{-\xi_n^2 \eta t / R_a^2} \tag{1-103}$$

式中，ζ_n 是贝塞尔方程 $J_0(\zeta) = 0$ 的第 n 个根；R_a 是柱塞样半径；η 是传导系数。

$$\eta = \frac{k}{\mu c_g [\phi + (1 - \phi) K_a]} \tag{1-104}$$

3. 用早期解吸气量估测渗透率

当无因次时间 $\tau = \dfrac{\eta t}{R_a^2} < 0.0002$ 时，式（1-103）可近似为

$$F_D = \frac{4\sqrt{\eta}}{R_a \sqrt{\pi}} \sqrt{t} \tag{1-105}$$

式（1-105）式表明累积解吸气体的百分数与时间的平方根成正比，简化为

$$F_D = s_0 \sqrt{t} \tag{1-106}$$

根据直线的斜率 s_0，计算渗透率：

$$k = \frac{\pi}{16} R_a^2 [\phi + (1 - \phi)K_a]\mu c_g s_0^2 \tag{1-107}$$

4. 用晚期解吸气量估测渗透率

式（1-103）在晚期可近似为

$$\ln(1 - F_D) = \ln\left(\frac{4}{\xi_1^2}\right) - \frac{\eta \xi_1^2}{R_a^2} t \tag{1-108}$$

式中，ξ_1 为贝塞尔方程 $J_0(\xi) = 0$ 的第一个根，近似等于 2.404834。

式（1-108）简化如下：

$$\ln(1 - F_D) = f_0 - s_1 t \tag{1-109}$$

根据晚期数据拟合的斜率，计算渗透率的公式为

$$k = \frac{R_a^2 [\phi + (1 - \phi)K_a]\mu c_g s_1}{\xi_1^2} \tag{1-110}$$

1.5　页岩孔隙结构评价

1.5.1　表征页岩微观结构的压汞法

Katz 和 Thompson（1985）与 Krohn（1988）等人在采用扫描电镜观察岩石孔隙结构时，发现在 0.2 ~ 50μm 宽广的孔隙尺寸范围内，岩石的孔隙具有良好的分形性质，并且指出孔隙的分维数在 2.27 ~ 2.89，分形维能够很好地表征岩石的孔隙结构。杨宇等（2013，2014）、贺承祖和华明琪（1998）等人将分形理论运用于研究油气储层的孔隙结构特征，获得了良好的应用效果。因此，考虑将分形维数运用于页岩气储层结构描述。

1. 毛管压力曲线测试

对绝大多数岩石来说，水银是一种非润湿相流体。如果对水银施加的压力大于或等于孔隙喉道的毛细管压力时，水银就会克服毛管阻力而进入喉道。通过测定毛细管压力来间接测定岩石的孔隙喉道大小分布，基本假设为：将所有复杂形状的喉道断面都用一个等效的圆面积来近似。这样，每一支喉道都相应地看作为一支毛细管，岩石中的喉道组合则看成为一组毛细管束。

在压汞实验中，连续地将水银注入被抽空的岩样孔隙系统中，注入水银的每一点压力就代表一个相应的孔喉大小下的毛细管压力。在这个压力下进入孔隙系统的水银量就代表这个相应的孔喉大小所连通的孔隙体积。随着注入压力不断增加，水银不断进入更小的孔隙喉道。在每一个压力点，当岩样达到毛细管压力平衡时，同时记录注入压力（毛细管力）和注入岩样的水银量，据此可计算岩样的孔喉大小分布。

该方法假设样品孔隙为圆柱孔，孔隙半径为 r，长度为 L，则单位体积汞的表面积为：$S = 2\pi r L$；在外力作用下，当汞被压进孔隙时，表面张力所做的功为

$$W_1 = -2\pi r L \sigma \cos\theta \tag{1-111}$$

式中，θ 为汞与样品表面的接触角，度；σ 为汞的表面张力，N/m。

外界对进入孔隙的汞所做的功 W_2 为

$$W_2 = p\pi r^2 L \tag{1-112}$$

因为 $W_1 = W_2$，所以有

$$-2\pi rL\sigma\cos\theta = p\pi r^2 L = p\Delta V \tag{1-113}$$

所以

$$r = -2\sigma\cos\theta/p \tag{1-114}$$

式中，p 为外加压力，Pa；r 为孔喉半径，m；σ 为汞的表面张力，通常取 $\sigma = 0.48\text{N/m}$；θ 为汞与固体表面的湿润角，一般选用 $140°$。

当压力值从 P_1 变到 P_2 时，对应孔径 r_1，r_2，则进入单位体积样品中这两种孔径之间孔隙的汞体积 ΔV 就等于这一间隔内汞饱和度乘以样品的总孔隙体积。在多个测试压力条件下，可以得到进汞体积与压力之间的关系，$\mathrm{d}V/\mathrm{d}r$–r 的关系曲线即为孔径分布曲线。

孔隙表面积与汞进入孔隙所需压力之间的关系式为

$$p\Delta V = -S\sigma\cos\theta \tag{1-115}$$

由此推出

$$S = -p\Delta V/\sigma\cos\theta \tag{1-116}$$

如果 $\sigma\cos\theta$ 不变，则有

$$S = -\frac{1}{\sigma\cos\theta}\int_0^V p\,\mathrm{d}V \tag{1-117}$$

$$\phi = 100\left(\frac{V_a}{V_b} + \frac{V_a - V_b}{V_c - V_b}\right) \tag{1-118}$$

式中，ϕ 为孔隙度，%；V_a 为在任何压力下注入汞的体积，m^3；V_b 为汞柱入后稳定状态下的体积，m^3；V_c 为测试中最大压力下的汞体积，m^3。

由此可知，样品的比表面积和孔隙率大小均与注入的汞体积有关，将对应的 σ、θ、测量得到的 p–V 关系曲线和 $V_{\max}$ 值代入，即可推算出样品比表面积。

2. 毛管压力曲线分形维数的确定方法

20 世纪 80 年代初，法国著名数学家 Mandelbrot（1983）创立了新兴学科——分形几何学，为解决各种复杂的自然现象开辟了一条简单而有效的途径。

根据分形理论，在拓扑维数的空间孔隙体积分布表示式应为

$$V \propto r^{3-D} \tag{1-119}$$

式中，V 为半径为 r 的孔隙占有的体积；D 为孔径分布分形维数，其值仍在 $2\sim3$ 变动。

将式（1-119）对 r 求导，得到孔径分布函数（$\mathrm{d}V/\mathrm{d}r$）的表示式：

$$\frac{\mathrm{d}V}{\mathrm{d}r} \propto r^{2-D} \tag{1-120}$$

根据分形几何原理，将式（1-120）进行积分，可以得到孔隙半径大于 r 的累积孔隙体积 $V(>r)$ 的表达式：

$$V(>r) = \int_r^{r_{\max}} ar^{2-D}\mathrm{d}r = b(r_{\max}^{3-D} - r^{3-D}) \tag{1-121}$$

式中，r_{max} 为储层岩石最大孔隙半径；a 为比例常数，$b = a/(3-D)$。

同理，得到孔隙半径小于 r 的累积孔隙体积 $V(<r)$ 的表达式：

$$V(<r) = \int_{r_{min}}^{r} ar^{2-D} \mathrm{d}r = b(r^{3-D} - r_{min}^{3-D}) \tag{1-122}$$

式中，r_{min} 为储层岩石的最小孔隙半径。

储层的总孔隙体积 V 为

$$V = b(r_{max}^{3-D} - r_{min}^{3-D}) \tag{1-123}$$

通过式（1-122）、式（1-123），可以得出孔隙半径小于 r 的累积体积分数 S 的表达式：

$$S = \frac{V(<r)}{V} = \frac{r^{3-D} - r_{min}^{3-D}}{r_{max}^{3-D} - r_{min}^{3-D}} \tag{1-124}$$

由于 $r_{min} \ll r_{max}$，上式可简化为

$$S = \frac{r^{3-D}}{r_{max}^{3-D}} \tag{1-125}$$

根据油层物理学中对饱和度的定义，孔隙半径小于 r 的累积孔隙体积百分数 S 就是润湿相的饱和度。

根据拉普拉斯（Laplace）方程式：

$$P_c = \frac{2\sigma\cos\theta}{r} \tag{1-126}$$

式中，P_c 为半径 r 的孔隙对应的毛管压力；σ 为界面张力；θ 为液体与岩石的接触角。

将式（1-126）代入式（1-125）中可得到

$$S = \left(\frac{P_c}{P_{cmin}}\right)^{D-3} \tag{1-127}$$

根据油层物理学饱和度的定义可知：在压汞曲线测试中，孔隙半径大于 r 的累积体积百分数为非润湿相（汞）的饱和度 S_m：

$$S_m = 1 - S = 1 - \left(\frac{P_c}{P_{cmin}}\right)^{D-3} \tag{1-128}$$

按照式（1-128），可以根据从压汞曲线资料拟合得到页岩分形维数。

对式（1-128）求导，有

$$\frac{\mathrm{d}S_m}{\mathrm{d}P_c} = (3-D)P_{cmin}^{3-D}P_c^{D-4} \tag{1-129}$$

对于压汞曲线有

$$S_m = \frac{V_{mp}}{V} \tag{1-130}$$

式中，V 为岩心的总有效孔隙体积；V_{mp} 为毛管压力为 P 时，非润湿相（汞）压入岩心的体积。

式（1-130）代入式（1-129）有

$$\frac{\mathrm{d}V_{mp}}{\mathrm{d}P_c} = V(3-D)P_{cmin}^{3-D}P_c^{D-4} \tag{1-131}$$

两边取对数，得

$$\lg\left(\frac{dV_{mp}}{dP_c}\right) = \lg\left[\frac{V(3-D)}{P_{cmin}^{(D-3)}}\right] + (D-4)\lg P_c \tag{1-132}$$

根据上式可以看出：在双对数图上，$\dfrac{dV_{mp}}{dP_c}$ 与 P_c 存在线性关系。在使用式（1-132）求取实际压汞曲线的分形维数时，可以采用中心差商法：

$$\frac{dV_{mp}}{dP_c}\Big|_{P'_{ck}} = \frac{V_{mp}(P_{c(k+1)}) - V_{mp}(P_{ck})}{P_{c(k+1)} - P_{ck}} \tag{1-133}$$

式中，$P'_{ck} = \dfrac{P_{c(k+1)} + P_{ck}}{2}$，$P_{c(k+1)}$、$P_{ck}$ 为毛管曲线上相邻两点的压力；P'_{ck} 为相邻两点毛管压力的平均值；$V_{mp}(P_{c(k+1)})$、$V_{mp}(P_{ck})$ 为毛管曲线上，相邻两点对应的注入汞的体积。

根据前面的推导可以看出，采用式（1-128）和式（1-132）计算页岩压汞曲线的分形维数时，两种方法在本质上是相同的。

应指出的是对于进汞压力 P_c 很大的实际数据点，计算的分形维数往往大于 3，与分形维的定义是不相符合的。分析造成此现象的原因为：孔隙在很高的汞压作用下，会发生非弹性变形，或形成微缝。根据统计，压汞法只适合于孔径大于 50nm 的孔隙。

3. 描述页岩气储层孔隙结构特征的统计参数

根据孔径大小，页岩石气的孔隙分为：①大孔：孔径大于 1000nm；②中孔：孔径 100 ~ 1 000nm；③过渡孔：孔径 10 ~ 100nm；④微孔：孔径小于 10nm。

在孔径大于 100nm 的孔隙中，气体可以渗流通过，所以这类孔隙主要影响页岩气的解吸和开采；孔径小于 100nm 的孔隙中，气体主要是以吸附和扩散的方式存在，所以这类孔隙主要影响页岩气的聚集和扩散。

采用分形几何理论，可以重新定义描述页岩气储层孔隙结构特征的统计参数

1）孔径均值 $\bar{r}$

$$\bar{r} = \int_0^1 r\,ds = \frac{3-D}{4-D}r_{max} \tag{1-134}$$

2）孔径中值 r_{50}

$$r_{50} = r_{max}\,0.5^{3-D} \tag{1-135}$$

3）孔径分选系数 δ

$$\delta = \left(\int_0^1 (r-\bar{r})^2\,ds\right)^{\frac{1}{2}} = \left[\frac{3-D}{5-D} - \left(\frac{3-D}{4-D}\right)^2\right]^{\frac{1}{2}} r_{max} \tag{1-136}$$

$$C = \frac{\delta}{\bar{r}} = \left[\frac{(4-D)^2}{(3-D)(5-D)} - 1\right]^{\frac{1}{2}} \tag{1-137}$$

4）歪度 S_b

$$S_b = \int_0^1 (r-\bar{r})^3\,ds/\delta^3 = \frac{\dfrac{3-D}{6-D} - 3\dfrac{(3-D)^2}{(4-D)(5-D)} + 2\left(\dfrac{3-D}{4-D}\right)^3}{\left[\dfrac{3-D}{4-D} - \left(\dfrac{3-D}{4-D}\right)^2\right]^{\frac{3}{2}}} \tag{1-138}$$

1.5.2　表征页岩微观结构的等温吸附法

1. 吸附曲线类别与表征

气体在固体表面的吸附可分为单分子层吸附和多分子层吸附。在多孔介质中，还可发生毛细管凝聚吸附。在一定温度下氮气吸附量和相对压力 p/p_0 的关系曲线称为吸附等温线，有以下 5 种类型（图 1-23）。

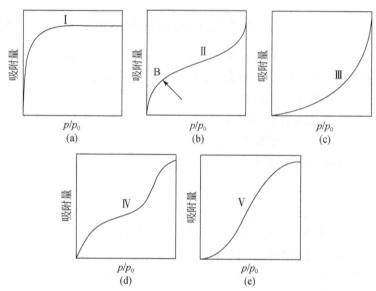

图 1-23　等温吸附曲线分类图（据 Brunauer *et al.*，1940）

（a）单分子层吸附；（b）、（c）多分子层吸附；（d）、（e）细管凝聚吸附

（1）单分子层吸附

单分子吸附表现为：在一定温度下，气体吸附量随相对压力增加而增加，逐渐达到饱和，如图 1-23（a）中第 I 类曲线所示。

（2）多分子层吸附

图 1-23（b）中的第 II 类曲线，由于固体与气体分子之间的作用力大于气体分子之间的作用力，即：第一层吸附比以后各层的吸附强烈很多。随相对压力增加，第一层接近饱和后，第二层开始吸附，于是等温线出现一个比较明显的拐点 B；随着吸附层数的增加，吸附量增加，直到吸附压力达到气体的饱和蒸汽压，发生液化，这时吸附量在压力不变的情况下垂直上升，从而构成了 S 型吸附等温线。这种曲线在低压下是单分子层吸附，随压力增加逐渐过渡到多层吸附。

图 1-23（c）中的第 III 类曲线，固体与气体分子之间的作用力较小，气体分子之间的作用力较强，多分子层吸附表现为吸附量随相对压力增加而持续增加。该类曲线较少见。

（3）细管凝聚吸附

图 1-23（d）中的第 IV 类曲线，随压力的增加，开始是单分子层吸附，逐渐过渡到多

分子层吸附，再过渡到毛管凝聚吸附。

在图 1-24 中的 $ABCD'E$ 详细描述了上述过程：吸附初期，吸附质在中孔吸附剂上发生吸附首先形成单分子吸附层；当单层吸附接近饱和（即达到吸附曲线中的拐点 B）时，吸附层逐渐增厚发生多层吸附（B 到 C）；当相对压力达到与发生毛细凝聚的最小孔隙半径所对应的压力值时，开始发生毛细凝聚，随着压力继续增加，孔隙中的毛细凝聚液逐渐增多（C 到 D'）；后期出现一个平台，表明孔隙空间是有一定上限的，已被凝聚液完全充填，吸附达到饱和（D' 到 E）。

如果孔隙大小比较均一，CD' 段上升会比较陡；如果孔隙大小分布不均，CD' 段上升会比较平缓慢。$ED'DCBA$ 是压力降低的解吸过程，在后面章节中有详细阐述。

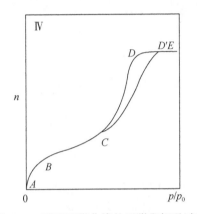

图 1-24　Ⅳ型吸附曲线的吸附和解吸过程

在图 1-23 中第Ⅴ类曲线，随压力的增加，开始是多分子层吸附，逐渐过渡到毛管凝聚吸附。

2. 基于吸附曲线的孔径分布

BET 理论认为，物理吸附是由范德瓦耳斯力引起的。气体可以被吸附在已经被吸附的分子之上，形成多分子层吸附。固体表面的吸附层为无限多时，多分子层吸附采用二常数的 BET 方程公式：

$$\frac{p}{V(p_0 - p)} = \frac{1}{CV_m} + \frac{(C-1)p}{V_m C p_0} \tag{1-139}$$

式中，C 为与气体吸附热和凝结有关的常数；p_0 为液体的饱和蒸气压，MPa；V_m 为单分子层饱和吸附量，cm^3/ g。

在多孔隙介质中，吸附层数受到限制。设有 n 层吸附层，得三常数的 BET 方程公式：

$$V = \left(\frac{V_m C x}{1-x}\right) \frac{1 - (n+1)x^n + nx^{n+1}}{1 + (C-1)x - Cx^{n+1}}, \qquad x = \frac{p}{p_0} \tag{1-140}$$

式中，n 为吸附层数。

根据式（1-139），以 $\dfrac{p}{p_0}$ 为横坐标，以 $\dfrac{p}{V(p_0-p)}$ 为纵坐标，作图得一直线，可计算出：

$$V_m = \frac{1}{斜率 + 截距} \tag{1-141}$$

采用下式计算比表面积：

$$S = \frac{V_m N_A \sigma}{V_0} \tag{1-142}$$

式中，N_A 为阿伏伽德罗常数；σ 为分子截面积，m^2。对于 N_2，其分子截面积为 $16.2 \times 10^{-20} m^2$；V_0 为气体在标准条件下的摩尔体积，即 $22400 cm^3/mol$。

BET 理论可以很好解释第 I 类、第 II 类和第 III 类吸附曲线。但是，对于第 IV 类和第 V 类吸附曲线，应考虑毛管凝聚的影响。

多孔介质中的孔隙系统可以视为很多半径不等的毛管束。毛管中的弯月状气液界面看作球形曲面。对于毛管中的凸面流体，由于弯曲面上有附加压力存在，所以其表面上的蒸气压与平面不同。描述毛管凝聚的开尔文（Kelvin）公式：

$$\ln \frac{p}{p_0} = \frac{-2\sigma \overline{V}}{RTr_m} \tag{1-143}$$

如图 1-25 所示，在弯月面处，曲率半径 $r_m = \frac{r_k}{\cos(\theta)}$ ，Kelvin 公式也可表述为

$$r_k = \frac{-2\sigma \overline{V}\cos(\theta)}{RT\ln \dfrac{p}{p_0}} \tag{1-144}$$

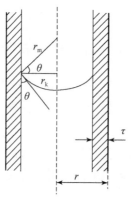

图 1-25　孔隙中开尔文半径与实际孔隙半径关系示意图

r_m 为气液界面（弯月面）的平均曲率半径，m；θ 为气液固界面的接触角，°；

r_k 为开尔文半径，m；r 为实际孔隙半径，m

在实际应用过程中，为了简化问题，常取 $\theta = 0°$，即 $r_k = r_m$。

对于毛细管中的润湿流体（$\theta < 90°$，凹面），其饱和蒸气压小于平面液体。在小于饱和蒸气压时，凹面上已达饱和而发生凝聚，这就是毛细凝聚现象。

Kelvin 公式是从热力学理论推导出来的，不适用于微孔隙（具有分子尺度的孔隙）。如图 1-25 所示，由于发生凝聚时，在孔隙表面已有吸附层，实际毛管半径与 Kelvin 半径的关系是

$$r = r_k + \tau \tag{1-145}$$

吸附层厚度可由哈尔西（Halsey）公式计算：

$$\tau = 0.354\left(\frac{-5}{\ln \dfrac{p}{p_0}}\right)^{\frac{1}{3}} \tag{1-146}$$

式中，p_0 为平面液体的饱和蒸气压，Pa；p 为毛管内液体弯月面的凹面上方饱和蒸气压，Pa；τ 为吸附层厚度，nm。

　　如果气体在固体表面的接触角小于 90°，液体在毛细管中的饱和蒸气压会下降，毛细管半径越小，下降越多。由于多孔介质中的孔隙系统可以视为很多半径不等的毛管束，根据 Kelvin 公式，毛细孔直径越小时，所形成的凹液面的曲率半径越小，当气体压力增压到最小毛细管对应的饱和蒸气压时，液体将在其中凝聚并将其充满。随压力增加，从半径小的毛细管到半径大的毛细管逐渐被充满。降低压力时，大孔中的凝聚液首先解吸出来，随着压力逐渐降低，逐步达到较小孔隙中吸附质解吸所需的压力，小孔中的凝聚液也逐渐解吸出来。

　　根据毛细凝聚理论，按照圆柱孔模型，把所有微孔按孔径分为若干孔区，这些孔区由大而小排列。当 $p/p_0 = 1$ 时，由公式（1-144）可知，$r_k = \infty$，即这时所有的孔中都充满了凝聚液，当相对压力由 1 逐级变小，每次大于该级对应孔径中的凝聚液就被脱附出来，直到压力降低至 0.4 时，可得每个孔区中脱附的气体量，把这些气体量换算成凝聚液的体积，就是每一孔区中孔的体积。综上所述，在气体分压 0.4~1 时，测定等温吸（脱）附线，按照毛细凝聚理论，采用式（1-144）、式（1-145）计算出孔径分布，孔径测定的范围为 2~50nm。

　　3. 低温氮气吸附中的滞后现象

　　由于等温解吸曲线和等温吸附曲线不重合，解吸等温线在吸附等温线上方，产生吸附滞后现象（Adsorption Hysteresis），其中影响滞后回线形状的因素是多方面的，其中包括煤的孔隙结构特征、气体的属性等。

　　根据滞后环的特征，德博尔提出将Ⅳ型等温吸附线再细分成 5 种类型。

　　1）A 型滞后回线

　　特征：吸附曲线和解吸曲线在中等相对压力 p/p_0 处分离，且均较为陡峭，具有饱和吸附平台［图 1-26（a）］。

　　A 型滞后回线表征的孔隙为两端开口、分布均匀的规则筒状孔。

　　下面以规则筒状孔为例，说明两端开口造成滞后回线的原因。

　　对于两端开口的圆筒孔隙，发生凝聚时，气液界面是圆柱形（即：凝聚是在孔壁上的环状吸附膜液面上开始的），表征气液界面的两曲率半径不相等：$r_1 = r_k$，$r_2 = \infty$［图 1-26（b）］。

　　代入平均曲率半径的计算公式：

$$\frac{2}{r_m} = \frac{1}{r_1} + \frac{1}{r_2}, \quad 即\ r_m = 2r_k \tag{1-147}$$

代入式（1-143）得

$$\ln \frac{p}{p_0}\Big|_{r_m = 2r_k} = \frac{-\sigma \overline{V}}{RTr_k} \tag{1-148}$$

发生蒸发时，气液界面是球形曲面，表征气液界面的两曲率半径相等：$r_m = r_1 = r_2 = r_k$。

代入式（1-143）得

$$\ln \frac{p}{p_0}\bigg|_{r_m = r_k} = \frac{-2\sigma\overline{V}}{RTr_k} \tag{1-149}$$

由于凝聚和蒸发过程中的差异性。根据 Kelvin 公式，吸附和解吸分支之间有滞后回线。

对于一端封闭的圆筒孔隙，发生凝聚和蒸发时，气液界面都是球形曲面，两曲率半径无差异［图 1-26（c）］。根据 Kelvin 公式，吸附和解吸分支之间没有滞后回线。

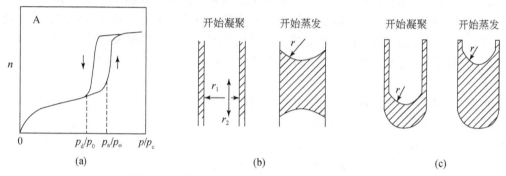

图 1-26　圆筒状孔隙的滞后回线形成机理示意图

（a）A 型滞后回线；（b）两端开口的圆筒状孔隙；（c）一端封闭的圆筒状孔隙

2）B 型滞后回线

特征：吸附支在相对压力接近于 1 时陡升，解吸支在中等相对压力处陡降（图 1-27）。

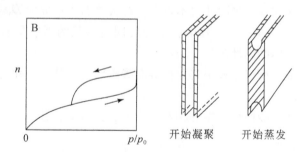

图 1-27　平行板状孔隙的滞后回线形成机理示意图

发生凝聚时，由于气液界面是平面，只有当压力接近饱和蒸气压时才发生凝聚（与Ⅱ型等温吸附线相似）；发生蒸发时，气液界面是圆柱形曲面。由于凝聚和蒸发过程中的差异性，根据 Kelvin 公式，吸附和解吸分支之间有滞后回线。

3）C 型滞后回线

特征：吸附支在中等相对压力处陡升，解吸支的变化相对缓慢（图 1-28）。

在发生凝聚时，压力达到小口半径对应的蒸汽压时就发生凝聚。一旦气液界面由圆柱状变为球形，由于大口径处半径大，发生凝聚所需的压力会降低，吸附量快速上升；由于孔径变化大，在蒸发过程中，开尔文半径是变化的，不会像等径孔隙那样快速下降，而是缓慢下降。是半径不均匀分布孔的典型滞后回线。

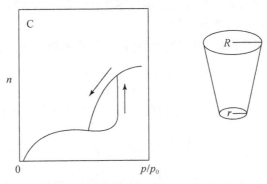

图 1-28　锥形结构的管状孔隙的滞后回线形成机理示意图

4）D 型滞后回线

特征：随着相对压力 p/p_0 的增大，由于气液界面是平面，只有当压力接近饱和蒸气压时才发生凝聚（与Ⅱ型等温吸附线相似）；解吸支的变化相对缓慢（图 1-29）。

D 型滞后回线对应锥形缝状孔隙，是不均匀分布孔的典型滞后回线。

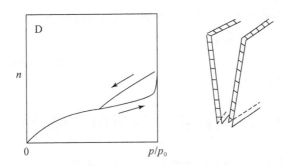

图 1-29　锥形结构的缝状孔隙的滞后回线形成机理示意图

5）E 型滞后回线

特征：随着相对压力 p/p_0 的增大，吸附曲线呈缓慢上升趋势，当相对压力 p/p_0 接近 1 时，出现饱和吸附平台；在中等相对压力处，解吸支曲线斜率远大于吸附曲线斜率，出现陡降，形成的滞后环较宽（图 1-30）。

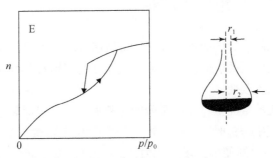

图 1-30　墨水瓶状孔隙的滞后回线形成机理示意图

这种滞后回线对应的孔隙为典型的细颈广体状孔,如墨水瓶状。墨水瓶状孔是特殊的一端封闭的孔隙,仍然可以产生滞后回线。

在发生凝聚时瓶颈视为两端开口的圆筒孔隙,气液界面是圆柱形,有

$$\ln \frac{p}{p_0}\Big|_{r_m=2r_1} = \frac{-\sigma \overline{V}}{RTr_1} \qquad (1\text{-}150)$$

在发生凝聚时瓶底视为一端封闭的圆筒孔隙,气液界面是球形曲面,有

$$\ln \frac{p}{p_0}\Big|_{r_m=r_2} = \frac{-2\sigma \overline{V}}{RTr_2} \qquad (1\text{-}151)$$

当 $\frac{r_2}{r_1} < 2$ 时,$\ln \frac{p}{p_0}\big|_{r_m=r_1} > \ln \frac{p}{p_0}\big|_{r_m=r_2}$。凝聚先发生在瓶底,然后逐渐充满孔隙;压力降低时,气液界面是球形曲面。尽管相对压力已降到与瓶体内半径相应的值,但它们还是不能蒸发出来。只有当相对压力降到瓶颈处 r_1 对应值时,才开始发生蒸发。由于这时压力早已低于瓶底半径 r_2 蒸发对应的相对压力,蒸发很快完成。

当 $\frac{r_2}{r_1} > 2$ 时,$\ln \frac{p}{p_0}\big|_{r_k=r_1} < \ln \frac{p}{p_0}\big|_{r_k=r_2}$。凝聚先发生在瓶颈,凝聚液堆积在瓶颈处,直到压力达到与瓶底半径相对应的值时,才开始在瓶底发生凝聚;压力降低时,相对压力降到与瓶颈处对应时压力,开始发生蒸发。

实际情况中因孔隙形态复杂,因此根据等温吸附曲线的形状以及对应滞后回线形状,可近似描述对应孔隙特征。

1.6 吸附模型及吸附气量计算

页岩吸附气的含量随压力呈非线性变化,并且是可逆的。甲烷在干酪根表面的吸附是物理吸附,因此吸附在页岩表面的甲烷分子会因温度、压力等条件的变化,使热运动的动能增加,当热运动的动能克服范德瓦尔斯力场后,甲烷分子就会从有机质内表面脱离,成为游离态气。吸附气的量随压力呈非线性变化,并且是可逆的。描述等温吸附的模型有朗缪尔(Langmuir)模型、局部密度理论和吸附势理论模型。

1.6.1 过剩吸附量与绝对吸附量

甲烷在页岩有机孔隙表面的吸附属于气–固物理吸附,主要作用力为色散力,与温度无关,而吸附势也与温度无关。同时,吸附势理论认为吸附势与吸附空间体积的关系曲线具有唯一性,且不随温度改变。

在吸附剂表面邻近的空间里存在一系列的等势面,与等势面 ε_1、ε_2 对应的吸附体积分别记做 V_{ads1}、V_{ads2} 等。当 $p=p_0$ 时,$\varepsilon=0$,这时的吸附相充满微孔空间 V_{adsmax},即吸附量达到最大值 V_0。当 $p>p_0$ 后,即使继续增加压力,ε 仍为 0,吸附相体积不再变化(图1-31)。

干酪根的孔隙可分为:大孔(直径≥50nm)、中孔(2nm<直径<50nm)和微孔(直径≤2nm)。①大孔的内表面与一般固体(无孔隙)表面无本质区别,可发生逐层吸附。

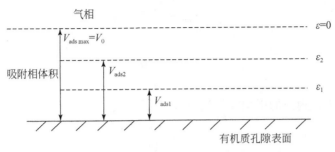

图 1-31　甲烷吸附剖面示意图

但干酪根孔隙中大孔所占比例小，因此它主要起气体分子运移通道的作用；②由于中孔的比表面已占有一定数量，不能完全忽略其对吸附的影响。中孔在低压时会发生逐层吸附，当压力增到一定程度时，则可发生毛细管凝缩现象；③微孔的孔径极小，通常与分子属同一量级，因而在微孔的孔壁之间发生吸附力场的重叠，导致微孔内部吸附势显著增强。在微孔中，气体分子不再像在中孔或大孔表面上那样发生逐层吸附，而是按吸附势大小逐步实现容积充填。

1. 吸附势的定义

在吸附空间内，各处都存在吸附势。其定义是将 1mol 气体从无限远处（即吸引力不起作用的外部空间）吸引到吸附层所需要做的功。

$$\varepsilon = RT\ln\frac{p_0}{p} \tag{1-152}$$

式中，ε 为吸附势，J/mol；p_0 为甲烷在温度 T 条件下的虚拟饱和蒸气压，Pa；p 为甲烷气体的吸附平衡压力，Pa；R 为通用气体常数，8.314J/(mol·K)；T 为吸附平衡时的温度，K。

由于页岩中甲烷处于临界温度之上，不再液化，饱和蒸气压力便失去了物理意义。根据 Amankwah 和 Schwarz（1995）改进的 Dubinin（1960）方法，虚拟饱和蒸气压力 p_0 的经验计算公式是

$$p_0 = p_c\left(\frac{T}{T_c}\right)^k \tag{1-153}$$

式中，p_c 为甲烷的临界压力，4.64×10^6Pa；T_c 为临界温度，190.67K；k 为系数，无因次，常取 2。

把式（1-153）代入式（1-152）有

$$\varepsilon = RT\ln\left[\frac{p_c}{p}\left(\frac{T}{T_c}\right)^k\right] \tag{1-154}$$

根据吸附势 ε 的定义，当 $p \geq p_0$ 时，$\varepsilon = 0$。这时的吸附相充满微孔空间，吸附量达到最大值后不再变化。

2. 吸附相体积与吸附相密度

甲烷吸附相的体积 V_{ads}，又名吸附空间，是指在某一温度和压力下，单位质量页岩中吸附相甲烷所占据的空间，定义为

$$V_{ads} = \frac{V_a \rho_{gs}}{\rho_{ads}} \tag{1-155}$$

或

$$V_{ads} = \frac{n_a M}{\rho_{ads}} \tag{1-156}$$

Dubinin（1960）提出的甲烷吸附相的密度计算式：

$$\rho_{ads} = \frac{8 \times 10^{-6} M p_c}{R T_c} \tag{1-157}$$

Ozawa 等（1976）提出的甲烷吸附相的密度计算式：

$$\rho_{ads} = \rho_{bstd} e^{-\alpha(T - T_b)}, \qquad \alpha = \frac{1}{V_{ads}} \left(\frac{\partial V_{ads}}{\partial T} \right) \approx \frac{1}{T} \tag{1-158}$$

式中，V_{ads} 为单位质量页岩中甲烷吸附相的体积，cm^3/g；V_a 为根据等温吸附实验得到的各个平衡压力下的甲烷的绝对吸附量（标况条件），cm^3/g；ρ_{gs} 为标准状况下甲烷的密度，$7.14 \times 10^{-4} g/cm^3$；$n_a$ 为根据等温吸附实验得到的各个平衡压力下的甲烷的绝对吸附量，mol/g；α 为甲烷吸附相的热膨胀系数，$1/K$；ρ_{bstd} 为一个大气压下甲烷在沸点的密度，$0.4224 g/cm^3$；T_b 为一个大气压下甲烷的沸点温度，$111.7K$。M 为甲烷的摩尔质量，$16.043 g/mol$；ρ_{ads} 为甲烷吸附相的密度，g/cm^3。

吸附相体积和吸附势之间，具有以下经验关系式：

$$V_{ads} = a + b\varepsilon + c\varepsilon^2 + d\varepsilon^3 \tag{1-159}$$

式中，a、b、c、d 为拟合的系数，无因次。

3. 过剩吸附量与绝对吸附量转换

甲烷的临界温度为 $-82.586℃$，临界压力在 $4.59MPa$，而真实地层中的温度较高，高于甲烷临界温度。因此，在页岩储层中的甲烷吸附过程属于超临界吸附。在临界温度以下的气体在固体吸附之后的状态与饱和液体非常相近。甲烷在开放表面多发生多分层吸附，在中孔中发生毛细管凝聚，在微孔中发生体积填充。根据吉布斯（Gibbs）平衡吸附量定义，当实验温度高于甲烷的临界温度时，等温吸附实验测试的结果是过剩吸附量，小于绝对吸附量。绝对吸附量才是真正的吸附量。

根据实测的等温吸附曲线，得到一组不同压力下的吸附值（p，V）或（p，n）。但是，不能直接使用等温吸附实验的结果。根据 Moffat 和 Weale（1955）的方法，可以把测试的单位质量页岩的过剩吸附量 V 转换为绝对吸附量 V_a 或 n_a：

$$V_a = \frac{V}{\left(1 - \dfrac{\rho_g}{\rho_{ads}}\right)} \tag{1-160}$$

或

$$n_a = \frac{n}{1 - \dfrac{\rho_g}{\rho_{ads}}} \tag{1-161}$$

式中，V 为各个平衡压力下实测甲烷的过剩吸附量（标况条件），cm^3；ρ_g 为各平衡压力下的甲烷气体的密度，g/cm^3；n 为各个平衡压力下实测甲烷的过剩吸附量（标况条件），mol/g。

可以采用实际气体状态方程，计算不同压力条件下的 ρ_g。

1.6.2　朗缪尔（Langmuir）吸附模型

Langmuir 单分子层吸附模型是根据气化和凝聚的动力学平衡原理建立的，广泛用于页岩和其他吸附剂对气体的吸附。Langmuir 方程通常表示为

$$V_a = V_L \frac{p}{p_L + p} \tag{1-162}$$

或

$$n_a = \frac{n_L p}{p_L + p} \tag{1-163}$$

式中，V_a 为压力 p 时单位质量固体所吸附的气体体积（标况条件），cm^3/g；V_L 为 Langmuir 体积常数，即单位质量固体的最大单层吸附量（标况条件），cm^3/g；n_a 为压力 p 时单位质量固体所吸附的气体量（标况条件），mol/g；n_L 为 Langmuir 吸附量，即单位质量固体的最大单层吸附量，mol/g；p_L 为 Langmuir 压力常数，MPa；p 为气体压力，MPa。

Langmuir 方程还可表示为

$$V_a = V_L \frac{bp}{1 + bp} \tag{1-164}$$

式中，b 为 Langmuir 压力常数（即 $1/p_L$），MPa^{-1}。

从式（1-163）和式（1-164）可看出，页岩的吸附气量为压力的函数。在等温条件下，压力越大吸附气量越多。确定 Langmuir 常数 p_L 和 V_L 后，即可获得等温吸附曲线。

1.6.3　D-R 吸附模型

Dubinin 和 Astakhov（1970）在孔径分布为高斯（Gauss）分布的前提下，研究认为甲烷的吸附过程是一个孔隙的充填过程（图 1-31）。采用 D-A 模型描述吸附量 V_a 与吸附势的关系：

$$\theta = \frac{V_{ads}}{V_0} = e^{-\left(\frac{\varepsilon}{\beta E_0}\right)^n} \tag{1-165}$$

当 $n = 2$ 时，得到 D-R 模型：

$$V_a = V_0 e^{-\left(\frac{\varepsilon}{\beta E_0}\right)^2} \tag{1-166}$$

式中，θ 为在相对压力 $\frac{p}{p_0}$ 条件下吸附空间的充填程度，无因次；V_a 为在相对压力 $\frac{p}{p_0}$ 条件下单位质量页岩的孔隙中的吸附量（标况条件），cm^3/g；V_0 为单位质量页岩的极限吸附相体积，cm^3/g；β 为页岩的相对性质的亲和系数。以苯为参考标准，即苯的 $\beta = 1$，N_2 的 $\beta =$

0.33；E_0 为参比蒸气（通常为苯）的特征吸附能，其值与微孔尺寸有关，J/mol；n 为表征微孔非均质程度的参数，无因次。

对于某一定的吸附剂而言，亲和系数 β 表征吸附质相对性质，一般与吸附条件和吸附剂的孔结构无关。使用亲和系数同时要求吸附剂的吸附空间和比表面能为所有被研究的吸附质分子利用，而不应存在分子筛效应。亲和系数概念的引入，扩大了吸附势理论的功能，使其能根据某吸附质的一条实验吸附等温线，推算其他温度的吸附等温线。

把式（1-152）代入式（1-166），得

$$V_a = V_0 e^{-\left(\frac{RT}{\beta E_0}\ln\frac{p_0}{p}\right)^2} \tag{1-167}$$

Nick 和 Yang（1997）认为，

$$\theta = \frac{n_a}{n_0} \tag{1-168}$$

把式（1-168）代入式（1-165），再考虑到过剩吸附量与绝对吸附量的转换，得：

$$n = n_0\left(1 - \frac{\rho_g}{\rho_{ads}}\right)e^{-\left(\frac{RT}{\beta E_0}\right)^2\left(\ln\frac{p_0}{p}\right)^2} \tag{1-169}$$

式中，n 为各个平衡压力下实测的甲烷的过剩吸附量，mol/g；n_a 为绝对吸附量，mol/g；n_0 为页岩最大吸附能力，mol/g；ρ_g 为各平衡压力下的甲烷气体的密度，g/cm³。

1.6.4　页岩储层吸附气量较正计算

进行室内吸附测试后，如果页岩样品的有机质含量与测试温度和页岩的储层条件存在差异，应对测试结果进行较正计算。

1. 温度校正

吸附势理论认为物理吸附时分子间的作用力主要为色散力，这是一种与温度无关的作用力，即吸附势与温度无关，吸附势与吸附相体积的关系对任何温度都是相同的。吸附势与吸附相体积的关系曲线称为吸附特性曲线。对于某一个吸附体系，吸附特性曲线是唯一的，因此只需要测出一个温度下的等温吸附线，再求出吸附势与吸附空间体积的关系曲线，就可计算任意温度、压力下的等温吸附线。

（1）根据温度 T 条件下实测的等温吸附曲线，得到一组过剩吸附量（p，V）。

（2）采用式（1-158）计算 ρ_{ads}。采用真实气体状态方程计算 ρ_g。按式（1-160）把过剩吸附量转换成绝对吸附量（p，V_a）。

（3）把（p，V_a）和 k、温度 T，分别代入式（1-152）、式（1-155）计算出相应的一组 ε 值和 V_{ads} 值。

（4）如果有多条不同温度下测定的吸附曲线，重复步骤①~③。

（5）根据各吸附曲线的 ε 和 V_{ads} 值，采用式（1-159）式进行拟合吸附特性曲线。

（6）对于地层温度条件，根据式（1-152）计算出各压力对应的 ε 后，就可应用前一步骤中拟合的公式计算相应的 V_{ads} 值。

（7）根据式（1-155）将吸附相体积 V_{ads} 换算为到标况下的绝对吸附量 V_a。

2. 有机质含量较正

与煤层气不同，在页岩气藏中气体只能吸附在干酪根上。等温测试样品的 TOC 含量和实际地层中页岩的 TOC 可能有较大差别，还应对 TOC 差异进行较正：

$$V_c = V_a \times \frac{TOC_g}{TOC_{iso}} \qquad (1\text{-}170)$$

式中，V_c 是考虑 TOC 差异后地层的吸附量；V_a 是温度较正后样品的吸附量；TOC_{iso} 是样品的有机质含量；TOC_g 是地层的有机质含量。

1.7　页岩储层综合评价

1.7.1　页岩储层的分类评价

页岩气是以游离态、吸附态为主，赋存于富有机质页岩层段中的天然气，主体上为自生自储的、大面积连续型天然气聚集。页岩气层是指富有机质页岩与粉砂岩、细砂岩、碳酸盐岩等薄夹层的地层单元。由于页岩基质渗透率一般小于 $0.001\mu m^2$，页岩气井采用大型体积压裂改造后，在井口压力、产量本稳定条件下达到工业气流。

对比美国页岩气藏的产气机理的差别，可以把页岩气藏分为 4 类（表 1-10）。

表 1-10　页岩气储层类型

类别	储层特征描述	典型页岩气藏	产气机理
1	富含碳酸盐岩矿物，天然裂缝（但被次生矿物充填）发育	Barnett 页岩，Caney 页岩，Woodford 页岩	天然裂缝和微孔隙共同产气；页岩中有解吸
2	富含有机质页岩中夹杂薄砂岩层	Lewis 页岩	主要开采砂岩中的天然气
3	黑色页岩（有机质成分高）	Antrim 页岩，Marcellas 页岩，Eastern Devonion 页岩	主要开采页岩解吸的天然气
4	前三种类型的混合	Monteray 页岩，Forbes 页岩，Niobrara 页岩	通过裂缝、基质和解吸共同产气

与常规储层不同，页岩气储层的组成较复杂。Grieser 等（2007）总结了美国主要盆地的页岩气藏的特征，并将页岩气储层划分成三个组成部分（图 1-32）：富含有机质的黑色页岩、砂岩薄互层和天然裂缝。在开发初期，产出的甲烷主要是无机孔隙和有机孔隙中的游离气。随着地层压力下降，页岩有机质中吸附的气体解吸，可以向裂缝和无机孔隙补给。

Adiguna 和 Torres（2013）提出了裂缝性页岩气储层的矿物成分模型以及流体组成分布（表 1-11）。

硅质和碳酸盐质的薄层具有常规的孔隙储集空间和流动系数

未被矿物充填时，通过天然裂缝会产出一部分气体

富含有机质的黑色页岩通过压裂缝网解吸产气

图 1-32　页岩气层中的储渗单元体（Grieser *et al.*，2007）

表 1-11　页岩气储层矿物成分模型以及流体组成分布

组成	固体骨架部分		流体部分	
基质	无机质	黏土	水	黏土束缚水
		石英	水和气	可动水和毛管束缚水
		方解石		
		斜长石		
		钾长石		游离气
		白云石		
		铁白云石		
		黄铁矿		
		氟磷灰石		
	有机质	干酪根	气	游离气和吸附气
裂缝	—		水	水
			气	游离气

在很多页岩储层的岩心中，都能观察到裂缝。如表 1-12 所示，Wang 和 Reed（2009）总结了美国三大页岩储层的测试数据，认为有机质和无机矿物中的孔隙体积在总孔隙体积中的贡献最大，而天然裂缝的孔隙度小于 0.5%。Schieber（2011）和杨宇等（2016b）在研究中认为扫描电镜下观察到的大量微裂缝可能是由于页岩的岩心保存不当、脱水收缩变形而产生的，或者是由于岩样从地下取出后，应力释放造成的。Kent（2007）和 Julia 等（2007）根据 Barnett 页岩样品电镜扫描图像，认为储层中绝大部分天然裂缝被次生矿物充填，不具备储集能力。

表 1-12　页岩气储层中各种储集空间所占比例统计表 （据 Wang and Reed, 2009）

储集空间类型	Barnett 页岩	Marcellus 页岩	Hayneville 页岩
总孔（缝）	5%	6.50%	12%
无机孔	>3.3%	>4.6%	>10.6%
有机孔（干酪根中的孔隙）	~1.0%	~1.2%	~0.7%
天然裂缝	<0.5%	<0.5%	<0.5%

页岩气储层中的孔隙空间包括：有机孔和无机孔（粒间孔和粒内孔）。Bruno 和 Aguilera（2013）认为，如果有某一类孔隙在整个孔隙中占 50% 以上，应以该类孔隙命名页岩孔隙。如果每种孔隙类型都在 50% 以下，应命名为混合孔隙（图 1-33）。

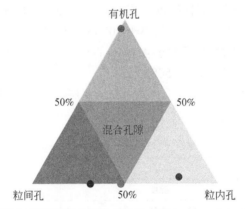

图 1-33　页岩气储层孔隙分类的三元图 （据 Bruno and Aguilera, 2013）

根据表 1-12，页岩气藏中的天然裂缝，相对于基质中的孔隙，一般只作为渗流的通道，不作为储集空间。在物质平衡计算或气藏工程分析时，可忽略天然裂缝中的天然气的储量。

Cipolla 等（2008）对比了北美各页岩气开采工区的地质和生产特征，把页岩气的评价参数分为以下 2 类。

1. 页岩储层品质（reservoir quality）

1）生烃条件

主要取决于页岩自身的烃源岩指标以及富有机质页岩的厚度。生烃能力是页岩气富集的首要因素，主要取决于有机质类型、有机质丰度以及热演化程度。

2）储渗条件

有效页岩层厚度是页岩气富集的重要指标。北美页岩气开发中，页岩气储层厚度下限一般为 30m，多数在 50m 到超过 100m，斯伦贝谢（Schlumberger）和贝克休斯（Baker Hughes）都将页岩厚度 30m 作为页岩气选区的重要指标。在我国海相页岩气开发中，一般将 30m 作为页岩气储层的厚度下限，将 40m 作为页岩气储层优选区域的标准。

页岩中烃类在有机质中产生，首先在有机质内聚集，达到一定压力时开始向无机孔隙，继而再向裂缝中运移。从有机孔到无机孔隙，再到裂缝，使得页岩中烃类聚集有着丰富的空间和完整的储渗通道，这对页岩气的富集起到了重要作用。储渗能力主要是含气孔隙度、含气量和渗透率。

另外，地层压力不仅影响地层流体的渗流，还影响含气量大小和孔隙的发育程度，地层压力越大，表明孔隙发育越好、含气量越高。

2. 页岩工程品质（completion quality）

储层的可压性对水力压裂中页岩储层改造具有重要的意义。脆性指数是衡量储层可压性的重要指标，目前页岩储层的可压性主要从两个方面考虑：①岩石力学的脆性指数；②矿物组成的脆性指数。北美地区页岩气勘探开发实践显示，页岩气储层的脆性矿物含量应不低于40%，当脆性矿物含量低于30%时，页岩气储层明显不利于水力压裂施工。前人研究认为岩石力学脆性指数高于40%时，页岩气储层具有较好的可压性。

页岩气储层的埋藏深度越深，钻井和压裂成本越高。同时，高地应力条件下水力压裂缝容易闭合、储层岩石可压裂性降低。因此较大的埋藏深度不利于页岩气储层的经济开发。北美大多数页岩气藏埋藏深度都小于3000m，只有少部分页岩气储层埋藏深度在3000~4500m，几乎没有埋藏深度大于4500m的正在开发的页岩气储层。Schlumberger认为页岩气储层埋藏深度应该浅于4500m。

Sondergeld 等（2010）系统总结了北美页岩气储层的地质特征，从开采和压裂改造两个方面进行了总结（表1-13）。

表1-13 页岩气地质评价参数表（据 Sondergeld *et al.*, 2010）

类别	评价参数	评价指标
页岩储层品质	含气孔隙度	>2%
	渗透率/nD	>100
	含水饱和度/%	<40
	总有机碳 TOC/%	>2
	成熟度 R^o	>1.4
	压力梯度/(MPa/m)	>0.011
	含气量/(m³/t)	>3
	地层深度/地层温度	较浅（干气窗）
	地层厚度/m	>30
页岩工程品质	泊松比	<0.25
	杨氏模量/MPa	>20000
	脆性矿物含量/%	>40
	黏土含量/%	<30
	最小净水平主应力/MPa	<13.8
	结构薄弱面（天然裂缝/层理）	发育
	固井质量	优良
	水层	无
	地应力剖面/封隔层	具有阻止裂缝垂向扩展的封隔层

　　中国海相富有机质泥页岩地层，主要见有盆地相泥页岩、陆棚（深水、浅水）相泥页岩等。这些泥页岩层一般具有时代老，厚度较大，分布稳定、广泛，有机质发育，Ⅰ-Ⅱ型干酪根为主，演化程度高等特点（梁狄刚等，2008；聂海宽、张金川，2012；罗鹏、吉利明，2013；王志刚，2015；董大忠等，2016；周文等，2016b）。

　　陆相富有机质地层中主要见有湖相泥页岩（深湖、半深湖）、滨岸泥沼相泥页岩、沼泽相泥页岩等。中国陆相富有机质泥页岩具有时代新，厚度变化大，累计厚度大，分布不稳定，时常有砂（灰）岩夹层，分布范围较广，有机质发育，Ⅱ-Ⅲ型干酪根为主，演化程度低等特点（聂海宽、张金川，2012；周文等，2016a）。

　　过渡相富有机质泥页岩主要指海相三角洲相前缘、分流间湾、泥沼相泥页岩及海相滨岸泥沼相泥页岩。其特点与湖相泥页岩，特征是泥页岩与细（粉）砂岩薄互层，泥页岩累计厚度可以达标、分布范围较广、有机质丰度高、Ⅱ-Ⅲ型干酪根为主、演化程度中等的特点。

1.7.2　海相页岩气评价标准

　　在北美页岩气藏，选区评价标准包括 6 项 14 个参数（表 1-14）。

表 1-14　北美和我国页岩气储层评价标准

类别	关键参数	哈里伯顿	斯伦贝谢	中国海相页岩气
有机质	有机质丰度 TOC/%	>3	>2	>2
	成熟度 R^o/%	1.1~1.4	1.0~4.5	>1.1
矿物	脆性矿物含量/%	>40	>30	>40
	黏土矿物含量/%	<30	—	<30，且蒙脱石等水敏性矿物含量低
孔渗	孔隙度/%	>2	>4	>2
	渗透率/($\times10^{-9}\mu m^2$)	>100	>100	>100
岩石力学	泊松比	—	0.235~0.27	—
	杨氏模量/MPa	—	4~5	—
成藏特征	含气量/(m³/t)	>2.8	>0.4	>2
	含水饱和度/%	—	<45	<45
	含油饱和度/%	—	—	<5
地质特征	页岩有效厚度/m	30~50	>30	>30
	埋深/m	—	<4500	—
	保存条件	—	—	有顶底板，后期构造改造程度低，地层压力高

　　参照美国页岩气富集评价标准，中国制定了页岩气有利发育区评价标准。根据《页岩气资源/储量计算与评价技术规范》（DZ/T 0254-2014），国内海相地层的评价标准主要以中上扬子地区海相页岩油气储层勘探和开发成果为依据。分区评价参数主要有：页岩厚

度、有机质类型及含量、有机质成熟度、埋深、脆性矿物含量、黏土矿物含量、含气量等因素（表1-15、表1-16）。

表1-15　试采6个月单井平均产气量下限标准

气层埋深/m	直井产气量/($\times10^4m^3$/d)	水平井产气量/($\times10^4m^3$/d)
<500	0.05	0.5
500~1000	0.1	1
1000~2000	0.3	2
2000~3000	0.5	4
>3000	1	6

表1-16　含气量下限标准

页岩有效厚度/m	含气量/(m^3/t)
>50	1
50~30	2
<30	3

具体的评价标准为：①泥页岩有机碳含量大于1.0%；②泥页岩 $R^o=1.0\%\sim3.0\%$；③埋深300~3000m；④岩性为富含有机质泥页岩，黏土矿物小于30%、脆性矿物大于30%；⑤发育位置，生烃中心及其附近地区是页岩气有利发育区。生烃强度越大，越有利于页岩气的形成和富集。

1.7.3　陆相与海陆过渡相储层评价

与海相地层评级标准相比，国内学者对陆相地层分区评价标准的研究相对较少。2011年国土资源部发布了《全国页岩气资源潜力调查评价及有利区优选项目页岩气资源潜力评价与有利区优选方法（暂行稿)》，该文件中规定了陆相、海陆过渡相有利区选区标准（表1-17）。由于陆相页岩的品质如TOC、含气量等相对海相页岩较低，所以陆相页岩分类评价标准也相对较低。

表1-17　陆相、海陆过渡相页岩气有利区优选参考标准

主要参数	优选标准
页岩面积下限	有可能在其中发现目标（核心）区最小面积，在稳定区域或改造区都可能分布。根据地表条件及资源分布等多因素考虑，面积下限为200~500km²
泥页岩厚度	单层泥页岩厚度≥10m；或泥地比>60%，单层泥岩厚度>5m，连续厚度≥30m
TOC	1.5%~2.0%，平均≥2.0%
R^o	Ⅰ型干酪根≥1.2%；Ⅱ型干酪根≥0.7%；Ⅲ型干酪根≥0.5%
埋深	300~4500m

续表

主要参数	优选标准
地形条件	地形高差较小，如平原、丘陵、沙漠等
总含气量	不小于 0.5m³/t
保存条件	顶底板层均较好、排烃时间短、残余气量高

1. 储层厚度

一定厚度连续分布的富有机质页岩是形成具有开发价值的页岩气藏的基础，与海相地层相比，应更重视陆相地层的单层泥页岩厚度以及泥页岩总厚度。陆相环境发育的泥页岩往往不纯，其中常夹有粉砂岩、灰岩和砂岩，储层厚度的标准应适当放松。富有机质泥页岩段厚度包括单层厚度小于 3m 的薄砂岩夹层。因为夹层的厚度不大，即使其有机质含量、脆性较低，也不会影响页岩层系在纵向上的整体性。

2. 夹层比

陆相页岩与海相页岩的明显差别在于：其受沉积相带的控制，砂（灰）泥岩互层频繁，夹层多、连续厚度小、黏土含量高。夹层比指页岩气储层中其他岩性夹层的厚度占储层总厚度比例，该比值是划分页岩气储层类型的重要指标，应小于 30%。以泥地比和单层砂（灰）岩厚度为主要划分标准，四川盆地陆相富有机质层段可以划分为 5 种类型的剖面结构：致密砂（灰）岩型、富砂（灰）夹泥型、砂（灰）泥互层型、富泥夹砂（灰）型及泥页岩型。

3. 有机质含量

有机质含量主要参考总有机碳含量（TOC）测试结果。有机质含量的高低直接影响页岩的生烃潜力、孔隙特征和储层吸附性能。陆相页岩整体有机质含量偏低，TOC 大于 1.0% 为页岩气储层的最低条件。

4. 脆性矿物含量

页岩气储层的渗透率很低，除本身发育的天然裂隙外，一般需要进行水力压裂才能形成工业产能，因此需要考虑泥岩的脆性是否易于被水力压裂改造。脆性越大，越容易被改造。脆性矿物主要指石英、碳酸盐岩和长石，泥岩的脆性取决于泥岩中脆性矿物的含量。湖相富有机质页岩中石英含量虽然相对较海相页岩低，但其中长石与方解石的含量高，因此湖相页岩脆性矿物的总量并不低。陆相页岩气储层中脆性矿物含量应大于 30%。

黏土矿物含量是页岩气储层评价的要素之一。因为蒙脱石遇水膨胀，会给页岩中钻井和完井过程带来风险。有利的页岩气储层中黏土矿物含量应低于 40%。陆相页岩气储层中陆源碎屑含量高，黏土矿物含量比海相页岩气储层高。

5. 孔隙度

陆相页岩气储层与海相页岩气储层在孔隙发育情况上并无本质的区别。陆相页岩气储层评价中，孔隙度指标可以定为大于 1.0%。

6. 含气性

页岩气主要的存在形式是游离气与吸附气。我国陆相页岩气评价采用的含气量下限为

$1.0m^3/t$。页岩储层含气量测定有 2 种方法，即直接测定法与间接测定法。

直接测定法又称现场解吸法。在直接测定法中页岩气含气量包括解吸气量、残余气量和损失气量。

（1）岩心取出井口后，快速装入解吸罐，在与地层温度相同的恒温装置中解吸，直到一周内平均日解吸量小于 $10cm^3/d$，或者每克样品的日解吸量小于 $0.05cm^3/d$。这段时间中解吸出的气体体积称为解吸气量。

（2）解吸罐中的解吸完成后，称量部分样品，装入密封的球磨机中粉碎到 60 目以下，在与地层温度相同的恒温装置中自然解吸，直到一周内平均日解吸量小于 $10cm^3/d$。这段时间中解吸的气体体积称为残余气量。

（3）从钻遇页岩储层到岩心装入解吸罐前，这段时间中遗失的气体体积称为损失气量。可以采用 USBM 等方法估算。

在间接测定法中，分别测量和计算页岩中游离气及吸附气含量。可通过计算含气饱和度确定游离气含量，采用等温吸附方法测得吸附气含量。

曾秋楠等（2015）和周文等（2016a）等人总结了我国陆相页岩气勘探现状、页岩储层特征及页岩气资源特点。结合四川盆地和鄂尔多斯盆地陆相页岩的发育特征，将陆相页岩气储层划分为 Ⅰ 类储层、Ⅱ 类储层和 Ⅲ 类储层（表 1-18）。

表 1-18　陆相页岩气储层评价参数表

类别	关键参数	Ⅰ 类	Ⅱ 类	Ⅲ 类
有机质	有机质丰度 TOC/%	>2.0	>2.0	>1.0
	成熟度 R^o/%	>1.2	>0.9	>0.9
岩性	页地比/%	>80.0	>60.0	>50.0
	单夹层厚度/m	<3.0	<3.0	<3.0
孔渗	孔隙度/%	>1.5	1.0~1.5	>1.0
	渗透率/$(\times 10^{-9}\mu m^2)$	>1000.0	>1000.0	>100.0
可压性	岩石力学脆性指数/%	>40.0	>40.0	>30.0
	矿物含量脆性指数/%	>40.0	>40.0	>30.0
含气性	总含气量/(m^3/t)	>2.0	>1.5	>1.0
	理论吸附气量/(m^3/t)	>0.4	>0.3	>0.1
厚度	累计厚度/m	>30.0	>30.0	>20.0
	单层厚度/m	>20.0	>20.0	>10.0

第2章　页岩气储层测井评价技术

2.1　常规测井解释

斯伦贝谢公司、贝克休斯公司等服务公司为满足北美页岩气勘探开采的需要，构建了较为完善的页岩气测井评价系列，如表2-1所示。

表2-1　页岩气测井评价系列

项目	测井内容	评价内容计算参数
常规测井	中子孔隙度、体积密度、声波时差、电阻率（双侧向、感应）、自然伽马、井径、自然伽马能谱	孔隙度、渗透率、含气饱和度、总有机碳含量
特殊测井	元素俘获能谱测井	识别岩性、计算矿物组分
	电阻率扫描成像测井	识别岩相及裂缝、计算应力方向
	偶极（多极）阵列声波测井（三维声波成像）	计算应力大小及岩石弹性参数
	核磁共振测井	分析孔隙（喉）尺寸分布、识别流体、计算可动流体和束缚流体
随钻测井	电阻率、声波时差、中子孔隙度、体积密度、自然伽马、井径、地层压力测试、核磁共振测井	安全钻井、评价储层性质、提高储层钻遇率

参数井：在已完成了地质普查或物探普查的盆地或拗陷内，了解区域地层层序、厚度、岩性、储油气的状况，并为物探解释提供参数。常规测井可以识别岩性、计算物性参数，划分页岩气有利储集段。

参数井的测井系列如表2-2所示。

表2-2　参数井测井系列

项目	测井内容	解决问题
常规项目	自然伽马、感应（盐水泥浆及地层电阻率较高时使用双侧向）、补偿声波、中子孔隙度、岩性密度、井径	岩性识别、物性参数计算、计算总有机碳含量（TOC）及划分含气页岩
必测项目	自然伽马能谱	计算总有机碳含量（TOC）、热解生烃潜量
	电成像测井	解释泥页岩段裂缝发育和分布、岩相和沉积相
	元素俘获能谱测井	确定混合矿物骨架的矿物组分，配合其他信息评价岩层脆性

项目	测井内容	解决问题
必测项目	多极子阵列声波测井	地层各向异性，岩石力学参数计算，裂缝分析
	核磁共振测井	计算总孔隙度、有效孔隙度、渗透率等

水平井测井系列如表 2-3 所示。

表 2-3　水平井测井系列

项目	测井内容	解决问题
常规测井	自然伽马、感应（或双侧向）、中子、补偿声波、岩性密度、井径、井斜	识别岩性、计算物性参数、计算 TOC、划分含气页岩
随钻测井、钻杆输送水平井测井、爬行器测井	自然伽马、密度、电阻率成像	地质导向

2.1.1　常规测井曲线的响应特征

在页岩气井的产层段，测井曲线的显示如表 2-4 所示。

表 2-4　页岩气的常规测井曲线响应特征

测井曲线	曲线参数	曲线特征	影响因素
自然伽马	自然伽马强度	高值，局部低值	泥质含量，可能存在的铀
井径	井眼直径	扩径	泥岩，有机质
声波时差	纵波时差	较高，周波跳跃	有机质，含气量，裂缝，扩径
补偿中子	中子孔隙	中高值	束缚水使孔隙度测量值升高，含气量使得测量值降低
补偿密度	岩石体积密度	中低值	含气量，有机质
岩性密度	有效光电吸收截面指数	低值	泥岩<页岩<砂岩，天然气，裂缝
电阻率	深、中、浅电阻	总体低值，局部高值；深、中、浅电阻率曲线几乎重合	泥质和束缚水使电阻率降低，有机质使电阻率增大

1. 电阻率测井

在页岩中，在某一特定的黏土类型和黏土含量条件下，如果存在干酪根和烃类，则页岩电阻率会增加。根据现有研究，页岩黏土含量一般在 30% ~ 70%。黏土含量越高，页岩的电阻率越低。对电阻率影响最大的黏土性质是阳离子交换能力（CEC）。不同类型的黏土具有不同的阳离子交换能力。CEC 越高，岩石的电阻率越低。蒙脱石的 CEC 值为 0.8 ~ 1.5mmol/g，绿泥石和伊利石的 CEC 值为 0.1 ~ 0.4mmol/g，高岭石的 CEC 值为 0.03 ~ 0.5mmol/g。

与富含黏土且干酪根含量很低的泥岩层段相比，富有机质含气页岩层段的电阻率偏高。在页岩气层内部，有机质的含量可能是渐变的，这会导致钟形和漏斗形的电阻率曲线。但是，如果干酪根为过成熟，或已生成石墨，由于石墨具有导电性，会急剧降低电阻率。

深侧向的探测半径约为 1.15m，浅侧向的探测半径约为 0.3m，垂向地层分辨率约为 0.6m。

2. 自然伽马和自然伽马能谱测井

页岩层段的天然放射性强度一般较高，很容易区分富泥质层、砂层和碳酸盐岩层。在海相还原环境的页岩气层中，由于铀离子的浓度大，地层的天然放射性强度升高。与自然伽马测井相比，自然伽马能谱测井（NGT）能分析钍（Th，ppm①），钾（K，%）和铀（U，ppm）的含量，特别适用于页岩气层评价。

铀（U）属于锕系元素，在元素周期表的位置说明它具有极易被氧化的性质，一般以不溶于水的正四价（U^{4+}）以及可溶于水的正六价（U^{6+}）离子存在。U^{4+} 多与其他元素结合成矿物富集于沉积物中。海水中的 U^{6+} 含量平均为 3.2ppm；淡水中缺少 U^{6+}，湖水中的 U^{6+} 平均含量 1ppm。

海相沉积物中 U 含量高，其沉淀和富集主要是在成岩阶段完成的。在成岩阶段，U 主要通过两种方式发生富集：①被还原，并在沉积物中富集；②被有机质以及黏土矿物所吸附。在成岩阶段，位于沉积界面以下的生物残体腐烂分解，使沉积物中的游离氧很快耗尽，并产生出较多的 H_2S、CO_2 等组分，从而在软泥层中形成强烈的还原环境。正六价铀（U^{6+}）通常以（UO_2）$^{2+}$ 的形式存在于溶液中，进入还原环境时，又转化为正四价铀（U^{4+}）。在还原环境中铀酰碳酸盐络合物会发生如下还原反应：

$$4UO_2(CO_3)_3^{4-} + HS^- + 15H^+ = 4UO_2\downarrow + SO_4^{2-} + 12CO_2\uparrow + 8H_2O$$

当有机质处于向油气转化的未成熟阶段时，吸附性很强。铀酰碳酸盐络合物遭到破坏后，生成的 U 被有机碳吸附，或者和有机物结合成为 U 的有机物。因此，在地层水不太活跃的还原条件下，U 主要反映有机质含量。

Th 是自然界放射性元素中化学性质较稳定的元素。黏土矿物和云母中的钍含量高。而在碳酸盐岩中 Th 含量一般相对较低。Th 一般不受成岩后期改造和地球化学作用的影响。

K 在沉积物中含量比较丰富，伊利石，云母和钾长石的 K 含量高。

绝大多数黏土矿物显示出较高的 Th、K 含量，且二者有一定比例。利用 Th-K 交汇图可以确定黏土矿物类型。由于 U 的性质活泼，它也存在于有机质、地层水和某些岩石中（如凝灰岩、次生白云石），所以不能作为黏土的指示矿物。值得注意的是，在浅海低能蒸发海相地区，由于蒸发和氧化作用，如果生成杂卤石、钾芒硝、光卤石、钾盐等含钾矿物，那么钾在这种地层也不能很好指示黏土含量。

在还原环境条件下，有利于有机质的保存，形成较高的有机质丰度。在不同沉积环境中，天然放射性元素的地球化学特征及其规律的差异性，是利用能谱参数评价页岩储层的理论基础。

────────────

① 1ppm = 1×10^{-6}。

（1）Th 比 U 的化学性质稳定，在氧化状态下，随着岩石中 U 元素的减少，Th/U 会增大。在还原状态下，随着岩石中 U 元素的富集，Th/U 会减小，因此 Th/U 也可以用来指示古环境的氧化或还原程度。

（2）Th 不溶于水，以悬浮液形式搬运，高能环境下 Th 含量高，低能环境下 Th 含量低。K 含量随环境能量变化不大，低能环境下相对较高。故可利用 Th/K 反映水体的能量（表2-5）。

表 2-5　能谱参数与沉积环境之间的关系（据陈鑫堂，1986）

Th/U	>30	30 ~ 10	10 ~ 4	<4
沉积环境	氧化	弱氧化–还原	还原	强还原
Th/K	>10	10 ~ 6	6 ~ 3	<3
水动力环境	高能	亚高能	低能	停滞
U/K	>1.2	1.20 ~ 0.7	0.7 ~ 0.4	<0.4
生油气条件	好	较好	一般	差

由于影响地层 U、Th、K 含量的因素的不确定性，上述各种比值标准只是一个大致范围。

在海相烃源岩中，Th、K、U 含量都高。在富含有机的黑色海相页岩，如果石英或碳酸盐岩含量高，可成为页岩油或页岩气层，在能谱曲线上 Th、K 含量偏低，而 U 含量高。

由于自然伽马测井曲线受泥质和有机质含量的综合影响，在求页岩气储层的泥质含量时，一般不采用自然伽马测井曲线，而是采用元素测井，或中子–密度测井交会图。

3. 密度测井和岩性测井

干酪根和甲烷具有低密度（ρ_b）和低光电指数（P_{ef}）的特征。由于干酪根的骨架密度（ρ_{ma}）非常低，类似于水的密度，如果不能精确估算干酪根体积，那么页岩孔隙度的计算值会高于实际值，造成较大误差。一些研究人员通过利用密度和 TOC 之间的相关性，在实验室得到了令人满意的密度和 TOC 关系统计结果，并应用到测井解释。在测井解释中，除了考虑井眼扩径（即井壁的良好形状）的影响外，还应考虑泥浆滤液及其侵入深度的影响。在近井地带，其他因素也可能改变地层的测井响应特征。

密度测井的探测半径约为 0.1m，垂向地层分辨率约为 1.0m。

4. 声波测井

与密度测井相比较，声波和有机质含量的相关性更好。干酪根和甲烷具有很高的声波传播时差（Δt）。因此，当地层中有甲烷和干酪根存在时，声波测井解释的孔隙度偏大。在后面的章节中会介绍 Passey 等（1990）提出的 $\Delta logR$ 方法，可用于识别含气层段，并估算 TOC。

对正常压实泥岩段来说，密度和声波速度随着埋深的变化均表现出有规律的增加。在成烃过程中，特别是液态烃向气态烃的转变过程中，生成的甲烷会导致地层孔隙压力增大，在封闭系统中产生很高的超压。超压形成后，孔隙度变化不大，地层密度变化较小。但是，由于垂向有效应力降低，将会降低声波速度。生成的油气也会进一步降低声波速度。因此，声波速度和密度的关系曲线将偏离正常压实趋势线。

声波测井的探测半径约为 0. 01 ~ 0. 03m，垂向地层分辨率约为 1. 0m。

5. 补偿中子测井

补偿中子测井是一种检测和评价页岩气有机物含量和生产潜力的常规测井技术。干酪根的中子孔隙度很高，但是，受有机质、黏土、水中和烃中氢原子的影响，中子测井检测 TOC 的精度有所降低。干酪根的氢指数低于水的氢指数，因此，干酪根含量越高，中子孔隙度测井值越低。当地层中含有甲烷时，由于甲烷的氢指数低于岩石骨架，中子孔隙度减小（挖掘效应）。页岩中的黏土会增加中子孔隙度，而方解石和白云石则使得测井响应更趋复杂化（方解石倾向于降低页岩气储层的中子孔隙度），中子–密度交汇图在解释含气或富有机质层段时的精度较低。中子测井受井眼扩径的影响小。

补偿中子测井的探测半径约为 0. 25m，垂向地层分辨率约为 1. 0m。

2.1.2　孔隙度测井解释

1. 页岩的岩石物理模型

页岩的体积模型如图 2-1 所示。在模型中，把页岩的基质系统划分为无机质组分和干酪根。页岩的岩性较复杂，含有黏土，石英，碳酸盐岩矿物和长石矿物以及其他重矿物。如果存在黄铁矿，会对电阻率和放射性测井曲线造成影响。此外，在还原环境中，U 会增加伽马射线（GR）测井读数值（超出正常水平），降低了 GR 曲线计算黏土含量的精度。在一些页岩的基质中，可能富含泥质，或者富含石英质的粉砂（泥质含量低于 50%），或者富含碳酸盐岩矿物。

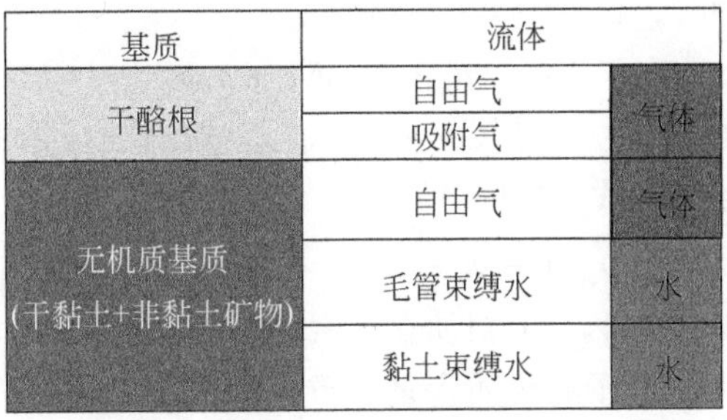

基质	流体	
干酪根	自由气	气体
	吸附气	
无机质基质 （干黏土+非黏土矿物）	自由气	气体
	毛管束缚水	水
	黏土束缚水	水

图 2-1　岩石物理模型（无天然裂缝）

干酪根是基质的一部分。干酪根的主要特点是密度低（接近于水的密度），声波时差高，中子孔隙度高，电阻率高。根据以上特征可以确定干酪根的含量（重量或体积百分比）。虽然页岩的无机组分和干酪根都具有一定的孔隙，但孔径一般较小，属于微孔或纳米孔。干酪根中的孔隙是一种次生孔隙，在干酪根成熟后的排烃过程中产生。

在以上模型中，没有考虑天然裂缝。由于无机矿物为水润湿，所以无机孔隙具有水润湿性，含有毛管束缚水。干酪根为油润湿，在干酪根的孔隙中不含毛管束缚水。吸附在黏土矿物表面的水被称为黏土束缚水（CLBW）。

页岩孔隙系统的总孔隙度由以下几部分组成：①非泥质基质的孔隙度；②泥质基质的

孔隙度；③干酪根孔隙度。

如果页岩中存在开启的天然裂缝，则测井解释的孔隙度包括裂缝孔隙度。在岩心和成像测井中，都可识别天然裂缝。当然，试井也可以推测地层中是否存在有效的天然裂缝。在室内采用全直径岩样测试孔隙度时，天然裂缝对孔隙度有一定的影响。美国天然气研究所 GRI 认为：不应采用全直径岩样测试页岩的孔隙度。因为氦在全直径岩样中很难进入所有的孔隙，测试的基质孔隙度偏低。

2. 密度测井曲线确定孔隙度值

利用密度测井曲线计算孔隙度的要点在于：分别研究每一个部分的测井响应结果，并把整个储层的测井响应结果看作几部分响应结果的总和。

模型的假设条件为：①已知页岩储层中总含有机碳含量（TOC）。在模型建立前，通过其他方式（如 $\Delta \log R$）得到 TOC；②岩石的颗粒密度已知；③页岩储层中含水饱和度为常数。

模型把页岩储层分为两部分：骨架和孔隙。进一步等效划分成了三个部分：孔隙体积（ϕ）、干酪根体积（V_{TOC}）和无机矿物体积（$V_m = 1 - \phi - V_{TOC}$）。各部分的体积比例与相应的测井参数如图 2-2 所示。

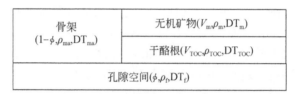

图 2-2　孔隙度的测井解释模型示意图

不考虑有机质的影响时，密度测井的响应：

$$\rho_b = \rho_{ma}(1 - \phi) + \rho_f \phi \tag{2-1}$$

式中，ρ_b 是密度测井曲线值；ρ_{ma} 是骨架的密度；ϕ 是总孔隙度；ρ_f 是孔隙中流体的密度。

如果考虑有机质的影响，式（2-1）改为

$$\rho_b = \rho_m(1 - \phi - V_{TOC}) + \rho_f \phi + \rho_{TOC} V_{TOC} \tag{2-2}$$

式中，ρ_m 是无机质骨架的密度；V_{TOC} 有机质在页岩中的体积分数；ρ_{TOC} 是有机质骨架的密度。

一般用重量百分数 W_{TOC} 表示有机质含量。重量分数 W_{TOC} 和体积分数 V_{TOC} 之间的转换关系是

$$V_{TOC} = \frac{W_{TOC}}{\rho_{TOC}} \rho_b \tag{2-3}$$

把式（2-3）代入式（2-2），整理得

$$\phi = \frac{(\rho_m - \rho_b) + \rho_b \left(W_{TOC} - \rho_m \dfrac{W_{TOC}}{\rho_{TOC}} \right)}{\rho_m - \rho_f} \tag{2-4}$$

如果孔隙中有气、水两相流体。根据含水饱和度，可计算孔隙中流体密度：

$$\rho_f = \rho_g(1 - S_w) + \rho_w S_w \tag{2-5}$$

ρ_m 的缺省值是石英的密度（2.65g/cm³）。由于页岩的非均质性很强，不应把 ρ_m 作为

一个常数。如果有元素测井解释结果,可以合成 ρ_m 和 ρ_{ma}:

$$\rho_m = \sum_{i=1}^{n} (Min_i \times \rho_i) \tag{2-6}$$

$$\rho_{ma} = (1 - K) \sum_{i=1}^{n} (Min_i \times \rho_i) + K\rho_{TOC}, \quad K = \frac{V_{TOC}}{1 - \phi} \tag{2-7}$$

式中, Min_i 是第 i 种无机矿物在无机质骨架中的体积分数; ρ_i 是第 i 种无机矿物的密度; K 为干酪根在骨架中的体积分数。

干酪根密度变化较大,低成熟度时一般为 $1.27g/cm^3$,低成熟度的干酪根石墨化后,密度为 $2.25g/cm^3$。Ward(2010)在 Marcellus 页岩发现,随着镜质组反射率的增加,干酪根密度增加。干酪根密度与镜质组反射率关系如下:

$$\rho_{TOC} = 0.342R^o + 0.972 \tag{2-8}$$

3. 声波测井曲线和密度测井曲线计算孔隙度

与上节中的测井解释模型类似,声波时差计算总孔隙度的模型也将页岩储层体积划分为无机骨架、有机质骨架和孔隙三部分。其中孔隙空间体积为总孔隙体积,包括了有机孔隙体积和无机孔隙体积,其中充填了油气和水。

不考虑有机质的影响时,声波时差的测井响应:

$$DT = DT_{ma}(1 - \phi) + DT_f\phi \tag{2-9}$$

式中, DT 是声波时差测井曲线值; DT_{ma} 是骨架的声波时差; ϕ 是总孔隙度; DT_f 是流体声波时差。

如果考虑有机质的影响,式(2-9)改为

$$DT = DT_m(1 - \phi - V_{TOC}) + DT_f\phi + DT_{TOC}V_{TOC} \tag{2-10}$$

式中, DT_m 是无机质骨架的声波时差; DT_f 是孔隙流体的声波时差; DT_{TOC} 是有机质骨架的声波时差。

一般用重量百分数 W_{TOC} 表示有机质含量。与式(2-4)类似,式(2-10)可改写成如下形式:

$$\phi_{sonic} = \frac{(DT - DT_m) + \left(\dfrac{W_{TOC}}{\rho_{TOC}} \times \rho_b\right) \times (DT_m - DT_{TOC})}{DT_f - DT_m} \tag{2-11}$$

式中, DT 是声波时差测井曲线, us/ft; DT_m 是无机质骨架声波时差, us/ft; DT_f 是流体声波时差, $\mu s/ft$; DT_{TOC} 是有机质声波时差, $\mu s/ft$。DT_{TOC} 可以取平均值 $120\mu s/ft$。

2.1.3　TOC 测井解释

干酪根的密度小,一般为 $1.2 \sim 1.4g/cm^2$,它在岩石中占有的体积比例较大,通常是其所占有的质量比例的两倍,所以干酪根的含量对测井响应影响显著。要分析干酪根的生烃潜能,除了确定有机质中 TOC 丰度以外,还需要进行地球化学分析。

自然伽马测井一直是识别烃源岩的主要测井方式。早期研究表明,原生有机质中的 U 是在缺氧的沉积环境中聚集,这些聚集的 U 大部分来源于海相有机页岩。但是,由于 U

与 TOC 之间呈非线性关系，加之环境因素（如：钻井液类型和测井仪器）的影响，很难直接利用自然伽马测井（或自然伽马能谱测井）确定 TOC 含量。表 2-6 给出了常见的 TOC 测井解释方法。

表 2-6　TOC 测井解释方法

方法	方法简介	参考文献
自然伽马能谱法	根据 TOC 与铀含量的线性关系计算 TOC	Fertl 和 Rieke（1980），Fertl 和 Chilingar（1988），Guidry 和 Walsh（1993）
自然伽马法	使用自然伽马与 TOC 体积百分比的线性关系计算 TOC	Fertl 和 Chilingar（1988）
体积密度法	建立体积密度与 TOC 质量百分比的经验关系，计算 TOC	Schmoker（1979），Schmoker 和 Hester（1983）
自然伽马-密度法	根据自然伽马和体积密度两者与 TOC 体积百分比的关系计算 TOC	Schmoker（1981）
声波-电阻率法	利用声波和电阻率的差值与 TOC 和成熟度的经验公式计算 TOC	Passey 等（1990，2010）
干酪根体积法	利用干酪根体积与有机碳含量的转换关系计算 TOC	Lewis 等（2004）
神经网络法	使用常规测井，通过神经网络预测 TOC	Rezaee（2015）
体积密度-核磁共振-元素测井法	通过体积密度和核磁共振计算包含有机质在内的页岩骨架密度。通过元素测井计算不含有机质的页岩骨架密度，利用两者密度差计算 TOC	Jacobi 等（2008）
脉冲中子-自然伽马能谱法	使用脉冲中子测井和自然伽马能谱测得到各地层元素含量，从而建立最佳矿物模型。多余碳元素分配给干酪根，进一步估算 TOC	Pemper 等（2009）

综上所述，TOC 测井解释的常用方法可分为以下三类。

（1）实测 TOC 与测井参数进行多元线性回归或非线性回归，计算 TOC。

（2）使用声波电阻率法（$\Delta \log R$）计算 TOC。

（3）使用核磁共振、脉冲中子等特殊测井计算 TOC。

特殊测井费用较高，所以在多数页岩气探井不进行特殊测井。就 TOC 计算来说，常规测井已经能够满足需要。实测 TOC 与测井参数线性回归的方法操作简单，计算精度可以满足勘探要求。声波电阻率法是烃源岩 TOC 计算的常用方法，可用于页岩 TOC 测井计算。使用岩心分析的 TOC 校正测井计算结果后，能达到更好的精度。

下面介绍一些常用的测井计算方法：

1. 曲线重叠法（$\Delta \log R$ 方法）

泥页岩中存在干酪根和烃类时，电阻率测井值会增加，声波测井值也会增加。Passey 等（1990）提出 $\Delta \log R$ 方法确定 TOC 含量，该方法利用了声波时差测井与电阻率等测井资料，是目前运用较广泛的一种方法，在较纯的富有机质泥岩中准确度较高。但是，如果电阻率受其他因素影响，会对计算出的 TOC 含量精度造成影响，如当页岩层含有一定的导电矿物（如黄铁矿）时，计算的 TOC 含量偏低；当页岩中含有一定的钙质矿物（即钙质泥质），或页岩中有碳酸盐岩薄夹层时，计算的 TOC 含量偏高。

$\Delta\log R$ 方法的应用步骤为：

1）绘图

绘图时要求坐标对应（图 2-3）。以 $\Delta\log R$ 法中的应用最广的声波时差（DT）–电阻率（RT）法为例：在绘图时，要求声波时差与电阻率曲线的坐标对应。声波时差曲线（DT）的范围为 $0 \sim 200\mu s/ft$[①]，共 200 个单位。电阻率曲线（RT）的范围为 $0.01 \sim 0.1 \sim 1 \sim 10 \sim 100$，共 4 个对数周期。每 1 个单位的 DT 对应 0.02 个对数坐标单位的电阻率。

2）识别纯泥岩，确定基线

利用 $\Delta\log R$ 法确定 TOC 丰度，需要从测井曲线中识别出不含有机质（不生油气的）的"纯泥岩"段。

富含有机质页岩段在测井曲线中的识别特征为"三高一低"，即自然电位高、自然伽马高、电阻率高以及体积密度低。通过自然电位、自然伽马、电阻率以及密度曲线等找到富含有机质的页岩段后，进而找出不含有机质的"纯泥岩"段（非烃源岩）。在"纯泥岩"段中，将声波时差测井曲线和电阻率测井曲线重合，取一定长度的重合段作为基线段。通常情况下，整口井的 $DT_{baseline}$ 值是固定的，改变 $RT_{baseline}$ 值能够得到重叠的基线段。将两条测井曲线之间的距离定义为 $\Delta\log R$，通过两曲线段之间的分离识别富含有机质页岩段。

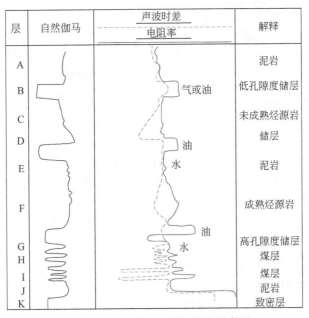

图 2-3　$\Delta\log R$ 方法识别烃源岩示意图

3）计算 $\Delta\log R$ 值

Passey 等（1990）认为：$\Delta\log R$ 值是关于成熟度的函数，也与 TOC 呈线性关系。LOM

---

① 1ft=0.3048m。

为有机质成熟度，利用图 2-4 的 $\Delta logR$ 图版，可以将 $\Delta logR$ 值直接转换为 TOC。

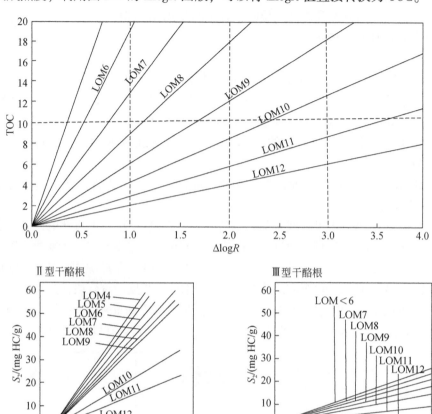

图 2-4　TOC 和 LOM 关系图版（Passey *et al.*，1990）

在计算前，可以通过大量岩样分析得到 LOM 值，或者是根据埋深和热成熟度历史估算得到 LOM 值。如果 LOM 值不正确，TOC 值会存在局部错误，但也能够体现出 TOC 在不同地层中的变化程度。

如图 2-4 所示，不同的有机质类型（Ⅱ型干酪根或者Ⅲ型干酪根）对应不同的 S_2-TOC 图版（S_2 为热裂解烃含量），通过图版还能够把 TOC 转化为 S_2 值。

利用图版中（图 2-4 上）的 $\Delta logR$ 和 LOM 值就能得到 TOC 曲线。利用计算的 TOC 值和Ⅱ型干酪根的 LOM 值，通过图 2-4（左下角）可以计算出 S_2 值。

与声波-电阻率交汇图版对应的回归方程为

$$\Delta logR_{Sonic} = lg \ (RT/RT_{baseline}) + 0.02 \ (DT-DT_{baseline}) \tag{2-12}$$

公式中的 0.02 系数，是根据 $-50\mu s/ft$ 每电阻率周期的比值得出的。

式中，$\Delta logR_{Sonic}$ 是声波时差曲线和电阻率曲线的间距在对数电阻率坐标上的读数；RT 是测井得到的电阻率，$\Omega \cdot m$；DT 是测井得到的声波值，$\mu s/ft$；$RT_{baseline}$ 是电阻率曲线处于"纯泥岩"（非烃源岩）基线段时，$DT_{baseline}$ 对应的电阻率，$\Omega \cdot m$。

同样地，将密度曲线、脉冲中子测井曲线分别与电阻率曲线重合，也可求得对应

的 $\Delta\log R$：

$$\Delta\log R_{\text{Density}} = \lg\left(RT/RT_{\text{baseline}}\right) - 2.5\times\left(RHOB - RHOB_{\text{baseline}}\right) \tag{2-13}$$

$$\Delta\log R_{\text{Neutron}} = \lg\left(RT/RT_{\text{baseline}}\right) + 4\times\left(NEUT - NEUT_{\text{baseline}}\right) \tag{2-14}$$

式中，$\Delta\log R_{\text{Density}}$ 是密度曲线和电阻率曲线的间距在对数电阻率坐标上的读数；$\Delta\log R_{\text{Neutron}}$ 是中子孔隙度曲线和电阻率曲线的间距在对数电阻率坐标上的读数。

4）计算 TOC 值

利用 $\Delta\log R$ 计算 TOC 的经验公式为

$$TOC = \left(\Delta\log R\right)\times 10^{(2.297-0.1688 LOM)}\times C \tag{2-15}$$

式中，TOC 是计算的总有机碳含量，小数；LOM 为有机质成熟度，无因次；C 为区域性的经验修正系数，无因次。

在实际计算中，C 的值应根据式（2-15）结合岩心实测的 TOC 数据进行拟合得到。

有机质成熟度的值可由实验测定的镜质组反射率（R°）数据求得，计算公式为

$$LOM = 0.0989 R^{\circ 5} - 2.1587 R^{\circ 4} + 12.392 R^{\circ 3} - 29.032 R^{\circ 2} + 32.53 R^{\circ} - 3.0338 \tag{2-16}$$

式中，R° 为镜质组反射率，无因次；LOM 为有机质成熟度；C 为区域性的经验修正系数。

5）计算 S_2 值

干酪根热解生成的烃记为 S_2。Passey（1990）提供了出 S_2 的经验计算公式。根据有机质类型，采用以下公式计算氢指数 HI。

Ⅱ 型干酪根：

$$HI = 0.1028 LOM^4 - 3.94 LOM^3 + 50.4 LOM^2 - 290 LOM + 960 \tag{2-17}$$

Ⅲ 型干酪根：

$$HI = 0.2914 LOM^4 - 11.64 LOM^3 + 169.57 LOM^2 - 1099 LOM + 928636.2 \tag{2-18}$$

表征热解生烃潜力的 S_2 可采用下式计算：

$$S_2 = HI\times TOC \tag{2-19}$$

2. Schmoker 方程

有机质的存在对地层的体积密度有很大影响。当地层满足以下条件时，密度测井可能是计算 TOC 含量的最好方法：①重矿物（如黄铁矿）含量不高；②孔隙度、流体类型和岩性在目的层段内没有较大变化；③井眼条件好（密度测井对井眼直径十分敏感）。

在 Appalachian 盆地泥盆系页岩，Schmoker（1979）建立了 TOC 与体积密度的统计关系式。

$$TOC = \frac{\text{Schmoker A}}{RHOB} - \text{Schmoker B} \tag{2-20}$$

式中，RHOB 是体积密度，Schmoker A 和 Schmoker B 是特定地区或地层的计算系数。在实际计算中，这两个系数的值应根据上式结合岩心实测的 TOC 值进行拟合来得到。

方程反映 TOC 与密度值双曲线关系，体积密度对于 TOC 是很敏感的。TOC 增加 10%（据重量），密度值将减少 $0.5\,\text{g/cm}^3$。泥岩密度在 $2.25\,\text{g/cm}^3$ 以上时，密度测井曲线反映有机质的最低限度为 1%。

Schmoker 方程仅需要体积密度测井资料，计算 TOC 非常简单，但该方法的精度较差。Schmoker 进一步考虑了无机矿物基质骨架密度（RHOG）对 TOC 的影响，对原方程进行了

修正。修正方程如下：

$$TOC = \frac{KA}{RHOB} - KB \tag{2-21}$$

$$KA = \frac{1}{1 - \dfrac{1}{RHOG}} \tag{2-22}$$

$$KB = KA - 1 \tag{2-23}$$

式中，RHOB 为体积密度，g/cm^3；RHOG 为无机矿物基质骨架密度，g/cm^3。

在实际计算中，无机矿物的基质骨架密度既可以以测井曲线的形式输入，也可以输入各部分无机质的体积分数。

3. 自然伽马能谱法

在有机质向油气转化的未成熟阶段，有机质的吸附性很强。在地层水不太活跃的还原条件下，U 主要反映海相沉积物中的有机质含量。

自然伽马测井一直是识别烃源岩的主要测井方式。因此可以利用 TOC 与 U 含量的线性关系来计算 TOC。

$$TOC = U \times a + c \tag{2-24}$$

式中，a、c 为校正系数。

在实际计算中，a、c 的值可以根据岩心实测的 TOC 值进行拟合得到。

2.1.4　饱和度测井解释

页岩储层致密，一般不含水。高成熟的页岩以生气为主，含油饱和度较低，可以忽略不计，因此页岩的饱和度通常只计算含气饱和度。Adiguna 和 Torres（2013）对比现有的饱和度测井解释模型，认为现有方法都可以满足计算需要，但需要合理选择模型参数。

1. 阿尔奇公式计算饱和度

常规砂岩储层通常使用阿尔奇（Archie）公式计算含水饱和度，研究认为阿尔奇公式在页岩储层中也有较好的适用性，其计算结果的准确性取决于针对页岩地层各个参数取值是否合理（Zhao *et al.*，2007；Cluff，2012）。

$$S_w^n = \frac{aR_w}{\phi^m R_t} \tag{2-25}$$

页岩中 a 一般取 1，m、n 根据页岩的裂缝特征和岩性特征取值。根据实测孔隙度与地层系数之间的关系，得到 m 约为 2.0，裂缝会降低胶结指数。地层水电阻率可以使用与页岩相邻近的砂岩或灰岩中地层水的电阻率。m、n 值一般根据地区经验或实验分析结果取值（表2-7）。

表 2-7　胶结指数（m）和饱和度指数（n）取值（据唐颖等，2014）

页岩	m	n	研究者
Devonian 页岩	1.7	1.7	Guidry 等（1990）
Barnett 页岩	1.9	2.0	Zhao 等（2007）
Toolebuc 页岩	1.7	2.0	Cluff（2012）

2. 印度尼西亚方程计算含水饱和度

对于泥质含量较高地层，常采用有泥质校正的饱和度计算模型，如印度尼西亚公式：

$$S_w = \left(\left[\frac{V_{sh}^{1-(V_{sh}/2)}}{\sqrt{R_{sh}}} + \frac{\phi^{(m/2)}}{\sqrt{a \times R_w}} \right]^2 \times R_t \right)^{-\frac{1}{n}} \tag{2-26}$$

式中，关键参数是页岩的体积分数 V_{sh} 和泥质含量 I_{sh}；

$$V_{sh} = I_{sh} \times (\rho/\rho_{sh})^3 \tag{2-27}$$

$$I_{sh} = (GR - GR_{cl})/(GR_{sh} - GR_{cl})$$

泥岩电阻率 R_{sh} 一般在 $2 \sim 5\Omega \cdot m$，泥岩密度 ρ_{sh} 一般在 $2.4 \sim 2.7g/cm^3$。通过调整泥岩的电阻率 R_{sh} 和密度 ρ_{sh}，使计算值符合岩心的含水饱和度。

3. 游离气量计算

对页岩气储层来说，与吸附气量类似，游离气含量也是由标况下单位质量岩石内的游离气体积表征的，可以根据孔隙度及含水饱和度计算而得到，计算方法如下：

$$Q_{free} = \frac{\phi(1 - S_w)}{B_g \rho_b} \tag{2-28}$$

式中，Q_{free} 表示游离气含量，cm^3/g；ϕ 表示有效孔隙度，v/v；S_w 表示含水饱和度，v/v；B_g 表示气体体积系数，v/v；ρ_b 表示页岩储层岩石体积密度，g/cm^3。

2.2　偶极声波测井解释

2.2.1　偶极声波资料解释

偶极声波资料在深度对齐、单极和偶极全波资料分离等预处理后，主要进行以下工作。

1. 地层纵波、横波和斯通莱波的提取及慢度分析

单极全波资料主要用于提取纵波时差、横波时差、斯通莱波时差和波场能量衰减信息。偶极全波资料则主要用于提取横波时差，在慢速地层中也能得到较好的横波信息。由于井眼不规则、斜井偶极声波仪器不能居中等原因，导致纵波能量太低时，在处理过程中，应放弃单极提取横波时差和斯通莱波时差，分频处理纵波时差。利用单极全波的幅度计算出纵波、横波、斯通莱波的能量。

通过选择适当的滤波参数、窗长、步长等参数，采用 STC 相关系数矩阵算法在全波列上计算相关系数最大的点，从而确定各对应的行波最大可能的时差值。这种算法的优点在于：①不用假设任何物理模型或限制各种模式波的到达顺序；②因为不用检测首波，避免了周波跳跃现象；③在井眼条件较差等情况下，也可得到高质量的时差。

2. 地层各向异性的计算

当地层中出现各向异性特征时，将导致横波发生波场分离为相互正交的快慢横波，快

横波在慢横波之前到达阵列接收器。通过对声波曲线进行横波分离得到快、慢横波速度及方位，进而用快横波方位来确定裂缝及地应力引起的各向异性，并且结合井眼成像资料判断地层各向异性的影响因素。

利用交叉偶极声波方法测量的地层信息，通过定量计算处理后，其成果在测井、地质、地震、钻井和油藏工程等方面具有重要应用价值。通过对波形特征、时差变化、能量衰减、分离波场信息等进行分析，偶极声波测井资料可用于地层各向异性、裂缝识别、储层分析、岩石力学参数计算等。

下面介绍一些常用的分析方法：

1. 各向异性分析

地层各向异性是指井眼四周地层的物理性质不均匀，或地层在不同方位上存在差异。引起地层各向异性的因素很多，主要的影响因素包括：①地应力不平衡；②开启型裂缝性地层；③椭圆井眼等引起的各向异性。目前，常用横波分离现象进行地层各向异性分析。

快/慢横波的能量各向异性和时差各向异性：

$$Pe = \frac{2(E_{S\_fast} - E_{S\_slow})}{E_{S\_fast} + E_{S\_slow}} \tag{2-29}$$

式中，Pe 为能量各向异性；E_{S_fast} 为快速横波的能量；E_{S_slow} 为慢速横波的能量。

$$Pt = \frac{2(DT_{S\_slow} - DT_{S\_fast})}{DT_{S\_slow} + DT_{S\_fast}} \tag{2-30}$$

式中，Pt 为时差各向异性；DT_{S_slow} 为慢速横波的时差；DT_{S_fast} 为快速横波的时差。

在均匀各向同性地层中，不会产生横波分裂。当地层存在各向异性时，用正交偶极声波测量时横波会发生分离现象，产生相互正交的快、慢横波波场，快、慢横波速度差异的大小反映了地层各向异性的程度。

（1）裂缝地层

当存在走向一致的裂缝时，如果横波偏振的方向与裂缝走向成一定的夹角，横波将分裂成偏振平行于裂缝走向的快速高能横波分量和垂直于裂缝走向的慢速低能分量。裂缝规模越大，分裂的横波能量就越强。通过计算的各向异性参数，可进一步获得裂缝的发育程度、走向等。

（2）非裂缝地层

在非裂缝性地层中，快横波方位与最大水平主应力方向一致。根据 Esmersoy 等人的研究表明：在最大水平应力方向上的横波传播速度大于最小水平应力方向上的横波传播速度。原因是在最大水平主应力方向上侧向压实程度较高，在最小水平主应力方向上侧向压实程度较低，岩石出现侧向差异压实造成了岩石物理特性的各向异性。主应力差别愈大，分裂的横波能量就愈强。

因此，以快、慢横波为基础来计算地层的各向异性，同时计算出正交横波能量与同相的横波能量比，有助于判断各向异性现象。

2. 裂缝识别

用偶极声波进行裂缝识别的主要方法有：波能量衰减、斯通莱波反射、快慢横波分离等。主要用前面两种方法进行裂缝识别。

1) 波能量衰减识别裂缝

由于岩石骨架和裂缝中的流体之间声阻抗差别较大，当纵波、横波、斯通莱波通过裂缝时能量均有衰减，可以反映岩石的裂缝发育特征。

裂缝发育程度：当声波通过岩石时，其能量衰减大小与岩石裂缝发育程度有关。通常情况下，岩石无裂缝，声波能量衰减小；岩石有裂缝，声波能量衰减大；岩石有大量裂缝，声波能量衰减特别严重。

裂缝产状：一般认为，低角度裂缝对横波产生衰减更大，而高角度裂缝对纵波产生更大的衰减。裂缝性地层中，快横波方位与裂缝走向一致。

纵、横波传播系数与裂缝倾角的关系如图 2-5 所示：0°～33°和 76°～90°倾角的裂缝对纵波幅度衰减小，对横波幅度有明显衰减；33°～76°倾角的裂缝对纵波幅度衰减较大，对横波幅度衰减较小。

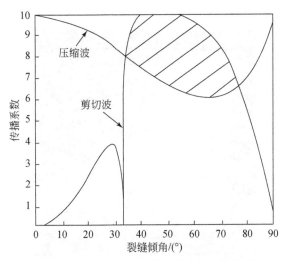

图 2-5　纵横波传播系数与裂缝倾角的关系

斯通莱波是一种具有较大径向探测深度的管波，它在井筒中的传播近似于活塞运动，造成井壁在径向上的膨胀和收缩。这时，如果有效裂缝与井壁连通，则将使井液沿着裂缝流进和流出，从而消耗能量，使其幅度降低。已有研究证实：张开裂缝对纵波、横波和斯通莱波都将产生能量衰减，而闭合裂缝对各波能量不产生衰减，在能量图上与非裂缝性地层一样。

影响波能量衰减的因素有很多，对各种波的衰减影响程度也不尽相同。斯通莱波的衰减在很大程度上受井径变化的影响。另外，声波通过孔隙发育区时，声波散射引起能量衰减。在这种情况下，必须参考孔隙度资料来对声波能量进行解释

2) 斯通莱波反射识别裂缝

斯通莱波在张口裂缝位置会发生反射，在斯通莱波形上出现明显的"人"字形条纹。反射系数能很好地反映张开裂缝，系数的大小和裂缝宽度的大小有很好的相关性。

斯通莱波是沿井壁表面传播的，其能量从井壁开始向两侧呈指数衰减。斯通莱波的反射主要由介质声阻抗差异引起。在有效孔、洞、缝储渗系统中有地层流体，会形成声阻抗差异，使得声波发生反射和干涉。当斯通莱波遇到与井眼相交的张开缝时，产生明显的

"人"或"V"形条纹反射，为有效裂缝的显示。

　　同时，裂缝的倾角对斯通莱波的能量衰减也有重要影响。当裂缝的倾角是45°时，它对斯通莱波衰减的影响将增加20%；当裂缝倾角为70°时，这种影响将增加一倍。也就是说，在裂缝开度不变的情况下，斯通莱波的衰减程度随着裂缝倾角的增加而增加。裂缝对斯通莱波的影响归纳为：斯通莱波的能量减小，时差增大，出现干涉条纹，出现斯通莱波反射。

　　要注意的是，除了裂缝外，其他因素（如井眼突变，或高声阻抗差异的地层界面）也会引起斯通莱波反射。因此，必须甄别井眼突变和地层突变造成的反射。

2.2.2　页岩的 VTI 力学模型

　　页岩的页理就是黏土矿物定向排列所致（图2-6）。页理的发育情况对页岩的力学参数具有重要影响。

图2-6　页岩页理发育情况

　　受水平页理发育的影响，在水平面上，页岩的力学参数具有各向同性的特点，但是垂直方向上力学参数与水平面上的力学参数有较大差异。在岩石力学中，Mavko 等（2009）提出的 VTI 特征可以表征页岩的这种各向异性特征，即具有旋转对称轴的横向各向同性。VTI 特征的刚度矩阵为

$$\begin{pmatrix} C_{11} & C_{12} & C_{13} & 0 & 0 & 0 \\ C_{12} & C_{11} & C_{13} & 0 & 0 & 0 \\ C_{13} & C_{13} & C_{33} & 0 & 0 & 0 \\ 0 & 0 & 0 & C_{44} & 0 & 0 \\ 0 & 0 & 0 & 0 & C_{44} & 0 \\ 0 & 0 & 0 & 0 & 0 & C_{66} \end{pmatrix} \tag{2-31}$$

式中，C_{11}、C_{12}、C_{13}、C_{33}、C_{44} 和 C_{66} 为刚度系数，MPa。

　　在 VTI 特征的刚度矩阵中，共有 6 个系数。因为 $C_{12} = C_{11} - 2C_{66}$，独立系数只有 5 个：

C_{33}、C_{44}、C_{11}、C_{66} 和 C_{13}。

Mavko 等（2009）提出的刚度系数与岩石力学参数的关系。

水平杨氏模量 E_{horz}：

$$E_{\text{horz}} = \frac{(C_{11}-C_{12})\left[C_{33}(C_{11}+C_{12})-2C_{13}^2\right]}{C_{11}C_{33}-C_{13}^2} \tag{2-32}$$

垂向杨氏模量 E_{vert}：

$$E_{\text{vert}} = C_{33} - \frac{2C_{13}^2}{C_{11}+C_{12}} \tag{2-33}$$

水平泊松比 v_{horz}：

$$v_{\text{horz}} = \frac{C_{33}C_{12}-C_{13}^2}{C_{33}C_{11}-C_{13}^2} \tag{2-34}$$

垂向泊松比 v_{vert}：

$$v_{\text{vert}} = \frac{C_{13}}{C_{12}+C_{11}} \tag{2-35}$$

Thiercelin 和 Plumb（1994）基于 VTI 特征提出地应力计算方法。

最小水平主应力 σ_{hmin}：

$$\sigma_{\text{hmin}} - \alpha p_p = \frac{E_{\text{horz}}}{E_{\text{vert}}}\frac{v_{\text{vert}}}{1-v_{\text{horz}}}\left[\sigma_{\text{vert}}-\alpha(1-\xi)p_p\right] + \frac{E_{\text{horz}}}{1-v_{\text{horz}}^2}\varepsilon_{\text{hmin}} + \frac{E_{\text{horz}}v_{\text{horz}}}{1-v_{\text{horz}}^2}\varepsilon_{\text{Hmax}} \tag{2-36}$$

最大水平主应力 σ_{Hmax}：

$$\sigma_{\text{Hmax}} - \alpha p_p = \frac{E_{\text{horz}}}{E_{\text{vert}}}\frac{v_{\text{vert}}}{1-v_{\text{horz}}}\left[\sigma_{\text{vert}}-\alpha(1-\xi)p_p\right] + \frac{E_{\text{horz}}}{1-v_{\text{horz}}^2}\varepsilon_{\text{Hmax}} + \frac{E_{\text{horz}}v_{\text{horz}}}{1-v_{\text{horz}}^2}\varepsilon_{\text{hmin}} \tag{2-37}$$

式中，E_{horz} 为水平方向的杨氏模量，MPa；E_{vert} 为垂直方向的杨氏模量，MPa；v_{horz} 为水平方向的泊松比，无量纲；v_{vert} 为垂直方向的泊松比，无量纲；σ_{hmin} 为最小水平主应力，MPa；α 为 BIOT 系数，通常取 1，无量纲；σ_{vert} 为垂向应力，MPa；ξ 为孔弹系数，通常取 0，无量纲；p_p 为孔隙内流体压力，MPa；$\varepsilon_{\text{Hmax}}$ 水平最大构造应变系数，通过小型测试压裂确定，无量纲；$\varepsilon_{\text{hmin}}$ 水平最小构造应变系数，通过小型测试压裂确定，无量纲；σ_{Hmax} 为最大水平主应力，MPa。

由于页岩的 E_{horz} 是 E_{vert} 的 2 倍以上，所以基于 VTI 特征计算的 σ_{Hmin} 和 σ_{Hmax} 值，与基于传统的各向同性的地应力计算结果有较大差异。

VTI 特征中的刚度系数和声波的关系式为

$$C_{11} = \rho V_p^2(90°) \tag{2-38}$$

$$C_{66} = \rho V_{\text{Sh}}^2(90°) \tag{2-39}$$

$$C_{33} = \rho V_p^2(0°) \tag{2-40}$$

$$C_{44} = \rho V_{\text{Sh}}^2(0°) \tag{2-41}$$

$$C_{13} = -C_{44} + \sqrt{4\rho^2(V_p(45°))^4 - 2\rho(V_p(45°))^2(C_{11}+C_{33}+2C_{44}) + (C_{11}+C_{44})(C_{33}+C_{44})} \tag{2-42}$$

式中，ρ 为页岩密度，kg/m³；$V_p(90°)$ 表示平行页理面方向传播的纵波速度，m/s；$V_{\text{Sh}}(90°)$ 表示振动方向平行于页理，且沿着平行页理面方向传播的横波速度，m/s；V_p

（0°）表示垂直页理面方向传播的纵波速度，m/s；V_{Sh}（0°）表示振动方向平行于页理，且沿垂直于页理方向传播的横波速度，m/s；V_p（45°）表示与页理面方向成45°传播的纵波速度，m/s。

Thomsen（1986）提出以下参数描述页岩的各向异性程度。

$$\varepsilon = \frac{C_{11} - C_{33}}{2C_{33}} \tag{2-43}$$

$$\gamma = \frac{C_{66} - C_{44}}{2C_{44}} \tag{2-44}$$

$$\delta = \frac{(C_{13} + C_{44})^2 - (C_{33} - C_{44})^2}{2C_{33}(C_{33} - C_{44})} \tag{2-45}$$

式中，ε、γ 和 δ 为页岩各向异向系数，无量纲。

在图 2-7 中，向上的单箭头代表弹性波传播方向，岩样中的虚线表示页理面。以垂直于水平页理的方向作为对称轴，0°表示的波的传播方向与对称轴方向平行（垂直于页理）；90°表示波的传播方向与对称轴方向垂直（平行于页理）；45°表示波的传播方向与对称轴方向成45°夹角。

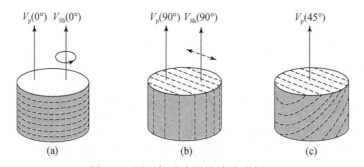

图 2-7　页理与波速测量关系示意图

（a）垂直页理钻取的样品；（b）平行页理钻取的样品；（c）与页理成45°钻取的样品

在各物理量的下标中，下标 p 表示纵波，下标 S 表示横波，下标 h 表示横波的振动方向平行页理。

2.2.3　页岩水平井力学参数计算方法

如果采用偶极声波（DSI）测井仪（例如 Schlumberger 的新一代声波扫描测井 Sonic Scanner），在水平井的测井中，偶极声波（DSI）测井仪可以直接测量 V_p（90°）、V_{Sh}（90°）和 V_{Sh}（0°）。如表2-8 所示，因为偶极声波测井只能测量 3 种声波速度，但是 VTI 特征中有5 个刚度系数，所以需要在测井解释中引入辅助模型。其中，最有代表性的是 ANNIE 模型。

表 2-8　偶极声波计算刚度系数公式汇总表

刚度系数	直井	水平井
C_{11}	辅助模型计算	ρV_p^2

续表

刚度系数	直井	水平井
C_{13}	辅助模型计算	辅助模型计算
C_{33}	ρV_p^2	辅助模型计算
C_{44}	$\rho V_{S\_slow}^2 = \rho V_{S\_fast}^2$	$\rho V_{S\_slow}^2 = \rho V_{Sh}^2\ (0°)$
C_{66}	$\rho V_{Stoneley}^2$	$\rho V_{S\_fast}^2 = \rho V_{Sh}^2\ (90°)$

1. 水平井 ANNIE 模型

水平井 VTI 特征中固有的关系式:

$$C_{12} = C_{11} - 2C_{66} \tag{2-46}$$

Thomsen (1986) 根据岩心实测结果,认为 Thomsen 系数 $\delta = 0$,提出了 ANNIE 方法。ANNIE 引入两个方程:

$$C_{13} = C_{12} \tag{2-47}$$
$$C_{33} = C_{13} + 2C_{44} \tag{2-48}$$

2. 水平井改进 ANNIE 模型

根据 ANNIE 方法计算的 $v_{ert} \geqslant v_{horz}$,但是在页岩气层的实际测试结果中 $v_{horz} > 2v_{ert}$,计算值和实测值有较大误差。Quirein 等 (2014) 根据岩心实测结果,针对 ANNIE 方法提出了两个修正系数 K_1 和 K_2。这两个参数是页岩气层的区域常数,可以根据室内岩样试验结果确定。

$$C_{13} = K_1 C_{12} \tag{2-49}$$
$$C_{33} = K_2 (C_{13} + 2C_{44}) \tag{2-50}$$

式中,K_1 为区域常数,缺省为 1;K_2 为区域常数,缺省为 1。

2.2.4　页岩直井力学参数计算方法

在直井的测井中,偶极声波 (DSI) 测井仪可以直接测量纵波速度、斯通莱波速度和横波速度。斯通莱波速度可以替代 V_{Sh} (90°)。

1. 直井 ANNIE 模型

直井 VTI 特征中固有的关系式:

$$C_{11} = C_{12} + 2C_{66} \tag{2-51}$$

Thomsen (1986) 根据岩心实测结果,认为 Thomsen 系数 $\delta = 0$,提出了 ANNIE 方法,包括两个关系式:

$$C_{12} = C_{13} \tag{2-52}$$
$$C_{13} = C_{33} - 2C_{44} \tag{2-53}$$

2. 直井改进 ANNIE 模型

根据 ANNIE 方法计算的 $v_{ert} \geqslant v_{horz}$,但是页岩储层岩样实际测试的 $v_{horz} > 2v_{ert}$,计算值和

实测值有较大误差。Quirein 等（2014）根据岩心实测结果，针对 ANNIE 方法提出了两个修正系数 K_1 和 K_2。这两个参数是页岩气层的区域常数，可以根据室内岩样试验结果确定。

$$C_{12} = \frac{1}{K_1} C_{13} \tag{2-54}$$

$$C_{13} = \frac{1}{K_2} C_{33} - 2C_{44} \tag{2-55}$$

式中，K_1 为区域常数，缺省为 1；K_2 为区域常数，缺省为 1。

2.3　元素测井解释

2.3.1　脉冲中子测试理论基础

脉冲中子采用加速中子源，以一定的脉冲宽度和时序发射能量为 14.1MeV 的快中子。经非弹性散射、弹性散射和俘获辐射，产生超热中子、热中子和次生伽马射线。仪器的 BGO 晶体探测器可以探测并记录非弹性散射伽马能谱和俘获伽马能谱。利用探测器探测到的自然伽马能谱，可得到 K、Th、U 元素的含量；非弹性散射伽马能谱经过解谱处理得到 Si、Mg、Al、C 元素的含量；俘获伽马能谱经过解谱处理得到 Ca、Si、S、Fe、Ti、Gd、Mn 元素的含量。

地层中岩石由不同的矿物所组成。每种矿物（如石英、方解石、白云石等）均有固定的元素成分。脉冲中子测井所测量的主要元素包括 Si、Ca、Fe、S、Ti、Gd 等。其中，Si 主要与石英关系密切；Ca 与方解石和白云石密切相关；利用 S 和 Ca 可计算石膏的含量；Fe 与黄铁矿和菱铁矿等有关；Al 与黏土矿物（高岭石、伊利石、蒙脱石、绿泥石、海绿石等）含量密切相关，Al 与 Si、Ca、Fe 有非常好的相关性，因此，脉冲中子测井通过 Si、Ca、Fe 等元素计算黏土矿物含量；Ti 与黏土矿物的含量有关；Gd 的中子俘获截面非常大，远大于其他元素的俘获截面，Gd 又与黏土矿物和一些重矿物的含量有一定关系，通过 Gd 的测量可准确计算其他元素的含量。

1. 快中子非弹性散射伽马能谱

脉冲中子测井时，中子源向地层发射高能快中子。当发射的中子能量 E_n 满足下式时，C、O、Si、Ca、Fe 等元素的原子核与地层中的快中子发生非弹性散射（图 2-8）。非弹性散射的探测深度是约 8 1/2in。

$$E_n \geq E_\gamma \frac{m_A + m_n}{m_A} \tag{2-56}$$

式中，E_γ 为靶核最低激发能级的能量；m_A、m_B 为靶核和入射中子的静止能量。

发生非弹性散射时，一部分能量被散射中子带走，另一部分能量转变为原子核的激发能，使原子核处于激发态。激发态的核不稳定，在很短时间内发射出光子，释放出多余的能量。例如发射的中子打到碳原子核上发生非弹性散射。

$$n_0^1 + C_6^{12} \rightarrow C_6^{13+}（激发态的碳原子核）\rightarrow n_0^1 + C_6^{12} + \gamma（4.43\text{MeV}）\tag{2-57}$$

经过一两次的非弹性碰撞后，中子能量不足以发生非弹性碰撞，进一步慢化。

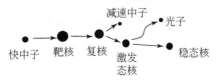

图 2-8　快中子非弹性散射过程示意图

2. 热中子俘获伽马能谱

快中子经多次的非弹性散射和弹性散射后，能量逐渐降低，慢化成热中子。如图 2-9 所示，靶核俘获热中子后变为激发态的复核，继而释放一个或多个 γ 光子，并由激发态退回到基态，这种 γ 射线称为热中子俘获伽马射线。元素种类不同，其原子核能级也不同，各种原子核释放的 γ 射线主要由 H、Si、Ca、S、Fe、Ti 和 Gd 等元素的原子核与热中子发生的俘获反应而生成。热中子俘获的探测深度约 21in。

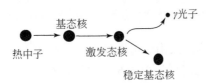

图 2-9　热中子俘获反应过程示意图

如图 2-10 所示，如果中子源的脉冲频率是 10000Hz，非弹性散射/俘获的时窗为 100μs。在中子发射后的 10~40μs，测得非弹性散射伽马能谱；在 50~100μs，测得俘获伽马能谱。

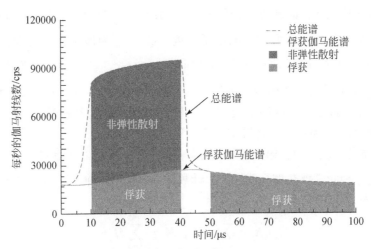

图 2-10　能谱探测时序示意图（据 Pemper et al.，2006）

3. 俘获伽马能谱理论基础

在所研究的体积内，发射的光子总数等于各元素的原子核分别发射的光子数的总和。

所以，地层实测的伽马能谱是地层中所有元素伽马能谱的叠加。实测的伽马能谱，是以多道脉冲幅度分析器的形式记录的，即横坐标为道址，纵坐标为计数率。由于道址与能量存在线性关系，能谱也可以用另一种表示方法，即纵坐标为计数率、横坐标为能量（图 2-11）。

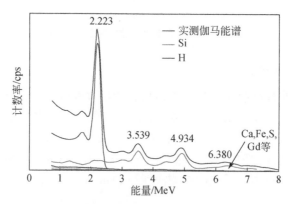

图 2-11　某地层段的实测俘获伽马能谱（据 Pemper *et al.*，2009）

为了解谱的需要，解谱算法采用多道脉冲幅度分析器的记录形式，采用道址（不采用能量）作为横坐标，一般把能谱划分为 256 个道址。在某一测井深度段，假设某一地层共有 m 种元素，第 j 种元素在第 i 道记录的平均计数率 $\overline{CR_{ij}}$ 可用下式表征：

$$\overline{CR_{ij}} = E_j I_n \ (\rho_b \ \overline{\Phi_n} \ \overline{\Omega} \ \overline{V}) \ N_A \ \frac{\sigma_j M_{ij}}{A_j}$$

$$i = 1,\ 2,\ 3,\ \cdots,\ 256 \quad j = 1,\ 2,\ 3,\ \cdots,\ m \tag{2-58}$$

式中，$\overline{CR_{ij}}$ 为第 j 种元素在记录的第 i 道的平均计数率；E_j 为第 j 种元素在该地层段中的质量百分比含量，%；I_n 为中子源发射的中子强度，s^{-1}；ρ_b 为地层体积密度，g/cm^3；$\overline{\Phi_n}$ 为单位中子源中子强度在地层的平均有效中子通量，$(1/cm^2 \cdot s) \ /s^{-1}$；$\overline{\Omega}$ 为仪器探测器晶体的立体角份额；$\overline{V}$ 为平均有效体积，cm^3；N_A 为阿伏伽德罗常数；σ_j 为第 j 种元素的热中子俘获截面面积，cm^2；M_{ij} 为第 j 种元素俘获伽马射线的传输和被第 i 道探测的效率，%；A_j 为第 j 种元素的原子量；m 为地层中元素的种类数。

在 256 道伽马射线谱中，第 1 道往往是计数时间，i 是从 2 开始的。

令 $\overline{CR_j}$ 为第 j 种元素俘获伽马能谱的总计数率，M_j 为第 j 种元素俘获伽马射线的传输和探测总效率，得

$$\overline{CR_j} = \sum_{i=2}^{256} \overline{CR_{ij}}, \ M_j = \sum_{i=2}^{256} M_{ij} \tag{2-59}$$

在该地层段，所有元素（共有 m 种元素）对实测的俘获伽马谱的总贡献（即总计数率）$\overline{CR_t}$ 为

$$\overline{CR_t} = \sum_{j=1}^{m} \overline{CR_j} \tag{2-60}$$

定义第 j 种元素对实测俘获伽马能谱的贡献份额称为产额 Y_j，即

$$Y_j = \frac{\overline{CR_j}}{\overline{CR_t}} = E_j I_n \frac{(\rho_b \overline{\Phi_n} \overline{\Omega} \overline{V})}{\overline{CR_t}} N_A \frac{\sigma_j M_j}{A_j} \tag{2-61}$$

令

$$S_j = N_A \frac{\sigma_j M_j}{A_j} \tag{2-62}$$

$$\frac{1}{F} = I_n \frac{(\rho_b \overline{\Phi_n} \overline{\Omega} \overline{V})}{\overline{CR_t}} \tag{2-63}$$

式中，Y_j 第 j 种元素对实测俘获伽马能谱的贡献份额，即相对产额；S_j 表征第 j 种元素俘获伽马射线的探测灵敏度；F 为一个与元素无关的量，但在不同地层其值是不一样的。

式（2-61）可简化为

$$Y_j = E_j \frac{S_j}{F} \tag{2-64}$$

式（2-64）是确定地层元素质量百分比含量的基本理论公式。

在实际中，探测灵敏度常采用相对灵敏度。如定义硅元素的相对灵敏度为 1，其他元素的相对灵敏度是相对硅而言的。根据式（2-62），灵敏度因子只与元素种类和探测系统有关，和地层的情况无关。S_j 是可以在实验室确定的仪器常数。

F 是一个非常复杂的函数，它不仅与井眼和地层环境的几何与物理参数有关，而且与中子源强度有着直接的关系。由于仪器的中子源强度是有统计起伏变化的，因此不可能直接用式（2-63）准确计算 F 值。F 是一个随地层深度而变化的量。在后面的章节中，可以根据闭合模型，在每一深度计算相应的一个地层因子 F。

2.3.2　解释原理与分析方法

元素俘获伽马能谱测井不受井眼条件的影响，既可以在裸眼井中测量，又可在套管井中测量。经过能谱分析处理得到 Si、Ca、S、Fe、Cl、Cr、Ti、Gd 等元素的相对产额，再由氧化物闭合模型得到元素的干重。进而由各种元素百分含量推算出黏土矿物、碳酸盐岩矿物、石膏、长石类、石英、云母以及赤铁矿的百分比。

1. 元素相对产额的确定

实测的能谱是各元素伽马能谱的叠加。用各元素的标准能谱做刻度，对总能谱进行解谱，得到各种元素在解释层段的相对产额，即地层中元素的相对含量。

对能谱进行解谱，计算产额的步骤如图 2-12 所示。

（1）对模拟混合地层伽马能谱数据进行谱形校正和归一化处理，达到可以准确进行解谱计算的条件。

在实际的地层元素类测井中，受地层温度变化和仪器不稳定性等因素影响，实测俘获谱峰常常发生偏移。稳谱的相关措施常常改变测量系统的增益。温度越高，能量分辨率就会变差，峰形就会变宽。测得的混合地层元素俘获伽马能谱（简称复合俘获谱）与标准能

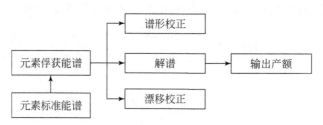

图 2-12　元素俘获伽马能谱的相对产额计算流程

谱（能量和分辨率刻度不同）对照解谱，结果的可信度不高。因此必须在解谱之前对谱进行校正。主要做谱漂移校正，其次为谱形校正。

（2）选取一套地层元素的标准伽马能谱，作为解谱计算的依据。

脉冲中子测井可以测量 20 多种元素的含量，但一般测量的是 Si、Ca、S、Fe、Cl、Cr、Ti、Gd 8 种主要元素的含量。其中的常量元素为 Si、Ca、S，微量元素为 Fe、Cl、Cr、Ti，稀土元素为 Gd。如图 2-13 ~ 图 2-15 所示，每种元素都具有不同的标准谱（自然伽马标准能谱、俘获伽马标准能谱、非弹性散射伽马标准能谱）。元素的标准能谱称为地层元素的"指纹"，它们的准确性很重要。

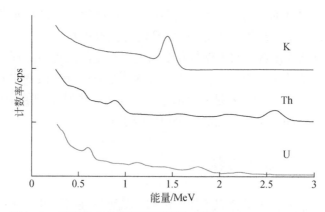

图 2-13　元素的自然伽马标准能谱（据 Pemper *et al.*，2006）

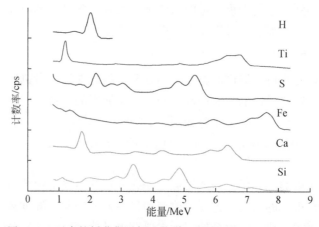

图 2-14　元素的俘获伽马标准能谱（据 Pemper *et al.*，2006）

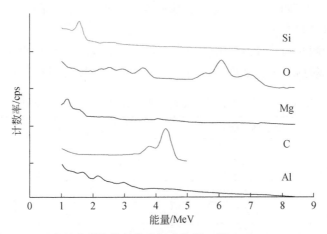

图 2-15　元素的非弹性散射伽马标准能谱（据 Pemper *et al.* , 2006）

（3）选取一套合适的高精度解谱计算方法，进行各元素相对产额的分析求取。

测量的伽马能谱第 i 道的计数 x_i 为

$$x_i = \sum_{j=1}^{m} a_{ij} Y_j + \varepsilon_i \tag{2-65}$$

式中，x_i 为第 i 道记录的记数，共 n 道；a_{ij} 为第 j 个元素的标准谱，即第 j 种元素对第 i 道计数率的响应系数；Y_j 为第 j 种元素的相对产额；ε_i 为相对误差。

写成矩阵形式，为

$$X = A \cdot Y + E \tag{2-66}$$

上式可以表示为求解 n 个线性方程 m 个未知数的线性方程组问题，$n \geqslant m$。利用最小二乘法，使误差的平方和 ε_i 最小，求得元素含量的最佳值，令

$$R = \sum_{i=1}^{n} \varepsilon_i^2 = \sum_{i=1}^{n} \left(x_i - \sum_{j=1}^{m} a_{ij} Y_j \right)^2 \tag{2-67}$$

为提高求解结果的精度，需要在相对产额求解的过程中采用加权的方法，引入 W 作为加权系数矩阵：

$$R = \sum_{i=1}^{n} W_i \varepsilon_i^2 = \sum_{i=1}^{n} W_i \left(x_i - \sum_{j=1}^{m} a_{ij} Y_j \right)^2 \tag{2-68}$$

对 Y_j 的偏导数为零，可得到的元素相对产额最优解为

$$Y = (A^{\mathrm{T}} \cdot W \cdot A)^{-1} \cdot (A^{\mathrm{T}} \cdot W \cdot X) \tag{2-69}$$

2. 元素相对产额向元素含量转换

元素的相对产额只能反映元素对实测能谱的贡献，需要将元素的相对产额转换成元素绝对含量百分数。由式（2-64）变形得

$$E_j = F \frac{Y_j}{S_j} \tag{2-70}$$

式中，E_j 为第 j 种元素的重量含量；Y_j 为第 j 种元素在伽马谱中的相对产额；S_j 为 j 种元素的相对灵敏度因子；F 为随深度而变化的归一化因子。

确定 F 时，应满足闭合归一化模型的基本条件，即在待分析的地层中，各种元素的重量百分含量 E_j 之和应该是 1。

由于脉冲中子测井测井仪测量的范围是有限的，对地层中元素的探测具有局限性，并不能将所有元素都囊括其中，如中子辐射俘获时，不能够探测到 C、O（表 2-9）。

表 2-9　三种伽马能谱表征的元素（据 Pemper *et al.*，2006）

元素	俘获伽马能谱	非弹性散射伽马能谱	自然伽马能谱
Al	√	√	
Ca	√	√	
C		√	
Cl	√		
Gd	√		
H	√		
Fe	√	√	
Mg	√	√	
Mn	√		
O		√	
K	√		√
Si	√	√	
Na	√		
S	√	√	
Th			√
Ti	√	√	
U			√

俘获伽马能谱不能确定 C、O。因此，元素的闭合模型条件难以满足，即 $\sum E_j \neq 1$。俘获伽马能谱中：

$$\sum E_j + W_C + W_O = 1 \tag{2-71}$$

式中，W_C、W_O 分别为 C、O 元素的含量。

斯伦贝谢公司在没有 C 和 O 的情况下，采用了一个近似闭合模型，认为地层中各种元素主要是以氧化物和碳酸盐矿物的形式存在（图 2-16）。氧化物闭合模型（oxides closure model）将俘获伽马射线谱所能确定的元素转换成氧化物或碳酸盐矿物，设定元素的氧化物或者碳酸盐的质量百分含量的和为 1。

氧化物闭合模型：

$$F \sum X_j \frac{Y_j}{S_j} = 1 \tag{2-72}$$

式中，F 为闭合刻度因子（在每个深度的地层中都应计算）；X_j 为第 j 种元素的氧化物指数，即氧化物质量与元素质量的比值（表 2-10）；Y_j 为测量的伽马能谱中第 j 种元素的百

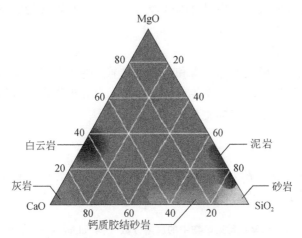

图 2-16　根据氧化物组成划分岩石类别的三端元方法

分含量，即相对产额；S_j 为元素 j 的灵敏度因子。

在所测得的元素中，S 和 Fe 的处理有所不同，它们在地层中以 FeS、Fe_2O_3 等多种形式存在。采用合理的归一化因子 F 后，应满足闭合条件，即所有元素的重量百分含量之和为 1。每一个深度点上，由式（2-72）求得 F 值。

表 2-10　氧化物闭合模型中的氧化物指数（据 Pemper *et al.*，2006）

元素	氧化物	氧化物指数
Si	SiO_2	2.139
Ca	$CaCO_3$	2.497
	CaO	1.399
Al	Al_2O_3	1.899
Ti	TiO_2	1.668
K	K_2O	1.205
Fe	FeO	1.287
	Fe_2O_3	1.43
	$FeCO_3$	2.075
S	$CaSO_4$	1.125
	FeS	0.064
Na	Na_2O	1.348

3. 元素含量向矿物含量转换

（1）确定矿物类别

在确定主要矿物组分时，一般是利用数理统计方法（主成分分析法），选取 4 种或 6 种因子成分大的矿物，作为该区的主要矿物类型。

但是，主成分分析方法受解释人员的主观认识影响，可能造成元素测井解释的矿物类型与岩心分析结果差异较大。矿物组合的选择对解释结果有直接的影响，故有必要根据岩石薄片资料对所选矿物组分进行校正。

（2）元素和矿物的转换

建立矿物闭合模型，确定所选元素和矿物的转换关系。Schlumberger 公司 Herron 采用数理统计中的因子分析法对取自世界各地的岩心的元素和矿物资料进行分析研究，归纳出元素与矿物含量的转换关系，转换关系如下

$$E_j = \sum_{i}^{n} C_{ji} M_i \tag{2-73}$$

式中，$j=1$，2，3，$\cdots$，m；E_j 为第 j 种元素（共 m 种）的含量；M_i 为第 i 种矿物（共 n 种）的含量；转换系数 C_{ji} 为第 i 种矿物中第 j 种元素的含量。转换系数取值见表 2-11。

表 2-11　元素在常见矿物中的质量分数（据 Schlumberger，1989）

矿物	Si/%	Ca/%	Fe/%	S/%	K/%	Al/%	Mg/%	Ti/%	Cd/ppm	Th/ppm
石英	46.75	0.1	0	0	0	0	0	0	0	0
方解石	0.2	39.4	0.10	0	0	0.1	0.2	0	0.5	0
白云石	0.6	21.6	0.30	0.1	0	0.1	12.3	0	1.3	0.1
正长石	30	0.1	0.1	0	10.2	9.9	0.1	0	0.3	1.1
钠长石	30	2.3	0.1	0	0.5	11.8	0.1	0	0.2	0
硬石膏	0	29.44	0	23.55	0	0	0	0	0	0
石膏	0	23.28	0	18.62	0	0	0	0	0	0
黄铁矿	0	0	46.55	53.45	0	0	0	0	0	0
菱铁矿	0.4	0.28	39.98	0	0	0.7	3.01	0	0.5	0.4
白云母	21.16	0.1	1.3	0	7.8	19.1	0.1	0	0	0
黑云母	18.2	0.2	13.56	0	7.2	6.03	7.72	1.48	0.2	1.5
海绿石	23.09	0.49	15.52	0	5.94	4.35	2.1	0.09	4.2	3
高岭石	20.8	0.1	0.4	0	0.1	20.4	0.1	1.1	4.3	19.3
绿泥石	14	0.7	20.8	0	0.4	9.6	4.8	1.3	4.8	11.4
（分选差）	13	0.2	16.28	0	0.03	9.58	12.1	0	—	—
伊利石	24.8	0.5	4.8	0	4.5	10.5	1.2	0.5	3.7	12.3
（分选好）	24.4	0.36	3.9	0	5.5	14.2	1.69	0.3	—	—
蒙脱石	26.4	1.4	2	0	0.66	9.1	2.2	0.1	7.8	26

解矩阵方程，得出地层元素对应矿物的含量。

4. 地层元素测井的计算步骤总结

孔隙中的流体主要由 C、H 和 O 元素组成，元素俘获测井不能反映地层孔隙中的流体。如果元素测井不解释 C 含量，也不能反映骨架中干酪根的含量。元素测井的解释精度不但受地层温度、井眼状况的综合影响，而且受矿物分子式准确性的影响（如由于离子取代作用，蒙脱石常具有不同的分子式）。元素测井的解释步骤是：①基于元素标准能谱，

根据某一地层段测量的能谱，基于式（2-69）解出相对产额；②根据相对产额、相对灵敏度因子和氧化物指数，基于式（2-72）的氧化物闭合模型，求解出该段地层的地层因子 F；③在已知相对产额、相对灵敏度因子、地层因子 F 的情况下，根据式（2-70），将元素的相对产额转换成元素绝对含量百分数；④确定矿物类别。基于矿物闭合模型，根据式（2-73），把元素绝对含量转换为矿物含量。

2.4　核磁共振测井解释

在页岩气储层中，很难准确分析矿物组成、干酪根含量和黏土矿物性质，所以常规测井（密度，声波时差等）计算孔隙度和有机质含量的难度很大。从理论而言，核磁共振技术适用于非常规储层的孔隙度计算。然而，在孔隙度低的情况下，甲烷会对 NMR 孔隙度的准确性产生不利影响。在使用这种技术时，应注意甲烷含量对 NMR 的影响。Coates 等（1999）和肖立志等（2015）在这方面已经做了大量研究工作。在核磁共振测井解释中，不仅应考虑井眼扩径（即井壁的完好程度）的影响，还应考虑泥浆滤液及其侵入深度的影响。

2.4.1　NMR 理论基础

1. NMR 基本概念

NMR 探测氢质子在磁场中相互作用引起的弛豫信号（Coates *et al.*，1999）。有两个物理量可用来描述核（在岩石核磁共振中指氢核）自旋信号的弛豫特征：纵向弛豫时间 T_1 和横向弛豫时间 T_2。

$$\frac{1}{T_1} = \frac{1}{T_{1b}} + \frac{1}{T_{1s}}$$
$$= \frac{1}{T_{1b}} + \rho_1 \left(\frac{S}{V} \right) \tag{2-74}$$

式中，T_{1b} 为流体的纵向弛豫时间，ms；ρ_1 为孔隙的纵向表面弛豫率，$\mu m/ms$；S 为孔隙的表面积，μm^2；V 为孔隙的体积，μm^3。

由于 T_1 的测量时间很长，所以在岩石核磁共振中一般测量 T_2。由 NMR 弛豫机制可知，观测到的横向弛豫时间 T_2 包括表面弛豫、体弛豫和扩散弛豫。

$$\frac{1}{T_2} = \frac{1}{T_{2b}} + \frac{1}{T_{2s}} + \frac{1}{T_{2d}} \tag{2-75}$$

式中，T_{2b} 为流体的横向弛豫时间，ms；T_{2s} 为孔隙表面的横向弛豫时间，ms；T_{2d} 为扩散的横向弛豫时间，ms。

在均匀磁场（磁场梯度为 0）中，扩散弛豫 T_{2d} 可忽略不计，上式简化为

$$\frac{1}{T_2} = \frac{1}{T_{2b}} + \frac{1}{T_{2s}} \tag{2-76}$$

1）表面弛豫

表面弛豫是孔隙中的流体分子与固体颗粒表面不断碰撞造成能量衰减的过程。

$$\frac{1}{T_{2s}} = \rho_2 \left(\frac{S}{V} \right) \tag{2-77}$$

式中，S 为孔隙的表面积，μm^2；V 为孔隙的体积，μm^3；ρ_2 为孔隙的横向表面弛豫率，$\mu m / ms$。

对于水润湿的岩石孔隙表面，油气都是非润湿相，不和孔隙表面接触，不发生表面弛豫。

岩石孔隙的表面弛豫率受岩石矿物影响。一般碎屑岩的表面弛豫率大于碳酸盐岩。如果岩石中含有铁磁矿物，如绿泥石和赤铁矿，会加速 T_2 的衰减。

2）扩散弛豫

在梯度磁场中，分子扩散引起的增强横向弛豫速率称为扩散弛豫。

$$\frac{1}{T_{2d}} = \frac{D \gamma^2 G^2 T_E^2}{12} \tag{2-78}$$

式中，D 为流体的扩散系数，cm^2/s；γ 为氢质子的旋磁比，G 为磁场梯度，$10^{-4} T/cm$；T_E 为回波间隔，ms。

3）流体弛豫

除表面弛豫和扩散表面弛豫外，流体本身还会发生弛豫，也称体弛豫。它由流体的物理性质（黏度、化学成分等）决定，同时还受温度、压力等环境因素的影响。对于水润湿的岩石孔隙，油气（非润湿相）没有表面弛豫，这时流体弛豫就很重要。

$$水：T_{2b} = 3 \frac{Temp}{298 \eta}$$

$$油：T_{2b} = 0.00713 \frac{Temp}{\eta} \tag{2-79}$$

$$气：T_{2b} = 2.5 \times 10^4 \ (Rhob_g / Temp^{1.17})$$

式中，$Temp$ 为地层温度，K；η 为流体黏度，cP[①]；$Rhob_g$ 为天然气密度，g/cm^3。

2. 流体的 NMR 性质

水、轻质油和天然气的核磁共振性质对比见表 2-12。

表 2-12　地层流体核磁共振参数（据 Coates et al., 1999）

流体类型	T_1/ms	T_2/ms	T_1/T_2	HI	$D/(10^{-5} cm^2/s)$
盐水	1 ~ 500	1 ~ 500	1 ~ 2	1	1.8 ~ 7
油	3000 ~ 4000	300 ~ 1000	1 ~ 4	1	0.0015 ~ 7.6
气	4000 ~ 5000	30 ~ 60	80	0.2 ~ 0.4	80 ~ 100

表 2-12 的测试条件是：温度 93℃，压力 31MPa，地层条件下原油黏度 0.2mPa·s，盐

---

① 1cP = 1×10^{-3} Pa。

水的矿化度 0.12，磁场梯度为 1.7mT/cm，回波间隔 1.2ms。

$$含氢指数：HI = \frac{样品中的\,H\,原子总数}{相同体积纯水中的\,H\,原子总数}$$

由表 2-12 可见：①轻质油与天然气的纵向弛豫时间 T_1 相近，而横向弛豫时间 T_2 相差很大；②水和油的扩散系数 D、横向弛豫时间 T_2 都相近，而纵向弛豫时间 T_1 相差很大；③天然气主要由甲烷组成，含少量较轻的烷烃和惰性成分，其含氢指数比较低，与温度及压力直接相关，尽管其含氢指数远小于水，但仍可以被仪器探测。

根据孔隙中流体的差异，基于式（2-74）～式（2-78），得表 2-13：

表 2-13　储层（含不同流体）核磁共振参数理论计算公式（据 Coates *et al.*，1999）

流体	T_1/ms	T_2/ms	$D/(\mathrm{cm^2/s})$	HI
水	$\dfrac{1}{\left(3\times\dfrac{Temp}{298\eta}\right)^{-1}+\rho_1\left(\dfrac{S}{V}\right)}$	$\dfrac{1}{\left(3\times\dfrac{Temp}{298\eta}\right)^{-1}+D_w\dfrac{(\gamma GT_E)^2}{12}+\rho_2\left(\dfrac{S}{V}\right)}$	$1.2\times\dfrac{Temp}{298\eta}\times10^{-5}$	1
油	$0.00713\times\dfrac{Temp}{\eta}$	$\dfrac{1}{\left(0.00713\times\dfrac{Temp}{\eta}\right)^{-1}+D_o\dfrac{(\gamma GT_E)^2}{12}}$	$1.3\times\dfrac{Temp}{298\eta}\times10^{-5}$	1
气	$2.5\times10^4\,\dfrac{Rhob_g}{Temp^{1.17}}$	$\dfrac{1}{\left[2.5\times10^4\left(\dfrac{Rhob_g}{Temp^{1.17}}\right)\right]^{-1}+D_g\dfrac{(\gamma GT_E)^2}{12}}$	$8.5\times\dfrac{Temp^{0.9}}{Rhob_g}\times10^{-7}$	$2.25Rhob_g$

表 2-13 中，$Temp$ 为地层温度，K；η 为流体黏度，cp；$Rhob_g$ 为天然气密度，$\mathrm{g/cm^3}$。γ 为氢质子的旋磁比，$2\times\pi\times42.58\times10^6\,\mathrm{Hz/T}$；$G$ 为磁场梯度，$10^{-4}\,\mathrm{T/cm}$；T_E 为回波间隔，ms。

在地层孔隙中，有效扩散系数 $D(t)$ 是时间的函数，取决于自由流体扩散系数 D_0 的大小和孔隙空间对它的限制。当扩散时间趋于无限时，$D(t)$ 与自由流体扩散系数（D_0）之比约等于曲折度的倒数：

$$D(t) = D_0\left(1-\frac{4}{9\sqrt{\pi}}\frac{S}{V}\sqrt{D_0 t}\right)$$

$$\lim_{t\to\infty}D(t) = \frac{D_0}{F\phi} \tag{2-80}$$

式中，S 为孔隙表面积，$\mathrm{m^2}$；V 为孔隙体积，$\mathrm{m^3}$；r 为孔隙半径，m；F 是阿尔奇公式中的地层因素。

2.4.2　核磁孔隙度测试与分析

1. 核磁孔隙度的观测模式

在核磁孔隙度观测模式，有两种方法测试极化后幅度随时间衰减的自旋回波串（图 2-17）：完全极化（A 组）的回波串和部分极化（PR06 组）的回波串。在完全极化后，得到的回波串中包括毛管束缚水和自由流体的信号。在部分极化后，得到的仅是黏土束缚水的信号。

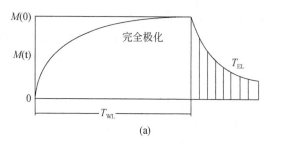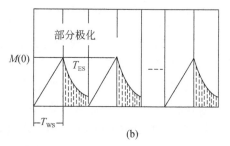

图 2-17　核磁孔隙度观测模式

（a）完本极化（A 组）；（b）部分极化（PR06）组

完全极化的 A 组回波串采集参数为：长等待时间 T_{WL} 预先设计为 8s、9.5s、12s 可供选择；长回波间隔 $T_{EL} = 1.2ms$ 或 0.9ms；回波个数 NE = 400 或 500。

部分极化的 PR06 组回波串采集参数为：短等待时间 $T_{WS} = 20ms$；短回波间隔 $T_{ES} = 0.6ms$；回波个数 NE = 10；累加次数 NS = 50。部分极化时测量得到 50 个回波串，每个回波串由 10 个回波组成。前两个回波串用来稳定测井仪器，不参与孔隙度计算，其他 48 个回波串累加并取平均，用于黏土束缚水孔隙度的计算。

2. T_2 谱与孔径分布关系

毛管压力与毛管半径之间的关系为

$$P_c = (2\sigma\cos\theta) / r \tag{2-81}$$

式中 P_c 为毛管压力，MPa；σ 为流体界面张力，dyn[①]/cm；θ 为润湿接触角，°；r 为孔喉半径，μm。

当水润湿的岩石（亲水岩石）完全含水时，水的体弛豫时间要比表面弛豫时间大得多，体弛豫分量 $\left(\dfrac{1}{T_{2b}}\right)$ 可忽略。根据式（2-76），T_2 与孔径 r 的关系式为

$$\frac{1}{T_2} = \frac{1}{T_{2S}} = \rho_2\left(\frac{S}{V}\right) = F_s\frac{\rho_2}{r} \tag{2-82}$$

式中 F_s 称为几何形状因子，对球状孔隙，$F_s = 3$；对柱状管道，$F_s = 2$。

从式（2-82）可得一个重要的结论：在完全含水的情况下，不同的弛豫时间 T_2 对应不同的孔隙半径 r。大孔隙的弛豫时间长，小孔隙的弛豫时间短。毛管束缚水的 T_2 截止值见图 2-18。

联立式（2-81）和式（2-82），得

$$P_c = C\frac{1}{T_2} \tag{2-83}$$

式中，$C = 2\sigma\cos\theta / (\rho_2 \times F_s)$，称为转换系数，可通过岩样的毛管压力曲线和 NMR 联测获得。

---

① 1dyn = 1×10⁻⁵N。

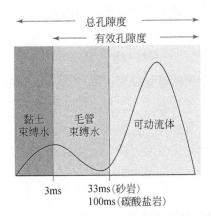

图 2-18　在常规水润湿砂岩（轻质油）的 T_2 截止值

3. 核磁孔隙度测试的处理与分析

极化后，核磁共振测试得到的原始数据是幅度随时间呈指数衰减的自旋回波串（图 2-19）。在 NMR 数据处理过程中，最重要的问题是从回波串反演得到 T_2 分布。这一步称为回波拟合或反演。

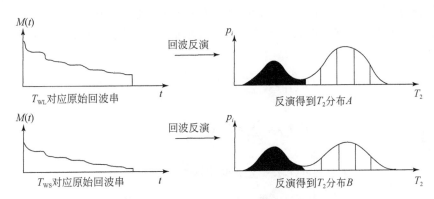

图 2-19　回波串反演 T_2 分布的示意图

在水润湿的岩石（亲水岩石）完全饱和水时，进行如下分析：

1）单一孔隙

对某一孔隙半径等于 r_i 的孔隙，其磁化强度随时间 t 增加呈单指数衰减：

$$M(t) = \mathrm{HI_w} \phi_i S_{wi} e^{\frac{-t}{T_{2i}}} \tag{2-84}$$

式中，ϕ_i 是半径等于 r_i 的孔隙的孔隙度；含水饱和度 $S_{wi}=1$；$\mathrm{HI_w}$ 为水的含氢指数；T_{2i} 为半径等于 r_i 的含水孔隙的横向弛豫时间。

式（2-84）简记为

$$M(t) = M_{0i} e^{\frac{-t}{T_{2i}}} \tag{2-85}$$

2）岩样的孔隙系统

因为岩样的孔隙系统是不同大小半径的孔隙组成的，岩石核磁共振测得的总磁化强度信号是一系列不同大小的含水孔隙的磁化强度信号的叠加。由式（2-85），得 $M(t)$ 的多指数衰减表达式：

$$M(t) = \sum M_{0i}e^{\frac{-t}{T_{2i}}} \tag{2-86}$$

式中，$M(t)$ 为 t 时刻仪器记录的磁化强度；M_{0i} 为第 i 种孔隙（半径等于 r_i）在 0 时刻的磁化强度；T_{2i} 为第 i 种孔隙（半径等于 r_i）对应的横向弛豫时间。

$$M(0) = \sum M_{0i} = \sum \text{HI}_w\phi_iS_{wi} \tag{2-87}$$

式中，$M(0)$ 为 0 时刻岩样的磁化强度；含水饱和度 $S_{wi}=1$；HI_w 为水的含氢指数（取 1）。

$$p_i = \frac{M_{0i}}{\sum M_{0i}} = \frac{M_{0i}}{M(0)} \tag{2-88}$$

式中，p_i 的值等于第 i 种孔隙的体积在总孔隙体积中所占的比例，$\sum p_i = 1$。

把式（2-88）代入式（2-86），得

$$M(t) = \sum p_iM(0)e^{\frac{-t}{T_{2i}}}, \quad \sum p_i = 1 \tag{2-89}$$

岩石核磁共振中测得的总磁化强度信号 $M(t)$ 是由一系列大小不等的孔隙的磁化强度信号的叠加，同时在实际测试过程中不可避免要受到噪声的影响。NMR 数据处理过程中最重要的问题是从回波串反演 T_2 分布。这一步称为回波拟合或反演。

在岩石孔隙完全含水的情况下，不同的弛豫时间 T_2 对应不同的孔隙半径 r，假设岩石中有 m 种不同孔径的孔隙，可设定 m 个 T_{2i}。观测到 n 个回波，根据式（2-89）可以写出联立方程组：

$$\begin{cases} M(t_1) = \sum_{i=1}^{m} p_iM(0)e^{\frac{-t_1}{T_{2i}}} \\ M(t_j) = \sum_{i=1}^{m} p_iM(0)e^{\frac{-t_j}{T_{2i}}} \\ M(t_n) = \sum_{i=1}^{m} p_iM(0)e^{\frac{-t_n}{T_{2i}}} \\ t_j = j \times T_E, \ j = 1,\ 2,\ 3,\ \cdots,\ n \end{cases} \tag{2-90}$$

式中，T_{2i} 为第 i 种孔隙对应的 T_2 弛豫时间，即反演所用的 T_2 弛豫时间布点；T_E 为回波间隔时间。

写成向量形式为

$$Y = M \cdot P \tag{2-91}$$

式中，Y 为 n 个元素的列向量；M 为 $m \times n$ 矩阵；P 为有 m 个元素的列向量。

完成上述多指数拟合的关键是如何从方程中求解出各类孔隙在总孔隙中所占的份额。

下面以 MRIL 孔隙度处理方法为例，介绍计算步骤。

取 i 为有限项（7~12 项），采用 2 的幂次方形式布点（相应的 T_{2i} 在以 2 为底的指数轴上均匀分布），如：0.5ms，1ms，2ms，…，1024ms，2048ms。

1）回波串的拟合

对于部分极化的 PR06 组回波串，T_{2i} 分别取 0.5ms，1ms，2ms，4ms，8ms，16ms，256ms。

$$M(t) = p_1 M(0) e^{\frac{-t}{0.5}} + p_2 M(0) e^{\frac{-t}{1}} + \cdots + p_6 M(0) e^{\frac{-t}{16}} + p_7 M(0) e^{\frac{-t}{256}}$$

对于完对全极化的 A 组回波串，T_{2i} 分别取 1.0ms，2.0ms，4.0ms，$\cdots$，2048ms。

$$M(t) = p_1 M(0) e^{\frac{-t}{1}} + p_2 M(0) e^{\frac{-t}{2}} + \cdots + p_{11} M(0) e^{\frac{-t}{1024}} + p_{12} M(0) e^{\frac{-t}{2048}}$$

注意：完全极化得到的 A 组回波串的 $M(0)$，和部分极化得到的 PR06 组回波串的 $M(0)$ 不相同。

根据式（2-91），分别进行指数拟合，得到各 p_i 值。

2）在 T_2 时间域拼接

取 PR06 组回波的前 4 项（0.5ms，1ms，2ms，4ms），去掉长 T_2 弛豫组分；A 组回波取后 9 项（8ms，16ms，$\cdots$，2048ms），去掉短 T_2 弛豫组分（1ms，2ms，4ms）。

3）孔隙度估算

把拼接后所有 13 项（0.5ms，1ms，2ms，4ms，8ms，16ms，$\cdots$，2048ms）的和作为总孔隙度（MPHIT），并在总孔隙度中取其前 3 项（0.5ms，1ms，2ms）的和作为黏土束缚水孔隙度（MCBW），第 4、5、6、7 项（4ms，8ms，16ms，32ms）的和作为毛管束缚水孔隙度（CBVI），后 10 项（4ms，8ms，16ms，$\cdots$，2048ms）的和作为有效孔隙度（MPHI），如图 2-20 所示。

图 2-20　MRIL 反演拼接处理方法

如果已知同外表体积水的磁化强度 $M_{100\%}(0)$，令 $t=0$，则由式（2-87）得

$$\phi_{\text{MPHIT}} = \frac{M(0)}{M_{100\%}(0)} = \frac{\sum_{i=1}^{13} p_i M(0)}{M_{100\%}(0)} = \sum \phi_i \tag{2-92}$$

式中，ϕ_{MPHIT} 为核磁测试计算的孔隙度；$M_{100\%}(0)$ 为同外表体积的水的磁化强度，核磁仪器在 100% 孔隙度的刻度水箱中，回波串在 0 时刻的实测幅度就是 $M_{100\%}(0)$；ϕ_i 为第 i 种孔隙的孔隙度。

其他参数的计算公式如下。

黏土束缚水孔隙度：

$$\phi_{\text{MCBW}} = \frac{\sum_{i=1}^{3} p_i M(0)}{M_{100\%}(0)} \tag{2-93}$$

毛管束缚水孔隙度：

$$\phi_{CBVI} = \frac{\sum_{i=4}^{7} p_i M(0)}{M_{100\%}(0)} \tag{2-94}$$

有效孔隙度：

$$\phi_{MPHI} = \frac{\sum_{i=4}^{13} p_i M(0)}{M_{100\%}(0)} \tag{2-95}$$

随着页岩样中黏土含量的增加，孔径结构的复杂化，核磁孔隙度与常规孔隙度的差异逐渐增大。不同类型的黏土矿物具有不同的横向弛豫时间 T_2 值。Prammer 等（1996）在常温（25℃）下测得的蒙脱石的 T_2 值为 $0.3 \sim 1$ms，伊利石的 T_2 值为 $1 \sim 2$ms，高岭石的 T_2 值为 $8 \sim 16$ms，绿泥石的 T_2 值为 5ms 左右。Straley 等（1997）提出的黏土束缚水的截止值是 3ms。

和常规储层的岩样相比，页岩气储层的样品具有下列特殊性。

1）泥质矿物的影响

由于伊蒙混层黏土矿物比表面积大，会加速 T_2 的衰减。高岭石的影响小（图 2-21）。采用 MRIL 的孔隙度观测模式和处理方法时，如果未完全极化的 PR06 组回波串短回波间隔 T_{ES} 取 0.6ms，不容易测得小于 0.5ms 的 T_2 值，使得蒙脱石含量高的页岩样得到的 NMR 孔隙度小于真实的孔隙度，因而需要选取更小的短回波间隔 T_{ES} 值。

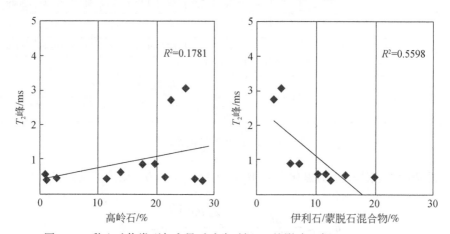

图 2-21 　黏土矿物类型与含量对弛豫时间 T_2 的影响（据 Rezaee，2015）

2）改进方法

当短等待时间 T_{WS} 取 20ms 时，除了黏土束缚水得到完全极化外，颗粒之间小孔隙中的水也得到大部分极化。采用 PR06 组回波串现有的指数拟合方法，不能完全将这部分信号合并到 8ms，16ms 和 256ms 后去掉，还有部分小孔隙包含在 4ms 的 T_2 组分中。对于完全极化的 A 组回波串，也可能含有小于 4ms 的 T_2 组分未丢弃。使得 4ms 附近孔隙度分配量不合适，造成核磁孔隙度大于常规孔隙度，因而需要选取更小的 T_{WS}。

谢然红等（2006）认为应对现有的孔隙度观测模式进行改进，如短等待时间 T_{WS} 取

10ms，短回波间隔 T_{ES} 取 0.3ms。

　　如果岩心含有较多的顺磁物质，造成岩石颗粒磁化率与孔隙流体磁化率不同，并形成岩石内部磁场梯度，使得 NMR 孔隙度远小于常规孔隙度。对这类岩石不可能从改善现有观测模式与处理方法得到准确的 NMR 孔隙度，谢然红等（2006）认为应从研究岩石中顺磁物质形成的内部磁场梯度入手，求出岩石的内部磁场梯度分布。

　　3）富有机质页岩的核磁孔隙度与常规岩石的差异

　　在干酪根中没有水润湿的孔隙，流体类型为吸附气和游离气。根据前节内容可知，在干酪根中不发生表面弛豫。与其他方法计算的总孔隙度相比，核磁共振方法不能测试干酪根中的有机孔隙。

　　矿物基质中氢核的弛豫时间太快，通常不能被仪器检测到。因为在测量样品时高压气体会发生逸散，并且空气的含氢指数 HI 基本上为零，所以岩心中的含气孔隙体积是无法检测的。另外，因为干酪根是固体，其弛豫时间太快，用 NMR 仪器无法检测到干酪根。因此，NMR 测量的 H 来自于孔隙空间中的水、油、黏土结合水和沥青（图 2-22）。

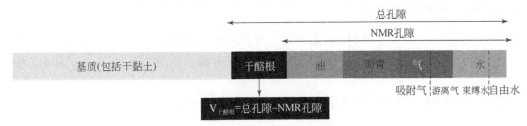

图 2-22　富有机质页岩的 NMR 孔隙

2.4.3　核磁共振测井流体解释

1. 测井的差谱与移谱分析

　　根据流体的 NMR 性质差异，在测井分析中有两个应用：

　　（1）移谱分析原理

　　在水、油、气三种流体中，气体的扩散系数最大。增大回波间隔，根据式（2-78），含气孔隙的 T_{2d} 减小最明显。如果采用长短两种回波间隔 T_E，对比 T_2 分布变化（即移谱分析），就可以识别孔隙中是否存在气体。

　　（2）差谱分析原理

　　在储层岩石的极化过程中（图 2-17），磁化强度是一种指数式的增长。如果等待时间短，会造成不完全极化的现象。引入极化因子的定义：

$$\alpha = \alpha\,(T_W,\ T_1) = 1 - e^{-T_W/T_1} \tag{2-96}$$

式中，α 是在等待时间为 T_W 时，纵向弛豫时间为 T_1 的流体的极化率。

　　根据式（2-96），得

$$M\,(T_W) = M\,(0)\,\alpha\,(T_W,\ T_1) = M\,(0)\,(1 - e^{-T_W/T_1}) \tag{2-97}$$

式中，$M\,(T_W)$ 是等待时间为 T_W 时的磁化强度；$M\,(0)$ 是完全极化结束后，记录的 T_2

弛豫衰减曲线在 0 时刻的磁化强度。

根据表 2-12，在水、油和气三种流体中，油和气的纵向弛豫时间 T_1 时间远高于水。根据式（2-96），油、气完全极化所需等待时间至少是水的 5 倍以上。如果采用长短两种等待时间 T_W（即 T_{WL} 和 T_{WS}），对比 T_2 分布变化（即差谱分析），在短等待时间中，只有水能完全极化，而烃的信号只能部分极化。在长等待时间中，所有流体都可以完全极化。根据二者的差异可以识别孔隙中是否存在烃。

2. 测井的时间域分析（TDA）

时间域分析（TDA）是差谱分析方法的延伸的改进，有以下两个优势。

（1）时间域分析中两个回波串之间的差是在时间域内计算的，然后将此回波差进行反演，转换为 T_2 分布。时间域分析不是在 T_2 域内进行减法运算，比差谱分析更准确；

（2）能够为没有完全极化时烃和含氢指数的影响提供更准确的校正。

多指数反演是时间域分析的基础。

在式（2-86）的基础上，当亲水的储层中同时含有水、油、气三相时，采集到的回波串幅度可用下式表示：

$$M(t) = \sum M_{0i} \mathrm{e}^{\frac{-t}{T_{2i}}} + M_o \mathrm{e}^{\frac{-t}{T_{2o}}} + M_g \mathrm{e}^{\frac{-t}{T_{2g}}} \tag{2-98}$$

式中，M_o 为油的磁化强度；M_g 为气的磁化强度；T_{2o} 为油的横向弛豫时间；T_{2g} 为气的横向弛豫时间；

根据式（2-97），考虑极化率的影响，可改写式（2-98）为

$$M(t) = \sum \left[M_{0i}(1 - \mathrm{e}^{\frac{-T_W}{T_{1wi}}}) \mathrm{e}^{\frac{-t}{T_{2i}}} \right] + M_o(0)(1 - \mathrm{e}^{\frac{-T_W}{T_{1o}}}) \mathrm{e}^{\frac{-t}{T_{2o}}} + M_g(0)(1 - \mathrm{e}^{\frac{-T_W}{T_{1g}}}) \mathrm{e}^{\frac{-t}{T_{2g}}} \tag{2-99}$$

式中，$M_o(0)$ 和 $M_g(0)$ 分别为 0 时刻油和气的磁化强度。T_{1w}、T_{1o}、T_{1g} 分别为水、油和气的纵向弛豫时间，T_W 为等待时间。

根据式（2-99），对于长等待时间 T_{WL} 和短等待时间 T_{WS}，回波串幅度分别表示为

$$M_{T_{WL}}(t) = \sum \left[M_{0i}(1 - \mathrm{e}^{\frac{-T_{WL}}{T_{1wi}}}) \mathrm{e}^{\frac{-t}{T_{2i}}} \right] + M_o(0)(1 - \mathrm{e}^{\frac{-T_{WL}}{T_{1o}}}) \mathrm{e}^{\frac{-t}{T_{2o}}} + M_g(0)(1 - \mathrm{e}^{\frac{-T_{WL}}{T_{1g}}}) \mathrm{e}^{\frac{-t}{T_{2g}}} \tag{2-100}$$

$$M_{T_{WS}}(t) = \sum \left[M_{0i}(1 - \mathrm{e}^{\frac{-T_{WS}}{T_{1wi}}}) \mathrm{e}^{\frac{-t}{T_{2i}}} \right] + M_o(0)(1 - \mathrm{e}^{\frac{-T_{WS}}{T_{1o}}}) \mathrm{e}^{\frac{-t}{T_{2o}}} + M_g(0)(1 - \mathrm{e}^{\frac{-T_{WS}}{T_{1g}}}) \mathrm{e}^{\frac{-t}{T_{2g}}} \tag{2-101}$$

分别定义水、油和气的极化率之差 $\Delta\alpha_w$、$\Delta\alpha_o$、$\Delta\alpha_g$ 为

$$\Delta\alpha_w = \mathrm{e}^{\frac{-T_{WS}}{T_{1wi}}} - \mathrm{e}^{\frac{-T_{WL}}{T_{1wi}}} \tag{2-102}$$

$$\Delta\alpha_o = \mathrm{e}^{\frac{-T_{WS}}{T_{1o}}} - \mathrm{e}^{\frac{-T_{WL}}{T_{1o}}} \tag{2-103}$$

$$\Delta\alpha_g = \mathrm{e}^{\frac{-T_{WS}}{T_{1g}}} - \mathrm{e}^{\frac{-T_{WL}}{T_{1g}}} \tag{2-104}$$

式（2-100）和式（2-101）相减后，代入式（2-102）、式（2-103）和式（2-104），可化简得

$$\Delta M(t) = \sum \left[M_{0i} \mathrm{e}^{\frac{-t}{T_{2i}}} \Delta\alpha_w \right] + M_o(0) \mathrm{e}^{\frac{-t}{T_{2o}}} \Delta\alpha_o + M_g(0) \mathrm{e}^{\frac{-t}{T_{2g}}} \Delta\alpha_g \tag{2-105}$$

由于在 T_{WS} 和 T_{WL} 期间水都完全极化，$\Delta\alpha_w=0$，所以

$$\Delta M\ (t)\ = M_o\ (0)\ e^{\frac{-t}{T_{2o}}}\Delta\alpha_o + M_g\ (0)\ e^{\frac{-t}{T_{2g}}}\Delta\alpha_g \tag{2-106}$$

把幅度差 $\Delta M\ (t)$ 刻度为孔隙度，即式（2-106）两边同除以 $M_{100\%}\ (0)$，得到视含烃孔隙度为

$$\phi\ (t)\ = \phi_o^*\ e^{\frac{-t}{T_{2o}}} + \phi_g^*\ e^{\frac{-t}{T_{2g}}} + \varepsilon \tag{2-107}$$

式中，$\phi\ (t)$ 为两组回波串相减后刻度得到的视含烃孔隙度；ϕ_o^* 为从回波串差刻度得到的视含油孔隙度；ϕ_g^* 为从回波串差刻度得到的视含气孔隙度；ε 为噪声。

油、气的视孔隙度与真实的含油、气孔隙度（ϕ_o、ϕ_g）的关系为

$$\phi_o^* = \frac{M_o\ (0)}{M_{100\%}\ (0)}\Delta\alpha_o = \phi_o HI_o\Delta\alpha_o \tag{2-108}$$

$$\phi_g^* = \frac{M_g\ (0)}{M_{100\%}\ (0)}\Delta\alpha_g = \phi_g HI_g\Delta\alpha_g \tag{2-109}$$

式中，$M_{100\%}\ (0)$ 为核磁仪器在孔隙度为 100% 的刻度水箱中，回波串在 0 时刻的实测幅度；HI_o 为油的含氢指数；HI_g 为气的含氢指数。

根据表 2-13，可计算地层条件下的 T_{2o}，T_{2g}，采用式（2-107）拟合得到视含油、气孔隙度。已知 T_{1o}、T_{1g}、T_{2o}，T_{2g}、HI_o 和 HI_g 时，用式（2-108）、式（2-109）计算真实的含油、气孔隙度。

3. 二维核磁分析

在高泥质含气砂岩、低孔低渗储层和复杂岩性储层，各种流体组分的信号重叠，常规核磁共振测井方法难以进行储层流体的有效识别。根据表 2-12 和表 2-13，油、气和水的 T_1、T_2、D 值具有较大差异。二维核磁共振能够提供地层的 T_1、T_2、D 等多种测量信息，很大程度上弥补了常规核磁方法识别流体的不足。T_1-T_2 二维核磁主要用于识别气层，D-T_2 二维核磁主要用于识别油水。

（1）T_1-T_2 二维核磁分析

根据前面的章节中极化因子的定义，等待时间为 T_W 时，有

$$M(t) = \sum_{i=1}^{m} p_i M(0)(1 - e^{\frac{-T_W}{T_{1i}}})e^{\frac{-t}{T_{2i}}}, \quad \sum p_i = 1 \tag{2-110}$$

式中，m 是预先选择的按对数刻度等间隔分布的 T_2 弛豫时间的个数。

上式假定 T_1 的分布和 T_2 的分布形状是一样的。实际上，T_1 的分布和 T_2 的分布形状相差较大。把式（2-110）改写成更通用的形式，得

$$M(t) = \sum_{i=1}^{m} \sum_{j=1}^{n} p_{ij} M(0)(1 - e^{\frac{-T_W}{T_{1j}}})e^{\frac{-t}{T_{2i}}} \tag{2-111}$$

式中，p_{ij} 是第 j 个纵向弛豫时间（T_{1j}）和第 i 个横向弛豫时间（T_{2i}）对应的氢核数，m 是预先选择的按对数刻度等间隔分布的 T_2 弛豫时间的个数，n 是预先设置的按对数等间隔分布的纵向弛豫时间 T_1 的个数，

采用不同的等待时间 T_W，测得几个回波串。再采用式（2-111）进行二维反演，计算出 p_{ij}，即可得到 T_1-T_2 的二维分布（图 2-23）。

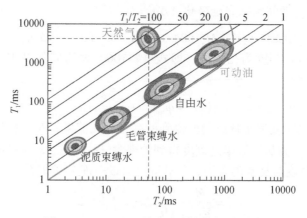

图 2-23　T_1-T_2 的二维分布与流体性质差异

（2）D-T_2 二维核磁分析

在均匀磁场中，采用长等待时间 T_{WL} 能得到完全极化的回波串，有

$$M(t) = \sum_{i=1}^{m} p_i M(0) \, e^{\frac{-t}{T_{2i}}}, \quad \sum_{i=1}^{m} p_i = 1 \tag{2-112}$$

式中，m 是预先选择的按对数刻度等间隔分布的 T_2 弛豫时间的个数。

当核磁仪器的外加磁场梯度为 G 时，在外加磁场梯度作用下，除了正常的指数衰减外，还增加了孔隙流体扩散引起的衰减。当回波间隔为 T_E 时，回波串的衰减为

$$M(t) = \sum_{i=1}^{m} \sum_{l=1}^{n} p_{il} M(0) \, e^{\frac{-t}{T_{2i}}} e^{\left(\frac{-\gamma^2 G^2 T_E^2 D_l t}{12}\right)} \tag{2-113}$$

式中，p_{il} 是流体扩散系数为 D_l 和横向弛豫时间为 T_{2i} 时的氢核数，m 是预先选择的按对数刻度等间隔分布的 T_2 弛豫时间的个数；n 是预先设置的按对数等间隔分布的扩散系数 D_l 的个数；γ 为氢质子的旋磁比；G 为磁场梯度；T_E 为回波间隔，D_l 为流体的扩散系数。

外加磁场梯度为 G、长等待时间为 T_{WL} 时，采用不同的等待时间 T_E，得到几个回波串。再采用式（2-113）进行二维反演，计算出 p_{il}，即可得到 D-T_2 的二维分布（图 2-24）。

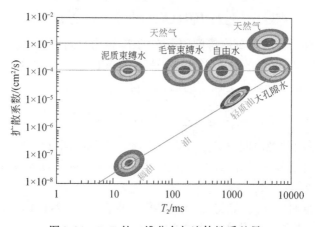

图 2-24　D-T_2 的二维分布与流体性质差异

2.5　页岩的多矿物测井解释

2.5.1　双水模型理论基础

在黏土矿物晶体中，硅氧四面体中的 Si^{4+} 被 Al^{3+} 离子置换，铝氧八面体中的 Al^{3+} 被 Mg^{2+}、Fe^{2+} 离子置换。由于低价离子置换高价离子，黏土晶体中出现了过剩的电荷，黏土表面具有负电荷。如图 2-25 所示，溶液中的阳离子受到黏土表面负电荷的吸引力，移向黏土表面，同时，阳离子间的斥力又驱使阳离子离开黏土表面向溶液中扩散，这两种作用力的结果，使阳离子在黏土表面附近达到动态平衡，阳离子呈扩散分布，即靠近黏土表面的阳离子浓度大。在黏土表面 Na^+ 浓度超过 Cl^- 的区域，称为扩散层。随着距黏土表面的距离增加，被吸引的阳离子浓度逐步减少。在距黏土表面的远处，没有被黏土表面负电荷吸引的离子，溶液中阳离子浓度和普通地层水相同。

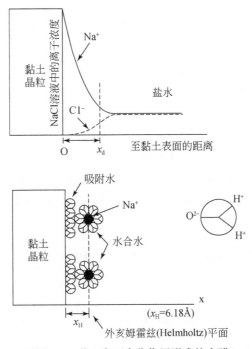

图 2-25　黏土表面水化作用形成的水膜

岩石孔隙中的水分子是一种电荷不完全平衡的极性分子，对外可显正、负两个极性。因此，带负电荷的黏土颗粒表面可直接吸附极性水分子，这些被吸附的极性水分子叫吸附水，被黏土表面负电荷吸引的阳离子（如 Na^+），又可与极性水分子结合而成水合离子。与阳离子结合的极性水分子又称为水合水。

综上所述，黏土颗粒表面的负电荷既可直接吸附极性水分子，又可通过吸附的水合离子而间接吸引极性水分子，从而在黏土表面形成一层薄水膜，称为黏土束缚水。地层水由导电性不同的黏土束缚水、毛管束缚水和可动水组成（毛管束缚水和可动水导电性相同），称为双水模型。

在黏土表面上水膜具有以下特点。

（1）水膜内的极性水分子是靠静电引力被吸附在黏土颗粒表面。这层水膜是不动的，常称为黏土束缚水。因为这层水膜是由黏土水化作用产生的，在双水模型中常简称为黏土水。双水模型把远离黏土表面的地层水称为远水，远水的矿化度与普通地层水相同，含有等量的阴离子和阳离子。

（2）黏土颗粒表面的负电荷吸引阳离子而排斥阴离子，因而黏土束缚水中只含阳离子，不含阴离子，黏土束缚水的矿化度比远离黏土表面的地层水矿化度要低。实验分析表明当干黏土与盐溶液混合并达到平衡状态时，平衡溶液的矿化度降低。例如，从蒙脱石中抽出的水的矿化度只有原来饱和水矿化度的1/5。

（3）在外电场的作用下，被黏土颗粒表面的负电荷吸引的阳离子可以和水溶液中的其他阳离子交换位置，产生导电作用，即阳离子交换作用。表征阳离子交换作用的物理量有：CEC（阳离子交换能力，mmol/g）和 Q_v（孔隙中黏土的阳离子交换容量，mmol/cm^3）。

在测井解释理论中，有两种处理黏土的方式：

（1）干黏土：只考虑黏土"单位构造"内的水（structural water），不考虑黏土束缚水（clay bound water）。

（2）湿黏土：要考虑黏土束缚水。

下面介绍一些关于"湿黏土"的关键参数的计算方法：

1）黏土束缚水体积

$$V_{cbwi} = \alpha V_Q^H \, CEC_{dcli} \rho_{dcli} V_{dcli} \tag{2-114}$$

式中，V_{cbwi} 是第 i 种干黏土的黏土束缚水体积分数（小数）；α 是离子扩散层的扩展因子；V_Q^H 是黏土水体积系数，即 1mmol 离子对应的黏土束缚水的体积，cm^3/mmol；CEC_{dcli} 是第 i 种干黏土的阳离子交换能力，mmol/g；ρ_{dcli} 是第 i 种干黏土的颗粒密度（g/cm^3）；V_{dcli} 是第 i 种干黏土的体积分数（小数）（表2-14）。

表2-14　黏土阳离子交换能力（据 Schlumberger，2011）

参数	伊利石	海绿石	高岭石	绿泥石	蒙脱石
$\rho_{dcli}/(g/cm^3)$	2.79	2.96	2.59	2.82	2.78
$CEC_{dcli}/(mmol/g)$	0.25	0.23	0.09	0.15	1.00

扩散层的扩展因子 α 由下式计算：

$$\alpha = \begin{cases} 1 & n_1 < n \\ \sqrt{\dfrac{n_1}{n}} & n_1 \geq n \end{cases} \tag{2-115}$$

式中，α 是扩散层的扩展因子；n_1 是扩散层厚度与外亥姆霍兹（Helmholtz）平面距离相等时的地层水矿化度。研究表明该矿化度为 0.35mol/cm^3（或 20455ppm 氯化钠）；n 是地层水矿化度。

V_Q^H 是温度的函数，表达式为

$$V_Q^H = \frac{96}{T+298} \qquad (2\text{-}116)$$

式中，T 是温度，℃。

根据式（2-114），引入湿黏土孔隙度的定义：

$$\text{WCLP\_cla}_i = \frac{\alpha V_Q^H \text{CEC}_{dcli} \rho_{dcli}}{1 + \alpha V_Q^H \text{CEC}_{dcli} \rho_{dcli}} \qquad (2\text{-}117)$$

式中，WCLP_cla_i 为第 i 种湿黏土的孔隙度（即在湿黏土中黏土束缚水的体积分数）（小数）。

黏土束缚水的体积分数为

$$\text{XBWA} = \sum_{i=1}^{nc} V_{wcli} \times \text{WCLP\_cla}_i \qquad (2\text{-}118)$$

式中，XBWA 为黏土束缚水在岩石中的体积分数（小数）；V_{wcli} 是第 i 种湿黏土的体积分数（小数）；nc 是黏土类型数目。

湿黏土 i 的体积分数和干黏土 i 的体积分数的关系式：

$$V_{dcli} = V_{wcli} \times (1 - \text{WCLP\_cla}_i) \qquad (2\text{-}119)$$

引入阳离子交换容量的定义：

$$Q_V = \frac{\displaystyle\sum_{i=1}^{nc} \text{CEC}_{dcli} \rho_{dcli} V_{dcli}}{\phi_t} \qquad (2\text{-}120)$$

式中，Q_V 为孔隙中黏土的阳离子交换容量，mmol/cm^3。

根据式（2-118）和式（2-120），得黏土束缚水的饱和度的表达式为

$$S_{wb} = \frac{\text{XBWA}}{\phi_t} = \alpha V_Q^H Q_V \qquad (2\text{-}121)$$

式中，S_{wb} 为黏土束缚水的饱和度，小数；ϕ_t 为总孔隙度（小数）。

2）黏土束缚水的性质

除了电阻率（或电导）以外，地层中黏土束缚水的其他物性，如中子孔隙度、密度和声波时差等，均可采用同一地层段的泥浆滤液（同为低矿化度流体）的物性。黏土束缚水的电导率计算公式为

$$C_{bw} = \frac{\beta}{\alpha V_Q^H}, \qquad \beta = \frac{T+8.5}{22+8.5} \qquad (2\text{-}122)$$

式中，C_{bw} 为黏土束缚水的电导率；T 为温度，℃。

2.5.2　基于双水模型的电阻（导）率方程

1. ARCHIE 公式

$$C_t = \frac{\phi_t^m S_{wt}^n}{a} C_{we}$$

$$C_{we} = \frac{S_{wt} - S_{wb}}{S_{wt}} C_w + \frac{S_{wb}}{S_{wt}} C_{bw} \tag{2-123}$$

式中，C_t 为地层的电导率，即 $\frac{1}{R_t}$，C_{we} 为地层水的等效电导率，C_w 为地层水的电导率；S_{wt} 为总的含水饱和度。

式中的黏土束缚水的饱和度 S_{wb} 可根据式（2-118）和式（2-121）计算。

2. Linear 电导率公式

$$C_t^{\frac{1}{2}} = C_w^{\frac{1}{2}} \times \phi_t (S_{wt} - S_{wb}) + C_{bw}^{\frac{1}{2}} \times \sum_{i=1}^{nc} V_{wcli} \times \mathrm{WCLP\_cla}_i \tag{2-124}$$

如图 2-26 所示，与常规储层的双水模型对比，在页岩储层中应考虑干酪根对测井曲线的影响。

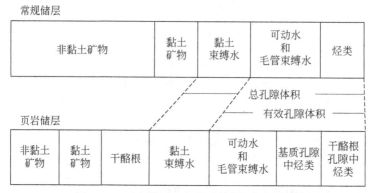

图 2-26　页岩储层双水模型与常规储层对比

Firdaus 和 Heidari（2015）在页岩中分离干酪根后，分别测量了不同加热温度后的干酪根电阻率，如图 2-27 所示。

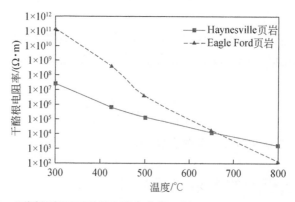

图 2-27　不同温度下干酪根电阻率变化（据 Firdaus and Heidari, 2015）

如果有机质导电，式（2-124）可修改为

$$C_t^{\frac{1}{2}} = C_w^{\frac{1}{2}} \times \phi_t (S_{wt} - S_{wb}) + C_{bw}^{\frac{1}{2}} \times \sum_{i=1}^{nc} V_{wcli} \, \text{WCLP}\_ \text{cla}_i + C_{TOC}^{\frac{1}{2}} \times V_{TOC} \qquad (2\text{-}125)$$

式中，V_{TOC} 为有机质在页岩中的体积分数；C_{TOC} 为有机质的电导率。

2.5.3　测井解释的体积模型

如图 2-28 所示，Barnett 和 Eagle Ford 页岩储层中的矿物含量差别较大。根据表 2-15，得到页岩体积组成表达式：

$$\sum_{i=1}^{nm} V_{mini} + \sum_{i=1}^{nc} V_{wcli} + V_{TOC} + \phi_t = 1 \qquad (2\text{-}126)$$

式中，nm 是非黏土矿物类型的数目；V_{mini} 是第 i 种非黏土矿物在页岩中的体积分数（小数）；nc 是黏土类型的数目；V_{wcli} 是第 i 种湿黏土在页岩中的体积分数（小数）；V_{TOC} 有机质在页岩中的体积分数（小数）；ϕ_t 是总孔隙度（小数）。

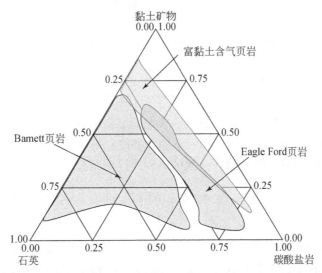

图 2-28　页岩气储层的矿物组成（据 Sondergeld *et al.*，2010）

在页岩气测井中，常用的测井曲线有中子孔隙度、体积密度、声波时差、电阻率。如表 2-15 所示，页岩中含有多种矿物。如果已知测井曲线数目小于待求解的未知量数目，建立的方程组为欠定方程组，数学上无解。可采用以下方法减少待求解矿物的数目，降低方程组的未知量个数。

①合并性质相近的矿物，如可以把无机质矿物合并为：石英类、灰岩类和黏土矿物 3 类，加上干酪根，只需要求解 4 种矿物的体积分数。

②根据室内岩心的矿物含量分析，忽略含量小（如小于 2.5%）的矿物。

③直接采用 $\Delta \log R$ 等方法的干酪根体积含量计算结果作为输入曲线。

④根据室内岩心的矿物含量分析，统计矿物体积之间的比例关系（如黄铁矿与黏土矿物的比例），作为附加的约束方程。

表 2-15　页岩储层的体积组成模型

骨架（$1-\phi_t$）	无机质骨架	非黏土矿物	石英类	石英
				钾长石
				钙长石
				钠长石
			碳酸盐岩类	灰岩
				白云岩
				铁白云岩
		重矿物		黄铁矿
		黏土矿物		蒙脱石
				伊利石
				绿泥石
	有机质骨架	干酪根		
孔隙空间：黏土束缚水、毛管束缚水和可动水、气				

由于自然伽马测井曲线受泥质和有机质含量的综合影响，一般不使用自然伽马测井曲线。如果有自然伽马能谱（K、Th）和元素测井曲线，可以增加求解矿物的数目。

考虑有机质的影响时，密度测井曲线的体积响应模型为

$$\rho_b = \sum_{i=1}^{nm} (\rho_{\text{min}i} \times V_{\text{min}i}) + \sum_{i=1}^{nc} \left[\rho_{\text{dcl}i} \times (1 - \text{WCLP\_cla}_i) + \rho_{\text{bw}} \times \text{WCLP\_cla}_i\right] \times V_{\text{wcl}i}$$
$$+ \left[\rho_w \phi_t (S_{\text{wt}} - S_{\text{wb}}) + \rho_g \phi_t (1 - S_{\text{wt}})\right] + \rho_{\text{TOC}} V_{\text{TOC}} \tag{2-127}$$

式中，ρ_b 是密度测井曲线值，g/cm^3；$\rho_{\text{min}i}$ 是第 i 种非黏土矿物的密度，g/cm^3；$V_{\text{min}i}$ 是第 i 种非黏土矿物在页岩中的体积分数（小数）；$\rho_{\text{dcl}i}$ 是第 i 种干黏土的密度，g/cm^3；$V_{\text{wcl}i}$ 是第 i 种湿黏土在页岩中的体积分数（小数）；ρ_{bw} 是黏土束缚水的密度，g/cm^3；ρ_w 是孔隙中毛管束缚水的密度，g/cm^3；ρ_g 是孔隙中气体的密度，g/cm^3；ρ_{TOC} 是有机质的密度，g/cm^3；V_{TOC} 是有机质在页岩中的体积分数（小数）。

如果密度测井曲线的探测范围仅在泥浆冲洗带内，式（2-127）可简化为

$$\rho_b = \sum_{i=1}^{nm} (\rho_{\text{min}i} \times V_{\text{min}i}) + \sum_{i=1}^{nc} \left[\rho_{\text{dcl}i} \times (1 - \text{WCLP\_cla}_i) + \rho_{\text{bw}} \times \text{WCLP\_cla}_i\right] \times V_{\text{wcl}i}$$
$$+ \rho_{\text{mf}} \phi_t (1 - S_{\text{wb}}) + \rho_{\text{TOC}} V_{\text{TOC}} \tag{2-128}$$

式中，ρ_{mf} 是泥浆滤液的密度，g/cm^3。

因为光电吸收截面指数测井曲线（PEF）是非线性的，不能直接用于体积模型的构建。可以改写为体积截面的测井曲线：

$$U = \text{PEF} \times \left[(\rho_b + 0.1883)/1.0704\right] \tag{2-129}$$

式中，U 是体积截面，b/cm^3；PEF 是光电吸收截面指数，b/e；ρ_b 是密度测井曲线值，

g/cm^3。

与式（2-126）和式（2-127）类似，可完成体积截面、中子测井和声波测井曲的体积模型方程的构建。

把电阻率方程与声波时差、密度等测井曲线的体积模型的方程联合，采用最优化方法，以室内分析的平均矿物组成和孔隙度值作为初始值，可以求解矿物含量、孔隙度和饱和度等参数。

第3章 泥页岩异常高压机理与分析

地层压力是一项重要的工程地质参数，也是评价气层的重要指标之一。页岩储层中的有机质热演成烃后，油气排出量越小，页岩储层中的残余油气越多、储层压力越高，先期形成的有机孔越发育。异常高压是页岩气储层的一种普遍现象，它与钻井工程和采气工程都密切。对于钻井工程来说，异常高压带来的潜在危害包括井眼报废、井漏、井喷、井壁失稳和钻井成本增加等，因此必须对异常高压进行准确评价和分析。

3.1 地应力基础理论

地应力是指存在于地壳中的内应力，主要由地壳构造运动的动应力（古构造应力和现代构造应力）、上覆岩层重量的静应力和孔隙压力等组合构成。一般可通过 3 个主应力表示地应力大小：垂向应力 σ_v（也常记为 σ_{ob}）、最大水平主应力 σ_{Hmax} 和最小水平主应力 σ_{hmin}。地应力的测量研究包括主地应力方向和地大小两个方面。利用岩心测试的地应力值标定测井的应力计算模型，可以计算垂向应力、最小水平主应力和最大水平主应力。在第 2 章中，我们考虑到水平页理发育对页岩的力学参数的影响，引入了基于 VTI 特征的页岩应力计算模型。在本节中，只考虑地层的各向同性，对地层的应力计算模型进行简要分析。

1. 垂向应力

垂向应力通常采用体积密度进行垂向积分获取，包括浅表无测井资料段估算和利用测井资料计算。地层中某点的上覆应力为

$$\sigma_v = \sum \rho_b g Z \tag{3-1}$$

有效垂向应力为

$$\sigma_{ve} = \sigma_v - \alpha P_p \tag{3-2}$$

式中，σ_{ve} 为有效垂向应力；σ_v 为垂向应力；ρ_b 为上覆岩层的密度；Z 为垂直深度；P_p 为孔隙流体压力；α 为 BIOT 系数，通常取 1，无量纲。

2. 水平主应力

水平主应力计算模型应用较广的有组合弹簧模型等。如果假设岩石为均质、各向同性的线弹性体，并假定在沉积及后期地质构造运动过程中，地层和地层之间不发生相对位移，地层在两个水平方向的应变均为常数。

$$\begin{cases} \sigma_{Hmax} - \alpha p_p = \dfrac{v}{1-v}\ (\sigma_v - \alpha p_p)\ + \dfrac{\varepsilon_H E}{1-v^2} + \dfrac{v\varepsilon_h E}{1-v^2} \\[4mm] \sigma_{hmin} - \alpha p_p = \dfrac{v}{1-v}\ (\sigma_v - \alpha p_p)\ + \dfrac{\varepsilon_h E}{1-v^2} + \dfrac{v\varepsilon_H E}{1-v^2} \end{cases} \tag{3-3}$$

式中，σ_v 为垂向主应力，MPa；σ_{Hmax} 为最大水平主应力，MPa；σ_{hmin} 为最小水平主应力，MPa；v 为泊松比；E 为杨氏模量；ε_h 为最小水平主应力方向的应变系数，在同一断块内为常数；ε_H 为最大水平主应力方向的应变系数，在同一断块内为常数。

3. 地应力方向

一般地，采用偶极横波各向异性，或者成像测井判断地应力方向，即井眼崩落方向（呈对称的暗色条带）为最小水平主应力方向，诱导缝走向为最大水平主应力方向。采用古地磁（原生剩磁或黏滞剩磁）进行岩心定向，结合差应变测试也可以判断地应力方位。

根据研究区的构造裂缝或断层类型，也可以判断地应力性质（图3-1）：①在正断层发育的地层，垂向应力为最大主应力，断层走向为最大水平主应力方向；②在逆断层发育的地层，垂向应力为最小主应力，断层走向为最小水平主应力方向；③在走滑断层发育的地层，垂向应力为中间主应力。在脆性变形的条件下，最大水平主应力所在的断层的共轭角一般为锐角。

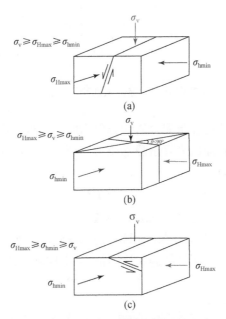

图 3-1　断层类型与地应力关系示意图（据 Jaeger and Cook，1979）
(a) 正断层；(b) 走滑断层；(c) 逆断层

3.2　异常高压形成机理

在泥页岩的正常沉积压实过程中，随着上覆岩层压力的增加，沉积物逐渐被压实，孔隙中的流体被排挤出来，孔隙体积也随之减小。在上覆沉积物连续沉积的情况下，随黏土埋藏深度增加黏土孔隙度不断减小，直到黏土不再被压实为止。沉积物处于一种持续加载的力学过程，有效垂向应力增加，孔隙度减小，其应力–应变关系属于加载过程（图3-2）。

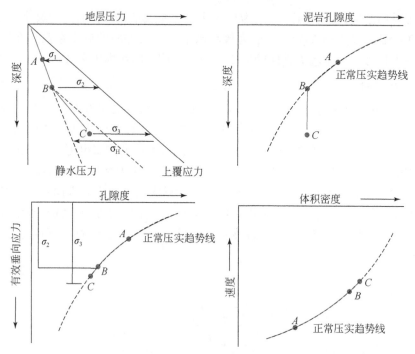

图3-2　正常压实作用的泥页岩的综合识别特征（据 Hoesni and Jamaal，2004）

　　如果上覆沉积物增加的速度与泥页岩的孔隙内的流体被排出的速度协调一致，属于平衡压实过程，泥页岩中的孔隙压力等于静水压力，即正常地层压力。平衡压实过程中泥页岩孔隙流体压力为静水压力：

$$P_n = \rho_w g Z \tag{3-4}$$

式中，P_n 为静水压力，MPa；ρ_w 为孔隙水的密度，g/cm³。

　　与正常的沉积压实过程相反，在沉积物压实过程中，因欠压实、流体膨胀作用等因素，可能造成孔隙压力高于同深度的静水压力值（图3-3）。

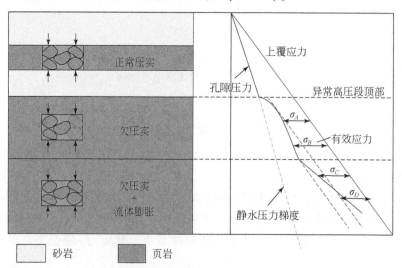

图3-3　两种常见的异常高压形成机制中的有效应力变化特征

压力系数是指气藏原始地层压力与同深度的静水柱压力的比值。通常采用气藏中部深度的折算地层压力计算压力系数（d_p），在同一压力系统内具有相同的压力系数。根据压力系数的性质，气藏可以分为：①低压气藏：$d_p<0.9$；②常压气藏：$1.2>d_p\geq0.9$；③高压气藏：$1.5>d_p\geq1.2$；④超高压气藏：$1.8>d_p\geq1.5$；⑤特高压气藏：$d_p\geq1.8$。

3.2.1　符合加载过程的异常高压作用机制

1. 欠压实

当上覆沉积物增加的速度与其中孔隙内的流体被排出的速度不一致时，出现欠压实。泥页岩中的水不能充分排出，出现高异常地层压力。造成欠压实的原因主要是沉积速度过快。随深度增加，只是有效垂向应力增加速率比平衡压实情况减小（或维持原值不变），但有效垂向应力不会减小，如在图 3-3 中，B 点的有效垂向应力高于上部 A 点，$\sigma_B\geq\sigma_A$。因此，不平衡压实过程是逐渐加载，或停止加载、维持原有载荷的受力过程，其应力—应变关系也符合沉积加载曲线。Bowers（1995）在墨西哥湾（Mexico Gulf）的研究表明，在欠压实段，随深度增加，有效垂向应力和波速仍然增加，但加速度减小或为 0。在 7200ft 深度以下欠的压实段各参数趋于不变（图 3-4）。

欠压实机制主要受上覆岩层控制。欠压实机制一般发生在较浅的深度范围内，不会形成太高的异常高压。

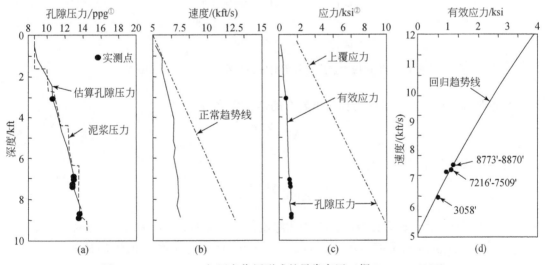

图 3-4　Mexico Gulf 欠压实作用形成的异常高压（据 Bowers，1995）

---

① 1ppg=0.1198g/cm³。

② 1ksi=6.89476MPa。

2. 侧向构造挤压作用

构造挤压机制则发生在构造挤压剧烈的地区，如前陆盆地前缘逆冲挤压构造的前部区域，可以引起超高压，即由于上覆应力随深度的变化符合正常压实趋势，水平方向的最大有效主应力增加。在两个水平侧向应力与垂向应力的共同作用下，孔隙度减小，导致了流体压力高压异常。在垂向上，如果流体压力增加的速率大于垂向应力增加速率，有效垂向应力增加的速率会减小，甚至出现有效垂向应力减小。Rezaee（2015）发现 Perth 盆地 Well#2 的 Kockatea Shale（3043 ~ 3714m）段下部地层的孔隙流体压力增大，有效垂向应力减小（图3-5）。

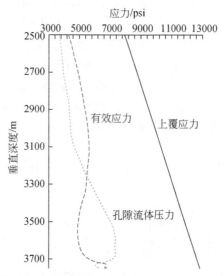

图 3-5　构造应力造成有效垂向应力减小（据 Rezaee，2015）

根据弹性理论，在外部应力作用下岩石的体积变化为

$$\Delta V = \frac{V \Delta \sigma}{C} \tag{3-5}$$

孔隙中流体发生的体积变化为

$$\Delta V_f = \frac{\phi V \Delta P_p}{C_f} \tag{3-6}$$

式中，V 为岩石体积；ϕ 为孔隙度；C_f 为孔隙流体的压缩系数；C 为岩石的压缩系数。

由于岩石骨架体积压缩很小，泥岩的体积变化近似等于孔隙流体的体积变化，则 $\Delta V = \Delta V_f$，于是

$$\frac{\Delta P_p}{\Delta \sigma} = \frac{C_f}{\phi C} \tag{3-7}$$

从式（3-7）可见，孔隙流体压力随应力增加而线性增加。

Brent 和 Azbel（2004）认为沙巴州（Sabah）褶皱带的泥页岩经历了 4 个阶段（图3-6）：①在点 1 前，构造运动未发生，泥页岩为正常压实，只受垂向应力的作用；②在点 1 ~ 点 2 期间，主要受水平应力的影响，孔隙压力增加，有效垂向应力增加速率减小。相对正常

压实段，孔隙度减小、密度增加、波速有较大增加；③在点 2 ~ 点 3 期间，受沉积影响，垂向应力对压实的影响大于水平应力，有效垂向应力增加；④在点 3 以后构造运动结束，泥页岩为正常压实，只受垂向应力的作用。

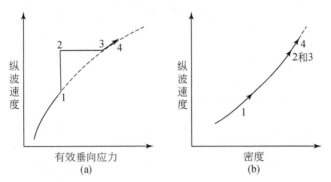

图 3-6   沙巴州（Sabah）褶皱带构造水平挤压作用形成的异常高压示意图（据 Brent and Azbel，2014）

正常压实条件下，在垂向应力作用下，声波速度 V 与深度 z 的变化关系为

$$V = V_0 + kz \qquad (3-8)$$

对于垂向与水平应力共同作用形成的超压段，垂直深度 z 处的实测波速为 V_p，水平应力的贡献值 G 可近似表示为

$$G = \frac{V_\mathrm{p} - (V_0 + kz)}{V_\mathrm{p}} \qquad (3-9)$$

与普通地层相比，构造挤压作用剧烈的地层有一些鲜明的构造地质特征，如水平地应力值、褶皱紧闭度等。因此可以结合这些构造地质特征来反映构造挤压作用的大小，进而可以说明地层受构造应力挤压的强度。应指出的是，构造挤压作用也可以产生地层破裂，形成裂缝或断层，使地层泄压。因此，需要结合岩石的力学性质分析构造挤压作用对异常高压的影响。

3.2.2   符合卸载过程的异常高压作用机制

1. 流体膨胀机制

水热增压、生烃作用等机制会造成孔隙内流体体积增大，统称为流体膨胀机制。如表 3-1 所示，在温度和压力的综合作用下，沉积物中的有机质大量生、排烃，是引起页岩气藏异常高压的主要因素之一。生烃增压主要发生于成熟-高成熟的烃源岩中。干酪根在生烃的过程中，会产生几倍甚至十几倍于本身体积的烃类，导致页岩层中异常高压的产生。在有机质演化的成熟-过成熟阶段，生成大量以甲烷等低分子为主的天然气，以及 CO_2 气体。这些低分子气体对温度、压力很敏感，流体的体积进一步受热膨胀。在储集层封闭状态下，泥页岩无法进一步压实，形成异常高压。

表 3-1 成岩过程中的有机质热演 （据潘钟祥等，1987）

成岩阶段 划分方案		有机质热演过程					
		成熟阶段	镜质组反射率 $R°/\%$	最大热解峰温 $T_{max}/℃$	孢粉颜色和热变指数 TAI	温度 /℃	烃类
早成岩阶段	A	未成熟	<0.35	<430	黄色 <2	常温 ~65	生物气
	B	未成熟	<0.5	<435	深黄 <2.5	65~85	
中成岩阶段	A_1	低成熟	0.5~0.7	~440	橘黄~棕 2.5~2.7	85~110	原油为主
	A_2	成熟	0.7~1.3	~460	橘黄~棕 2.7~3.7	110~140	
	B	高成熟	1.3~2	~480	棕黑 3.7~4	140~170	凝析油、湿气
晚成岩阶段		过成熟	2~4.5	~500	黑	170~200	干气

流体膨胀的结果是使孔隙体积增大，造成有效垂向应力降低，进而形成异常高压。因此流体膨胀的过程是使有效垂向应力降低的卸载过程。例如在图 3-3 中，D 点的有效垂向应力小于上部的 C 点，$\sigma_D < \sigma_C$，其应力-应变关系符合卸载曲线。

2. 地层抬升导致的剥蚀作用

当构造抬升使地层被风化剥蚀时，如果在构造抬升过程中，没有破坏抬升前地层的封闭环境，地层流体保持抬升前深度的压力。由于上覆应力减小，而孔隙压力近似不变，有效垂向应力降低，结果出现与正常压力梯度不相符的异常高压。该过程也是卸载的过程，应力-应变关系符合卸载曲线。

在图 3-7 中，虽然断层上盘页岩压力与下盘页岩压力相同，但是上盘页岩的平均海拔深度为 2438m，压力梯度为 0.0125MPa/m，远高于下盘页岩的压力梯度 0.01MPa/m。

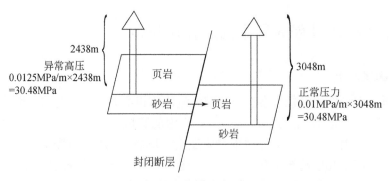

图 3-7 地层抬升后的剥蚀作用导致的地层压力升高

3.2.3 成岩过程中的异常高压作用机制

在泥岩成岩过程（clay diagenesis）中，除了压实作用外，还伴随着化学变化

（chemical compaction），如黏土矿物类型转变、胶结作用（主要包括碳酸盐胶结、硅质胶结、黏土矿物胶结和黄铁矿胶结）等。烃源岩需达到一定的温度，才会大量生成有机酸和 CO_2，同时，温度也控制了黏土矿物的成岩转化。转化时释放出来的层间水可作为有机酸和 CO_2 进入页岩中无机孔隙的载体。

蒙脱石是在碱性介质中形成的矿物，主要由火山灰和凝灰岩分解产生。在埋藏成岩过程，随着温度的增加，会发生脱水作用。这种作用不是一次形成的，而是随着埋深和温度的增加不断变化。蒙脱石的演变有两种：①在高钾的介质条件下经伊利石/蒙脱石（I/S）混层矿物向伊利石转化；②在富镁的介质条件下经绿泥石/蒙脱石混层（C/S）向绿泥石转化。

伊利石/蒙脱石混层演变与成岩阶段划分的对应关系见表3-2。在黏土成岩过程中，可分为五个转化带，其中在有机质低成熟期、成熟期和高成熟期分别出现三次迅速转化带，即形成蒙脱石→无序混层（渐变带）→部分有序混层（第一迅速转化带）→有序混层（第二迅速转化带）→卡尔克博格式有序混层（第三转化带）→伊利石（或绿泥石）的演变过程。

蒙脱石含有大量的晶层结构水和束缚水。Colten（1987）认为晶层结构水的密度比毛细管水的密度大。随着黏土埋藏深度不断加大，地层温度不断升高。当温度升至蒙脱石的脱水门限值时，蒙脱石将释放出大量的结构水、层间水和束缚水，并向其他黏土矿物转化。如果上述过程是处于封闭的地质条件下，所释放出来的水就会进入泥页岩的孔隙中积蓄起来，从而增加了孔隙流体的压力，使地层具有高异常地层压力。

表 3-2　成岩过程中的矿物演变（据于炳松，2016）

成岩阶段划分方案		自生黏土矿物			碳酸盐矿物		硅酸盐矿物	
		I/S 混层黏土矿物转化带	高岭石	伊利石/绿泥石	方解石	铁白云石	石英	长石
早成岩阶段	A	蒙脱石带（S 层>70%）	少见	无	泥晶（粒间）			
	B	无序混层带（S 层 50%~70%）	常见	无	亮晶		少见	
中成岩阶段	A_1	部分有序混层带	第一迅速转化带（S 层 35%~50%）	书页状、蛭石状	无	亮晶	亮晶，含量由少增大。可作为进入中成岩阶段的标志矿物	次生加大，或小晶体	次生加大，或溶蚀
	A_2	有序混层带	第二迅速转化带（S 层 15%~35%）		丝发状伊利石、绒球状或片状绿泥石				
	B	超点阵有序混层带	第三转化带（S 层<15%）	少见或消失					
晚成岩阶段		混层消失带（伊利石带）	消失	片状	脉状、裂缝充填普遍			

高岭石是在酸性水作用下，由长石及其他铝硅酸盐矿物分解形成。在 120～150℃时不稳定，演变类型是：①在高钾的介质条件下向伊利石转化；②在富铁、镁介质条件下绿泥石转化；③在高温的酸性条件下，转化为结构有序度更高的同族矿物—地开石。

3.3　异常高压形成机理的判别方法

3.3.1　判别原理与方法

判别页岩气藏异常高压的形成机理时，主要包括以下两个步骤。

（1）综合构造地质特征，甄别构造挤压机制或地层抬升导致的剥蚀作用形成的异常高压。

（2）根据地层测井参数对孔隙变形的响应特征不同，采用波速—密度交会图等方法进一步判别异常高压类别。

下面，根据体积属性（孔隙度、密度）和传导属性（声波速度、渗透率、电阻率）之间的差别，分析测井参数对孔隙变形的响应特征。

1. 测井参数对异常高压的敏感性

目前，在计算压力中采用的测井方法都与储层的体积属性（孔隙度、密度）或传导属性（声波速度、电阻率）有关。在一些存在异常高压的地层，仅利用密度和孔隙度不能检测出异常高压的存在，而利用声波速度和电阻率则能够反映出异常高压。

在加载和卸载过程中，不同测井曲线有不同的响应特征。Bowers（2001）把岩石孔隙分为两类：孔和喉（图 3-8）。孔的纵横比较大，在有效应力作用下不易变形。喉的纵横比较小，在 0.001～0.1，易受有效应力的影响。声波速度和电阻率表征岩石的传导特性，受喉的影响较大。而密度和孔隙度表征岩石的体积特性，受孔的影响较大。

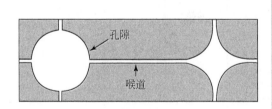

孔隙类型	纵横比	对流体膨胀的敏感性
（圆形，p）	>0.1	不敏感
（椭圆形，p）	0001～0.1	敏感
（扁平形，σ_{min}，P，σ_{min}）	<0.001	如果$P<\sigma_{min}$,不敏感 如果$P=\sigma_{min}$,敏感

图 3-8　页岩孔隙类型及其对有效应力的敏感程度（据 Bowers，2001）

综上所述，体积特性参数（密度和孔隙度）只与岩石孔隙的体积相关，受有效应力变化的影响小。传导特性参数（声波速度和电阻率）受孔隙尺寸、形状以及孔隙间连通状况等多种因素的综合影响，更易受有效应力变化的影响。

2. 根据波速-密度交会图确定异常高压类别

随埋深增加，如果岩石孔隙压力的增大幅度高于上覆应力增大幅度时，岩石有效应力减小，发生卸载。这时孔隙体积增大，声波和电阻率等传导特性对有效应力变化比较敏感，因而会发生明显的反转变化，而密度和孔隙度等表征体积属性的参数的变化不明显（图3-9）。

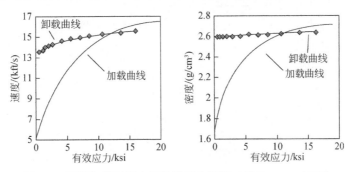

图3-9　页岩卸载过程中的物性变化特征（据 Bowers，1995）

Satti 等（2014）建立一种根据声波速度与密度交会图判别异常高压形成机制方法，可以把异常高压形成机制甄别为加载（loading）、卸载（unloading）、黏土成岩（chemical compaction 或 clay diagenesis）以及混合成因（chemical and unloading）（图3-10）。

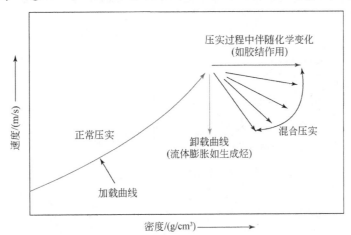

图3-10　声波速度与密度交会图判别异常高压类别（据 Satti *et al.*，2014）

3.3.2　常见异常高压机理的综合识别

1. 基于测井资料的异常高压判别方法

1）欠压实作用

欠压实和正常压实一样，都符合图3-10中的加载曲线。如图3-11所示，可近似认为欠压实段的波速–密度的交会点仍然分布在正常压实趋势线上。在欠压实段内，随深度增加，有效应力略有增加或不变、密度略有增加或保持不变、波速增加或保持不变。

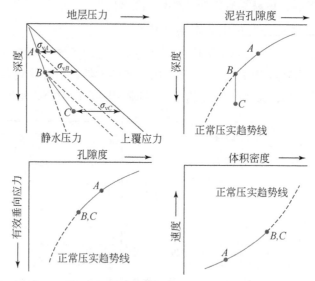

图 3-11　欠压实作用形成的异常高压的综合识别特征（据 Hoesni and Jamaal，2004）

2）卸载过程

如图 3-12 所示，受流体膨胀等卸载因素的影响，波速降低较快、密度略微减小（或不变）。波速–密度的交会点分布在该深度范围正常压实趋势线的正下方，或略偏左下方。

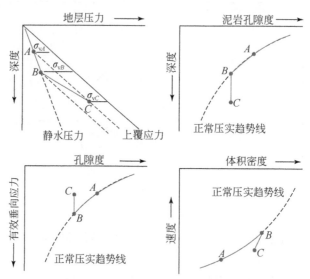

图 3-12　流体膨胀形成的异常高压的综合识别特征（据 Hoesni and Jamaal，2004）

3）黏土成岩作用

在泥岩的成岩过程中，除了压固作用以外，还可能受胶结作用（如形成钙质泥岩）影响。如图 3-13 所示，胶结作用使密度增加、孔隙度减小、声波速度略有增加。

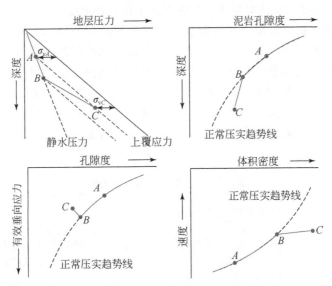

图 3-13　胶结作用形成的异常高压的综合识别特征（据 Hoesni and Jamaal, 2004）

　　因为快速沉降也会形成异常高的地温梯度，从而促进蒙脱石的脱水作用。在黏土成岩过程中，可能同时出现蒙脱石的脱水、流体膨胀和泥页岩的欠压实。如图 3-14 所示，受卸载作用和黏土成岩作用的综合影响，声波速度和密度的交会点一般分布在图 3-10 中的混合压实区。

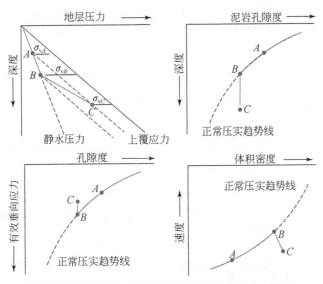

图 3-14　黏土成岩和流体膨胀作用形成的异常高压的综合识别特征（据 Hoesni and Jamaal, 2004）

2. 异常高压综合判别方法

　　国内外在预测泥页岩的异常地层压力时，广泛采用了地球物理、测井和压力测试等方法（表 3-3）。其中，地震预测法、钻井参数法及测井法等是间接预测地层孔隙压力的方法；生产测井和试油法为直接测量法，但仅适用于渗透性地层。

地震预测法属于钻前预测，在普查新区和老区的深部地层，无钻井资料和测井资料可以借鉴时，可以利用地质分析和地震资料在宏观上划定异常压力带和估计地层异常压力大小。地震预测法精度低，只能给出孔隙压力的近似值，但它对指导普查新区仍有着重要意义。钻井参数法和测井法都属于钻后预测，它们预测范围局限于一口井或几口井，但是它们所获得的数据不仅与地层深度对应，而且具有一定精度，这两种方法的共同不足之处在于预测结果受钻井影响较大。有地层压力测试资料时，可校核其他方法的计算结果。

表 3-3　异常高压综合判别方法

资料来源	指示高压的参数	判断异常地层压力的依据
地震勘探	地震（层速度）	层段声波传播时间（层速度倒数）随深度加大而减小，可建立正常趋势线，代表正常静水压力环境。异常高压环境具有孔隙度异常，从而偏离正常趋势线，以等值深度法可求得异常压力值
钻井	钻速	进入高压带后，页岩可钻性增加和压差减少，钻速增加
	d 指数法	钻速标准化后 d 指数与钻速成反比并随深度加大而加大。进入异常高压带，d 指数偏离正常趋势线呈异常低值，以等深度法求压力值
	dc 指数法	作泥浆比重校正的 d 指数法，判断方法同 d 指数法。
	泥浆性能变化	泥浆气侵，泥浆比重降低，压力波动，泥浆温度变高，电阻率及阳离子浓度变化，槽面变化，井溢，泥浆流速增加等皆为高压显示
	体积密度	泥页岩体积密度偏离正常趋势线呈现异常低值。可用等值深度法定量评价异常压力
	页岩岩屑的形状和大小	钻速增加时，岩屑大、呈锯齿状
测井	电测井（电阻率，电导率，页岩体积系数，自然电位，含盐度变化等）	泥页岩电阻率随深度而增加（电导率反之），可建立正常趋势线，异常高压带内泥页岩具孔隙度异常，使电阻率呈异常低值而偏离正常趋势线，以等深度法定量确定异常压力值
	声波传播时间	声波传播时间与孔隙度成正比，并随深度呈指数下降。可建立正常趋势线，异常高压带因孔隙度异常，使声波时差偏离正常趋势线呈异常高值。以等值深度法定量确定异常压力值
	体积密度	体积密度可能相对正常趋势线呈低值，或不变。等值深度法定量确定异常压力值
	生产测井	直接获得储层的压力资料，可作其他间接法的精度标准
直接测压	试油测压	直接获得储层的压力资料，可作其他间接法的精度标准

3. 4 异常高压的测井计算方法

3.4.1 建立泥岩正常压实趋势线

建立一口井或一个地区的正常压实趋势线，是研究异常高压的一个十分重要的环节。正常压实趋势线是对比的标准，也是分析异常高压的基础。有了正常压实趋势线，才能估算压力、评价孔隙度以及分析压实规律。错误的趋势线会导致完全错误的解释。

正常压实条件下，泥岩孔隙度与深度的关系：

$$\phi = \phi_0 e^{-cz} \tag{3-10}$$

考虑到孔隙度和声波时间的线性关系，可得

$$\Delta t = \Delta t_0 e^{-cz} \tag{3-11}$$

式中，ϕ 为孔隙度；ϕ_0 为深度为 0 时刻的孔隙度；c 为压实系数；Δt_0 是深度为 0 处的声波时差。

根据式（3-11），泥岩的声波时差与深度近似为指数关系，在半对数坐标纸上是一条直线，而在异常压力带顶界以下才偏离正常趋势。画出一口井的泥岩声波时差—深度曲线以后，应先把曲线分段，并且分析各段的特征，然后找出反映正常压实变化的静水压力段，建立该井的正常压实趋势线。

在一个地区进行异常压力研究之前，首先应从原始资料中提取出研究需要的数据。由于研究对象是泥岩，不但要根据泥岩段的特征划分岩性，同时要考虑干扰因素（如井径变化、岩性不纯、测量仪器不正常等）的影响。为了增强选值的可靠性，工作时应注意以下几点。

（1）尽可能选用相对纯净的泥岩。厚层泥岩内所夹薄层砂岩或钙质泥岩都会使泥岩的参数失真，因此在上述情况下最好少选或不选值。可是，在实际分析中砂质和钙质的影响很难消除，尤其是当整个剖面上都含钙质（且含量不均匀）时，会对取值带来很大的困难。应参考录井或测井解释剖面进行一致性检验。一旦出现了这些干扰，就要进行排除。

（2）为了清楚地表征泥岩参数随深度的变化，泥岩厚度最好为 2 ~ 9m。厚度不宜太大，否则取平均值时，将人为的压低读数；也不能太薄，否则读数的可信度差。

（3）具有严重井径扩大的泥岩段，所有测井仪器的灵敏度都会受到井眼垮塌的影响，应尽量避免取井径扩大的测井曲线。

（4）避免在临界压实深度以上选值。这个深度以上，泥岩的成岩性较差，特别是地表附近低速带内的数值更不可靠。各地区临界压实深度不同，例如，东营凹陷的临界压实深度为 400 ~ 600m。

（5）读数时，对那些突然变化的点数值要特别小心，既要反映地层的变化情况，也要照顾大多数点。因为无论是泥岩声波时差还是电阻率都是随深度而有规律变化，"怪点"多数是其他干扰的结果。

读数时应具体问题具体分析，有时断层、不整合甚至压力孔隙度的不均匀变化等的反映也会出现异常，所以要注意这些特征的辨认。为了消除人为判断上的失误，读数前应先规定一个统一的取值标准。彭大钧（1994）推荐了一套基于声波测井曲线的取值方法，主要包括。

（1）取均匀厚层中部的平均值。在泥页层上下界面处，与砂岩相邻的泥岩的孔隙度是减小的，所以泥岩的声波时差一般比中部小，出现"界面效应"。测井曲线并不反映岩层的真实速度变化，取值时应予以排除。

（2）层厚小于1m时不予取值。

（3）因为灰质、白云质夹层会造成声波时差减小，取平均值时要扣除夹层。

（4）必须注意井径的变化，如果泥岩声波曲线的尖峰与井径变化呈镜像关系时，不能取值。

（5）注意浅部气层的影响。声波时差大于泥浆的时差（640~660μs/m）时，一般不可靠，不能取值。

3.4.2　等有效应力方法

等有效应力法也称为等深度法，是指两点深度处如果具有相同孔隙度值，就有相同有效应力值。如图 3-15 所示，位于正常压实段内的深度 D_N 与位于高异常地层压力层段内的深度 D_A，它们的声波时差（或电阻率等）值相同，换言之，它们的孔隙度或有效应力相同，可以推导计算地层压力的公式。

以求图 3-15 中 A 点的地层压力为例：

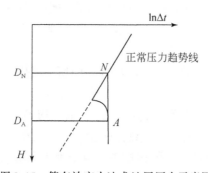

图 3-15　等有效应力法求地层压力示意图

由于 A 与 N 两个深度点的声波时差相同，可认为有效垂向应力相等，即

$$\sigma_{veN} = \sigma_{veA} \tag{3-12}$$

根据有效应力的计算公式，得

$$(\sigma_{ob} - \alpha P_p)_A = (\sigma_{ob} - \alpha P_p)_N \tag{3-13}$$

整理后得到

$$P_{pA} = [\sigma_{obA} - (\sigma_{ob} - \alpha P_p)_N] / \alpha \tag{3-14}$$

假设 $\alpha = 1$，式（3-14）可简化为

$$P_{pA} = \sigma_{obA} - (\sigma_{ob} - P_p)_N \tag{3-15}$$

由于 P_{pN} 为静水压力，式（3-15）可进一步化简为

$$P_{pA} = \rho_w g z_N + (\sigma_{obA} - \sigma_{obN})\tag{3-16}$$

如前所示，由于影响声波时差的因素很多，在实际工作中不宜单独使用声波时差测井法，最好能与其他测井法相配合，才能获得更为可靠的结果。

3.4.3　Eaton 方法

Eaton 于 20 世纪 80 年代，根据墨西哥湾等地区经验，采用层速度、dc 指数、电阻率测井、声波测井、密度测井进行地层压力评价。具体原理是：考虑上覆应力，建立实测参数值和正常压实趋势值的比值，并分析它和地层压力的关系。Eaton 法与等有效应力方法的差别见图 3-16。

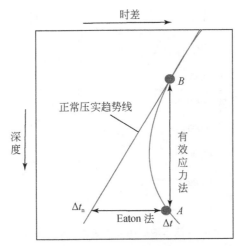

图 3-16　Eaton 法和等有效应力法求地层压力示意图

以声波测井为例，图 3-16 中 A 点孔隙流体压力的计算公式为

$$P_p = \sigma_{ob} - (\sigma_{ob} - P_n)\left(\frac{\Delta t_n}{\Delta t}\right)^3\tag{3-17}$$

式中，σ_{ob} 为上覆应力，P_n 为正常压实的静水压力，Δt_n 为该深度点在正常压实趋势线上对应的声波时差值。

3.4.4　Bowers 方法

Bowers（1995）认为等效深度法和 Eaton 法只适用于欠压实形成的异常高压，即符合加载过程的异常高压作用机制。对于卸载过程中形成的异常高压，Bowers（1995）提出了一种"修正"的等效深度法。

在正常压实趋势线上，有

$$V = 1524 + A\sigma^B\tag{3-18}$$

式中，V 是波速，m/s；σ 是有效应力，MPa。

在异常高压段处, 以 B 点为例, 波速与有效应力之间的关系式:

$$V = 1524 + A\left[\sigma_{\mathrm{Max}}\left(\frac{\sigma}{\sigma_{\mathrm{Max}}}\right)^{\frac{1}{U}}\right]^{B} \tag{3-19}$$

把式 (3-18) 代入式 (3-19), 异常高压段处的有效垂向应力可由下式计算:

$$\sigma_{B} = \sigma_{\mathrm{Max}}\left(\frac{\sigma_{A}}{\sigma_{\mathrm{Max}}}\right)^{U} \tag{3-20}$$

式中, σ_{B} 是 B 点的有效应力; σ_{A} 是与 B 点对应的等深度点 A 的有效应力 (图 3-17); U 是工区常数, 一般在 $3\sim8$ (U 越小, 弹性越强); σ_{Max} 和 V_{Max} 是开始卸载时在地层中的最大有效应力和声波速度。

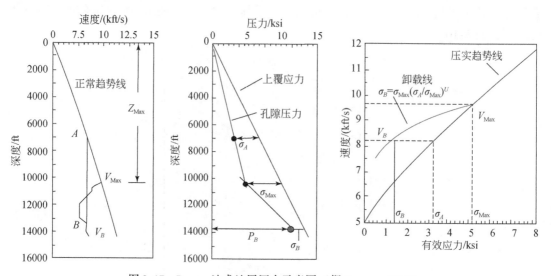

图 3-17　Bowers 法求地层压力示意图 (据 Bowers, 1995)

当 U 等于 1 时, 式 (3-20) 简化为等效深度法。

为了提高计算精度, Bowers (2001) 进一步详细讨论了如何根据声波和密度交会图计算 σ_{Max} 和 V_{Max} (图 3-18)。

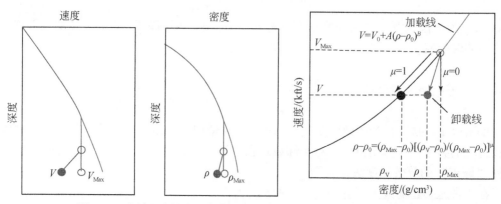

图 3-18　声波和密度交会图求 ρ_{Max} 和 V_{Max} 示意图 (据 Bowers, 2001)

如图 3-18 所示，在正常压实泥岩层段中，波速和密度之间满足以下关系：

$$V=V_0+A\ (\rho-\rho_0)^B \tag{3-21}$$

式中，A 和 B 是曲线拟合参数；V_0，ρ_0 分别是有效应力为 0 时的地表波速和密度。

在墨西哥湾的泥岩，Bowers 拟合的正常压实段的方程为

$$V=1460+900\ (\rho-1.3)^{3.57} \tag{3-22}$$

式中，V 是波速，m/s；ρ 是密度，g/cm^3。

在异常高压段，密度满足以下关系：

$$\frac{\rho-\rho_0}{(\rho_{Max}-\rho_0)}=\left(\frac{\rho_V-\rho_0}{\rho_{Max}-\rho_0}\right)^{\mu},\ \mu=\frac{1}{U} \tag{3-23}$$

式中，ρ 是高压层段的密度；ρ_{Max} 是卸载开始时的密度；ρ_v 是将高压段的波速 V 代入正常压实层段中的波速和密度关系式后计算的密度。Bowers 发现在墨西哥湾 $U=3.13$ 的计算效果很好。

根据式 (3-23)，得 ρ_{Max} 的计算式：

$$\rho_{Max}=\rho_0+\left(\frac{\rho-\rho_0}{(\rho_V-\rho_0)^{\mu}}\right)^{\frac{1}{1-\mu}} \tag{3-24}$$

把 ρ_{Max} 代入式 (3-21) 得到 V_{Max}。把 V_{Max} 代入式 (3-18) 可求出 σ_{Max}。

3.4.5　基于孔隙度的计算方法

如图 3-19 所示，Athy (1930) 提出地层孔隙度和有效应力具有如下关系：

$$\phi=\phi_0 e^{-a\sigma} \tag{3-25}$$

式中，ϕ_0 为有效应力为 0 时的孔隙度（即地表孔隙度）；σ 为有效应力；a 为常数。

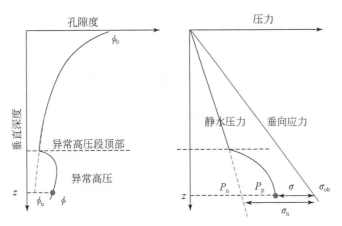

图 3-19　孔隙度、压力和应力与垂深关系示意图

式 (3-25) 适用于高压异常段，变形得到有效应力的表达式：

$$\sigma=\frac{1}{a}\ln\frac{\phi_0}{\phi} \tag{3-26}$$

在正常压实条件下，有效垂向应力与孔隙度之间有类似的关系式：

$$\phi_{\mathrm{n}} = \phi_0 e^{-b\sigma_{\mathrm{n}}} \tag{3-27}$$

式中，ϕ_{n} 是该深度在正常压实趋势线的孔隙度，σ_{n} 为该深度在正常压实趋势线的有效垂向应力，即

$$\sigma_{\mathrm{n}} = \frac{1}{b} \ln \frac{\phi_0}{\phi_{\mathrm{n}}} \tag{3-28}$$

结合式（3-26）和式（3-28），可以得到

$$\frac{\sigma}{\sigma_{\mathrm{n}}} = \frac{b \ (\ln\phi_0 - \ln\phi)}{a \ (\ln\phi_0 - \ln\phi_{\mathrm{n}})} \tag{3-29}$$

异常高压层的有效应力和孔隙压力有如下关系：

$$p_{\mathrm{p}} = \sigma_{\mathrm{M}} - \sigma \tag{3-30}$$

式中，σ_{M} 为异常高压段页岩的外部应力；p_{p} 为高压段的孔隙压力。

考虑到异常高压是两个水平侧向应力与垂向应力的作用结果，Traugott（1997）提出：

$$\sigma_{\mathrm{M}} = \frac{\sigma_{\mathrm{H}} + \sigma_{\mathrm{h}} + \sigma_{\mathrm{ob}}}{3} \tag{3-31}$$

式中，σ_{ob} 为垂向主应力，MPa；σ_{H} 为最大水平主应力，MPa；σ_{h} 为最小水平主应力，MPa。

在正常压实趋势线上，有效垂向应力和正常孔隙压力有如下关系：

$$p_{\mathrm{n}} = \sigma_{\mathrm{ob}} - \sigma_{\mathrm{n}} \tag{3-32}$$

式中，σ_{ob} 为垂向应力；σ_{n} 为正常压实的孔隙压力。

将式（3-30）和式（3-32）代入式（3-29），就可以得到孔隙压力、上覆应力和孔隙度的关系式：

$$p_{\mathrm{p}} = \sigma_{\mathrm{M}} - (\sigma_{\mathrm{ob}} - p_{\mathrm{n}}) \ \frac{b \ (\ln\phi_0 - \ln\phi)}{a \ (\ln\phi_0 - \ln\phi_{\mathrm{n}})} \tag{3-33}$$

在正常压实条件下，孔隙度可以表示为

$$\phi_{\mathrm{n}} = \phi_0 e^{-cz} \tag{3-34}$$

式中，z 是地表以下的垂直深度；c 为泥页岩压缩系数。

将式（3-34）代入式（3-33），可以得到孔隙压力和孔隙度的关系式：

$$p_{\mathrm{p}} = \sigma_{\mathrm{M}} - (\sigma_{\mathrm{ob}} - p_{\mathrm{n}}) \ \frac{b \ (\ln\phi_0 - \ln\phi)}{acz} \tag{3-35}$$

如果高压异常由欠压实形成，只需考虑垂向应力的影响，则 $\sigma_{\mathrm{M}} = \sigma_{\mathrm{ob}}$，$b \approx a$，上式可进一步简化为

$$p_{\mathrm{p}} = \sigma_{\mathrm{ob}} - (\sigma_{\mathrm{ob}} - p_{\mathrm{n}}) \ \frac{(\ln\phi_0 - \ln\phi)}{cz} \tag{3-36}$$

3.5　钻井参数计算法

在正常压实的砂–页岩剖面中，由于页岩密度随井深的增大而加大，因此，当钻压、转速、钻头类型以及水力条件一定时，页岩的钻速随井深的增大而减小。但是，当钻入高压异常地层压力过渡带时，钻速就立即增大。根据钻速突然加大现象，可以判定地下可能

存在高异常地层压力过渡带。

d 指数法是用来标定钻进速度的。影响钻速的因素较多，为了能够较准确地反映出钻速与高异常地层压力之间的关系，就必须消除其他因素对钻速的影响。d 指数可以代替钻速，其计算公式为

$$d = \frac{\lg 0.0547 \frac{v}{N}}{\lg 0.0684 \frac{P}{D}} \tag{3-37}$$

式中，v 为钻速，m/h；N 为转速，r/min；P 为钻压，kN；D 为钻头直径，mm。

为了消除钻井液密度对 d 指数的影响，可以用 dc 指数代替 d 指数，它们之间的关系为

$$dc = d \frac{\gamma_w}{\gamma_m} \tag{3-38}$$

式中，γ_w 为正常地层压力下当量密度（即地层水密度），kg/m³；γ_m 为实际使用的钻井液密度，kg/m³。

在正常情况下，d 指数或 dc 指数是随井深增加而增大的，当钻遇高异常地层压力过渡带时，d 指数或 dc 指数将向着减小的方向偏离正常压实趋势线。绘制研究井的 d 指数（或 dc 指数）与深度关系曲线，可以用它来预测过渡带的顶部位置和异常地层压力。

在正常压实段，dc 指数与有效应力是指数关系：

$$d_{cn} = m\sigma^b \tag{3-39}$$

在异常压力段，采用 Eaton 方法：

$$P_p = \sigma_{ob} - (\sigma_{ob} - P_n) \left(\frac{d_c}{d_{cn}}\right)^{1.2} \tag{3-40}$$

式中，σ_{ob} 为上覆应力，P_n 为正常压实的静水压力，d_{cn} 为该深度点在正常压实趋势线上对应的 dc 指数值。

第4章 页岩储层压裂改造技术

页岩气储层与砂岩储层相比非均质性强，岩石力学性质差异大，常规砂岩压裂技术无法实现页岩储层的有效改造。经过多年发展，页岩气压裂技术已经形成了压前评价、压裂工艺、压裂液体系和压后评价等一整套独具特色的技术体系。

4.1 页岩气储层压裂前先导性评价

页岩气藏评价参数包括了地质因素和工程技术因素，在本书前述章节中已对地质因素有较为充分的介绍。王世谦等（2013）对国内外页岩气选区评价方法与关键参数进行了研究，在选区地质评价中应开展以下工作。

（1）页岩层系的区域地质特征评价。需要钻井、录井、测井、区域地层、构造、沉积、烃源岩、埋藏深度、断层等相关资料，其中区域断裂构造关系着油气保存问题，在中国南方海相页岩气选区评价中显得特别重要。

（2）页岩气藏分布特征评价。按照本书前述评价参数标准，综合页岩的岩相特征、有机质特征、矿物组成特征等，准确地识别与划分页岩气储层，指导页岩气水平井地质导向和压裂改造。

（3）页岩气资源潜力评价。页岩气压后产能影响因素包括储层有效厚度、有机质含量、成熟度、矿物组成、脆性、孔隙压力、基质渗透率以及原始地质储量等8项关键地质要素。目前，国内外有关页岩气资源评价的常用方法可以大致划分为容积法、类比法、统计法和动态法等4种。

（4）页岩气有利勘探区优选。北美地区页岩气勘探实践结果表明，尽管在一个页岩气勘探区带内页岩气呈连续性的广泛分布，但是仍然存在页岩气相对富集的所谓"核心"区。

4.1.1 页岩压裂缝类型

进行压裂的主要目的是获得高度破碎的大型缝网。根据地层脆性和压裂工艺的差异，可形成4种类型的压裂缝（图4-1）。采用活性水压裂液，在水平井段进行分段压裂后，主要形成压裂缝网，支撑剂在缝网中分布（图4-2），可采用微地震检测确定压裂缝网的范围，即压裂改造体积（SRV）。

针对压裂缝网，Cipolla等（2008）提出了FCI的概念，

$$FCI = \frac{x_n}{2x_f} \tag{4-1}$$

式中，FCI为缝网复杂度指数；x_n为SRV区的宽度；x_f为SRV区的半长。

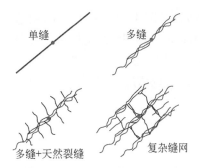

图 4-1　不同类型的压裂缝（据 Cipolla *et al.*，2008）

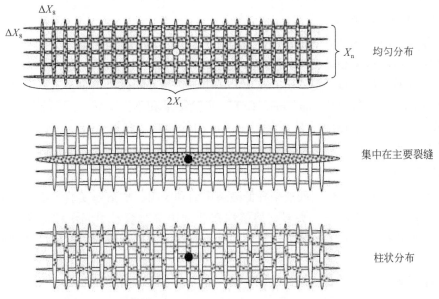

图 4-2　压裂缝网中支撑剂分布类型（据 Cipolla *et al.*，2008）

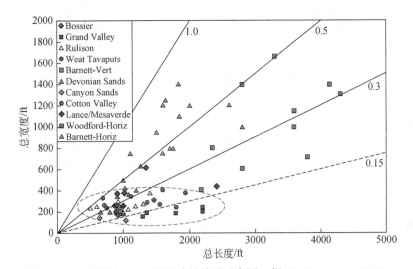

图 4-3　FCI 指数与 SRV 区尺寸的关系示意图（据 Cipolla *et al.*，2008）

　　根据 Barnett 页岩的统计结果（图 4-3），SRV 区面积越大，投产 6 月末的累积产气产量越高。在页岩气储层中，SRV 区的体积受裂缝间距、压裂液黏度、泵速、体积和支撑剂体积量的综合影响。采用同步压裂工艺或拉链压裂工艺，可以增加 FCI 指数。由于开采过程中地应力场的变化，重复压裂可以增加新的 SRV，并且增加 FCI 指数。

4.1.2　可压性室内评价方法

1. 脆性指数

影响页岩气压裂的页岩脆性特征已在第 1 章中阐述过。

2. XRD 和 LIBS 测试

通常采用 XRD（X-Ray diffraction）或 LIBS（laser-induced breakdown spectra）分析页岩中石英类、碳酸盐类和黏土类矿物的含量。石英类矿物包括石英、长石等；碳酸盐岩类矿物包括方解石、白云石、菱铁矿；黏土类矿物包括所有的黏土矿物。这些测试结果与毛细管渗吸时间（capillary suction time，CST）实验结果和不溶矿物（高岭石、绿泥石等）结合起来，可以确定使用酸液是否会产生可流动的颗粒。利用 XRD 矿物组分分析结果，也可以确定页岩的脆性指数，判断页岩的可压性。

3. 酸溶解实验

大多数页岩气井通常使用酸液来降低破裂压力和摩阻。酸溶解实验主要用来分析页岩矿物能够溶解在酸液中的量。页岩酸溶解性在低到中等时容易引起颗粒运移堵塞裂缝孔隙，需谨慎使用酸液。对于酸溶解性较低的页岩，建议使用弱酸与表面活性剂的混合液来处理地层。

4. CST 实验

利用页岩钻屑、碎片等页岩样品，对比 KCl 溶液与清水的渗吸时间，能够快速判断页岩中黏土矿物是否水敏或遇水膨胀。另外，页岩硬度实验也可以用来判断黏土矿物是否会遇水膨胀。虽然这些实验只是定性，不是定量评价，但比较实用，简单快速，成本较低。

5. 断裂韧性测试

断裂韧性表征了岩石阻止裂缝扩展的能力。页岩储层断裂韧性越小，压裂过程中裂缝穿透能力越强，储层改造体积也就越大。可以看出，地层的断裂韧性值越小，地层的可压性程度就越高。

页岩气裂缝破坏主要为 I 型［张开型，图 4-4（a）］、II 型［划开型，图 4-4（b）］。金衍和陈勉（2011）建立了关于 I 型、II 型断裂韧性的等效计算方法：

$$K_I = 0.2176P_c + 0.0059S_t^3 + 0.0923S_t^2 + 0.517S_t - 0.3322 \tag{4-2}$$

$$K_{II} = 0.0466P_c + 0.1674S_t - 0.1851 \tag{4-3}$$

式中，K_I 为 I 型裂缝断裂韧性；K_{II} 为 II 型裂缝断裂韧性；P_c 为围压，MPa；S_t 为单轴抗拉强度，MPa。

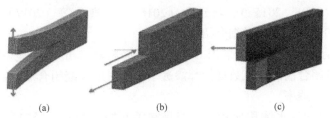

图 4-4　裂缝前缘 3 种变形状态（据陈万钢等，2018）

（a）Ⅰ型裂纹；（b）Ⅱ型裂纹；（c）Ⅲ型裂纹

陈建国等（2015）在金衍和陈勉（2011）的基础上，对下志留统龙马溪组富有机质页岩的Ⅰ型和Ⅱ型断裂韧性进行了大量拟合，研究发现拟合公式预测值与实测值相关性较高。富有机质页岩Ⅰ型和Ⅱ型断裂韧性均与岩石密度、声波时差呈正比，与页岩所含泥质含量成反比（图 4-5）。即页岩中总有机质含量（TOC）或黏土矿物越多，页岩断裂韧性越小，页岩起裂后越容易向前延伸。

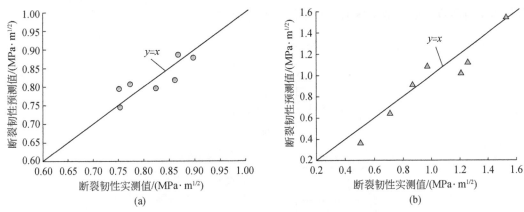

图 4-5　页岩Ⅰ型和Ⅱ型断裂韧性预测值与实测值对比（据陈建国等，2015）

（a）Ⅰ型；（b）Ⅱ型

6. 天然结构薄弱面分析

天然结构薄弱面主要包括节理、裂缝、断层和沉积层理面，是页岩储层形成复杂裂缝网络的基本条件。页岩储层天然结构薄弱面一般处于闭合或被充填的状态，水力裂缝延伸过程中能否穿过天然裂缝由天然裂缝自身性质决定，与缝内压力基本无关。天然裂缝的开启则由缝内液压决定，与水力裂缝是否穿过天然裂缝并不相关。如果压裂目的层中水力裂缝主缝能够穿透天然裂缝，则天然裂缝越容易开启，储层的可压性就越好。

4.1.3　诊断性压裂注入测试

页岩气层属于超低渗透率层，储层岩性、物性等非均质性强，传统试井方法难以在短期内有效地获取准确测试结果。诊断性压裂注入测试（DFIT）又称微注压降测试，由于测试工艺施工周期短、占用设备少，已成为页岩气藏常用的测试方法，但截至目前现场运用较少。杨宇等（2006，2015a）、蒋廷学（2016）、张逸群等（2017）、邹顺良（2017）对该方法的原理和运用进行过详细介绍。

DFIT 测试具有如下特点：①采用 G 函数导数分析法，可以确定关井后的滤失类型；②可以根据压裂缝闭合前的测试数据计算渗透率；③对压裂缝闭合后的数据进行分析，可以计算地层压力和渗透率。

因为 DFIT 测试的注水体积比较小，容易在关井期间测得拟径向流，具有如下优点：①注入压力不受限制，可以高于破裂压力；②不论在注入期间是否形成了压裂缝，都能使用本方法；③测试时间短，测试费用少；④计算的渗透率和地层压力值可信度高。

1. 诊断性压裂注入测试原理

页岩气诊断性压裂注入测试是以恒定的微小排量向储层注入一定量的液体，使地层产生微破裂，并在井筒周围产生一个高于原始地层压力的高压区，然后关井，裂缝内的液体逐渐滤失，井筒压力与原始地层压力达到平衡（图4-6）。该方法由于产生的微破裂裂缝能够穿透近井伤害带，并且能在较短的时间内出现拟径向流，利用不稳定试井原理，可以分析地层可压性、原始地层压力、有效渗透率等参数。

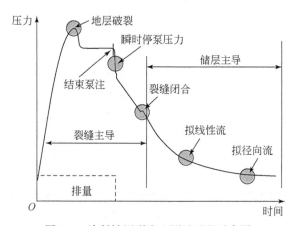

图4-6　诊断性压裂注入测试过程示意图

诊断性压裂注入测试曲线分为裂缝闭合前和裂缝闭合后两部分。裂缝闭合前分析（pre-closure analysis，PCA）采用特殊差分方法和时间函数（G 函数、$t^{1/2}$ 函数），能够获得液体滤失特性和闭合压力等。裂缝闭合后分析（after-closure analysis，ACA）能够获取地层的渗透率和原始压力。

G 函数特征曲线最初是由 Castillo 在 Nolte 压降分析的基础上改进而来的。G 函数特征曲线由于对压力变化特征敏感，是诊断性压裂注入测试分析的重要工具。Economides 和 Nolte（1987）推导出裂缝闭合后的分析方法。

Economides 和 Nolte（1987）给出了 G 函数的定义：

$$G(\Delta t_{\mathrm{D}}) = \frac{4}{\pi}\left[g(\Delta t_{\mathrm{D}}) - \frac{4}{3}\right] \tag{4-4}$$

$$g(\Delta t_{\mathrm{D}}) = \frac{4}{3}\left[(1+\Delta t_{\mathrm{D}})^{1.5} - \Delta t_{\mathrm{D}}^{1.5}\right] \tag{4-5}$$

$$\Delta t_{\mathrm{D}} = \left(\frac{t - t_{\mathrm{p}}}{t_{\mathrm{p}}} \right) \tag{4-6}$$

式中，t 为总时间，h；t_{p} 为泵注时间，h；Δt_{D} 为无因次时间。

Barree 等（2013）对这种分析方法进行了详细介绍，在分析中采用了两种类型的井底压力导数：$\dfrac{\mathrm{d}p}{\mathrm{d}G}$、$\dfrac{G\mathrm{d}p}{\mathrm{d}G}$，提出在压裂泵注的诊断测试中用 G 函数导数分析来确定滤失机理及储层特征。

2. 滤失类型的 G 函数判别方法

下面先介绍如何采用 G 函数导数曲线判断关井期间的滤失类型。

1）正常滤失

在停泵期间裂缝面积恒定时，出现正常的滤失特征。采用 G 函数导数分析时，如果正常滤失，叠加导数曲线是一条通过原点的直线（图 4-7）。在叠加导数数据开始向下偏离直线的时刻点（标记为"1"点），压裂缝闭合。

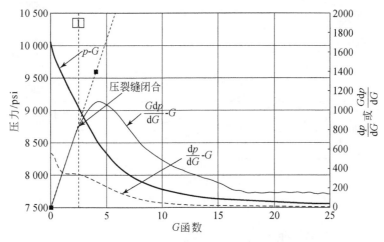

图 4-7　正常滤失 G 函数示意图（据杨宇等，2006）

2）压力相关的滤失

这种类型的滤失和地层中发育的天然裂缝网络有关，又称为 PDL 类型滤失。在曲线初期段，叠加导数曲线具有"隆起"特征（在表征正常滤失特征的外推直线的上方），表明测试期间天然裂缝张开，滤失随压力变化而发生变化。在隆起的末端处（标记为"1"点），可以识别天然裂缝的开启压力；在曲线中期段，叠加导数曲线是一条通过原点的直线，表明正常滤失特征。当叠加导数数据从外推直线向下偏离时（标记为"2"点），压裂缝闭合（图 4-8）。

3）停泵期间裂缝高度衰退

这种类型的滤失称为 FHR 类型滤失。采用 G 函数导数分析，当叠加导数数据处于正常滤失外推直线之下时（图 4-9），则表明在停泵期间裂缝高度减小，即下凹的压力曲线表明裂缝高度衰退。叠加导数数据向下偏离正常滤失外推直线的时候（标记为"1"点），压裂缝闭合。

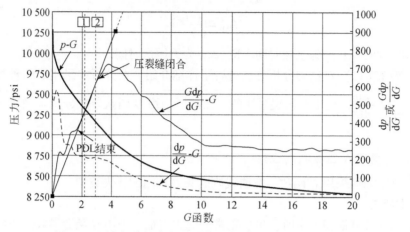

图 4-8　压力相关的滤失 G 函数示意图（据杨宇等，2015a）

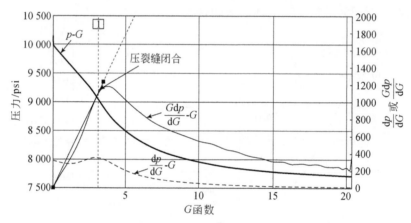

图 4-9　停泵期间裂缝高度衰退的 G 函数示意图（据杨宇等，2015a）

4）关井期间裂缝端部延伸

这种类型的滤失称为 FTE 类型滤失。叠加导数据是一条原点上方的外推直线，表明停止泵注期间压裂裂缝继续扩展，始终没有闭合（图 4-10）。

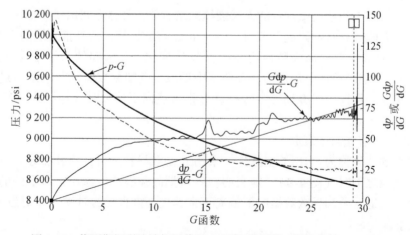

图 4-10　停泵期间裂缝端部延伸的 G 函数示意图（据杨宇等，2015a）

3. 裂缝闭合后分析

在压裂缝闭合后，依次出现地层线性流、拟径向流。采用双对数诊断曲线，可以判断压裂缝闭合时间，并且划分流动阶段。在图 4-11 的实例中，在标记为 "1" 点处压裂缝闭合。斜率为 -0.5 直线段是地层线性流段，斜率为 -1 直线段是拟径向流段。

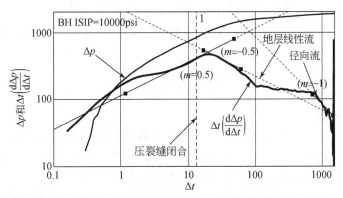

图 4-11　双对数诊断曲线判断流动阶段实例（据 Economides and Nolte，1987）

以下方程可以描述地层线性流阶段的压力变化：

$$p\ (t)-p_r=M_L F_L\ (t,\ t_c)\tag{4-7}$$

在地层线性流期间，M_L 是一个常数。线性流时间函数 $F_L\ (t,\ t_c)$ 定义如下：

$$F_L\ (t,\ t_c)\ =\frac{2}{\pi}\sin^{-1}\sqrt{\frac{t_c}{t}},\ t\geqslant t_c\tag{4-8}$$

采用压差 $p\ (t)\ -p_r$、压力导数和线性流时间函数平方 $M_L F_L\ (t,\ t_c)^2$ 的双对数图可以判别地层线性流阶段。在地层线性流阶段，压差和压力导数直线的斜率都是 1/2，两条直线之间的距离是 2。

图 4-12 是压裂缝闭合后数据的双对数曲线，可以判断关井期间是否出现了拟线性流或拟径向流。

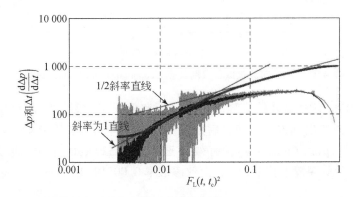

图 4-12　压裂缝闭合后的双对数诊断实例（据 Economides and Nolte，1987）

在 DFIT 测试后期，地层中出现拟径向流。拟径向流与注入体积、气藏压力、地层渗透率和压裂缝闭合时间有关。拟径向流阶段期间的压力的变化用方程（4-9）定义：

$$p(t)-p_r=M_R F_R(t, t_c), \quad t>t_c \tag{4-9}$$

方程（4-9）中，p_r 是气藏压力。径向流时间函数 F_R 定义为

$$F_R(t, t_c)=\frac{1}{4}\ln\left(1+\frac{\chi t_c}{t-t_c}\right), \quad \chi=\frac{16}{\pi^2}\approx 1.6 \tag{4-10}$$

根据压力和径向流时间函数 F_R 的关系曲线，从截距可以计算气藏压力，从斜率 M_R 可计算渗透率值：

$$\frac{Kh}{\mu}=251000\left(\frac{V_i}{M_R t_c}\right) \tag{4-11}$$

其中，V_i 为注入体积。

在双对数图中，可以用压差 $p(t)-p_r$、压力导数和径向流时间函数 F_R（或者线性流时间函数平方 $F_L(t, t_c)^2$）的关系曲线识别拟径向流段，如果压差和压力导数与 F_R 都是斜率为 1 的直线，而且重合，就可确定为拟径向流段。

在图 4-12 中，可以清楚地判断关井期间出现了地层线性流和拟径向流。但是因为地层线性流阶段出现太早，在图 4-12 中很难确定两条直线之间的距离是否为 2。

因为关井期间出现拟径向流，可以用类似于霍纳（Horner）分析法来计算渗透率。在图 4-13 中根据直线段与纵坐标轴的交点，计算出地层压力（1164psi），根据直线斜率，计算地层渗透率值为 2.82mD。

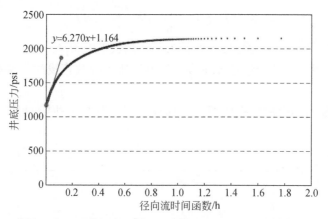

图 4-13　拟径向流段拟合实例（据 Economides and Nolte，1987）

邹顺良（2017）阐述某井的裂缝闭合后分析实例。该井裂缝闭合后分析（图 4-14）显示关井 241.3h 开始出现拟径向流，后期特征明显，得到地层压力 41.763MPa，地层流度 $0\sim 0.1731\times10^{-3}\ \mu m^2/(mPa\cdot a)$，有效渗透率 $0.00529\times10^{-3}\ \mu m^2$。通过双对数分析（图 4-15）验证，等效裂缝半长 15.1m，有效渗透率 $0.00519\times10^{-3}\ \mu m^2$，与裂缝闭合后分析几乎一致。

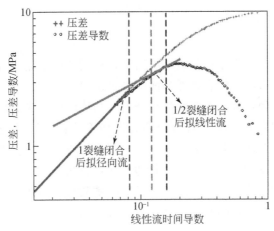

图 4-14　裂缝闭合后分析图（邹顺良，2017）

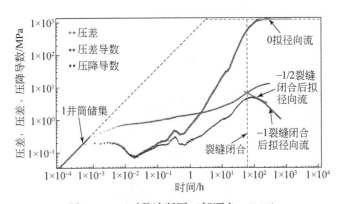

图 4-15　双对数诊断图（邹顺良，2017）

4. 注入排量

为避免液体对储层的伤害，应在使储层产生裂缝达到获取参数的条件下，尽量减少液量。可以利用径向达西定律计算最大注入排量。

$$q_i = \frac{367kh\ (p_f - p_i)}{\mu\beta\left(\ln\dfrac{r_e}{r_w} + S\right)} \tag{4-12}$$

式中，q_i 为最大注入排量，L/min；k 为储层渗透率，mD；p_f 为地层破裂压力，MPa；p_i 为储层原始地层压力，MPa；μ 为流体黏度，mPa·s；β 为流体体积系数；r_e 为泄流半径，m；r_w 为井筒半径，m；S 为表皮系数，无因次。

5. 注入液体类型

诊断性压裂注入测试液体应选取清水或柴油等非造壁性牛顿流体。其原因是液体在未受伤害岩石中的流动可用恒压边界条件下的一维线性流渗流模型来描述，可以认为裂缝面流体压力不随时间变化，远场孔隙压力为常数。

4.1.4　可压性评价新方法

页岩气压后产气效果取决于压裂裂缝网络复杂程度和有效储层改造体积大小。裂缝网络的复杂程度与地层岩石的脆性和天然弱面的发育情况密切相关。地层岩石脆性越高，天然弱面发育，且压裂时闭合的天然弱面越易开启，则地层中形成的裂缝网络就越复杂。有效储层改造体积大小则主要取决于岩石断裂韧性和天然弱面被穿透性质，断裂韧性值越小，且初次相交时天然弱面能被水力裂缝穿透，则获得较大储层改造体积的概率就越大。

赵金洲等（2015）对页岩气储层可压性进行全面评价，对压裂裂缝网络复杂程度和有效储层改造体积大小进行描述，新方法引入了形成复杂裂缝网络的概率指数和获得较大储层改造体积的概率指数，再对两者进行平均得到最终的可压性系数值。

$$
\begin{cases}
F_{cf} = \dfrac{B_{rit} + P_n}{2} \\[2mm]
F_{srv} = \dfrac{K_n + C_n}{2} \\[2mm]
FI = \dfrac{F_{cf} + F_{srv}}{2}
\end{cases}
\tag{4-13}
$$

$$
p_n = \frac{p_{max} - p}{p_{max} - p_{min}}
\tag{4-14}
$$

$$
\begin{cases}
K_{I\,Cn} = \dfrac{K_{I\,Cmax} - K_{I\,C}}{K_{I\,Cmax} - K_{I\,Cmin}} \\[2mm]
K_{II\,Cn} = \dfrac{K_{II\,Cmax} - K_{II\,C}}{K_{II\,Cmax} - K_{II\,Cmin}} \\[2mm]
K_n = \dfrac{K_{I\,Cn} - K_{II\,C}}{2}
\end{cases}
\tag{4-15}
$$

$$
\begin{cases}
C_n = 1, & \text{水力裂缝直接穿透} \\
C_n = 0, & \text{水力裂缝被捕获}
\end{cases}
\tag{4-16}
$$

式中，F_{cf} 为复杂裂缝网络概率指数，无因次；F_{srv} 为获得较大储层改造体积的概率实数，无因次；FI 为可压性系数，无因次；B_{rit} 为脆性指数，无因次；P_n 为天然裂缝面张开的难易指数，无因次；K_n 为断裂韧性指数，无因次；C_n 为水力裂缝被穿透指数，无因次；p 为天然弱面张开的临界缝内压力，p_{max}、p_{min} 为任意产状天然托面张开的最大、最小临界缝内压力，一般取该目的层的最大、最小主应力，MPa；K_{IC} 为 I 型断裂韧性值，K_{ICmax}、K_{ICmin} 为区域最大、最小 I 型断裂韧性值，MPa·m$^{1/2}$；K_{ICn} 为 I 型断裂韧性值归一化指数，无因次；K_{IIC} 为 II 型断裂韧性值，K_{IICmax}、K_{IICmin} 为区域最大、最小 II 型断裂韧性值，MPa·m$^{1/2}$；K_{IICn} 为 II 型断裂韧性值归一化指数，无因次。

根据储层参数特征和计算模型特点，将可压性分为 3 个等级，见表 4-1。建议页岩压裂最好选在可压性系数大于 0.5 的页岩储层，如果不存在这样的区域，也应尽量选在可压性系数大的区域。

表4-1　不同级别可压性页岩储层特征

可压性级别	复杂裂缝网络			储层改造体积			可压性系数	可压性程度
	脆性指数	天然弱面张开难易指数	复杂裂缝网络概率	断裂韧性指数	被穿透指数	较大储层改造体积概率		
I	0~30%	0~30%	0~0.3	0~30%	0	0~0.15	0~0.225	低
II	30%~50%	30%~50%	0.3~0.5	30%~70%	0或1	0.15~0.5	0.225~0.5	一般
III	50%~70%	50%~80%	0.5~0.75	30%~70%	1	0.5~0.85	0.5~0.8	高

4.2　支撑剂评价与选择

4.2.1　常用支撑剂类型

支撑剂是压裂过程中随压裂液注入地层的固体颗粒，它能支撑住压裂裂缝，使其不闭合，从而使流体能够通过裂缝进入井筒。支撑剂类型主要有石英砂、陶粒和树脂砂三类。

下面先讨论支撑剂沉降速度影响因素。

页岩气采用滑溜水压裂过程中页岩发生拉伸和剪切滑移，有利于形成短而宽的复杂裂缝，增加了支撑剂的输送阻力。滑溜水压裂的支撑剂沉降，可近似采用斯托克斯（Stokes）定律预测。

$$v_{s} = (\rho_{p} - \rho_{f}) \ g d_{p}^{2} \ (18\mu)^{-1} \tag{4-17}$$

式中，v_s 为颗粒沉降速度，m/s；ρ_p 为支撑剂颗粒密度，kg/m³；ρ_f 为压裂液密度，kg/m³；g 为重力加速度，$g=9.8$m/s²；d_p 为支撑剂颗粒粒径，m；μ 为压裂液黏度，mPa·s。

从式（4-17）可以看出，支撑剂密度、粒径与沉降速度呈正相关关系，压裂液黏度与沉降速度呈负相关关系。其中，支撑剂粒径比密度对沉降速度影响更大。为了降低支撑剂沉降速度，利于压裂液输送支撑剂至地层深度，优先降低支撑剂粒径，其次降低支撑剂密度。对于脆性地层，通常使用粒径较小的100目粉砂、30/50目和40/70目石英砂或陶粒，粒径越小越容易输送到裂缝深部。

1. 石英砂

石英砂的主要成分为二氧化硅（SiO_2），同时伴生少量其他氧化物，比如 Al_2O_3、Fe_3O_3、K_2O 等。石英砂的视密度约为 2.65g/cm³，体积密度约为 1.7g/cm³，可承压34MPa。

石英含量高低是衡量石英砂质量的重要指标。中国石英砂中石英含量一般在80%左右，国外优质石英砂中石英含量可达到98%以上。中国石英砂主要产地有河北承德、甘肃兰州等。俞绍诚（2010）总结对比了承德砂和兰州砂的矿物成分（表4-2）。承德砂和兰州砂在28MPa下的破碎率分别为7.2%和11.9%。

表 4-2　承德砂和兰州砂矿物成分对比表（据俞绍诚，2010）

矿物成分		质量百分数/%	
		承德砂	兰州砂
石英		70.6	78.7
燧石		4.1	2
钾长石		5.6	1.3
斜长石		1.4	1
岩屑	喷出岩	0.9	1.7
	变质岩	12.1	6
	砂岩	0.3	1.7
	泥岩	4.4	2.7
	石灰岩	0.5	0.7

　　美国根据石英砂的物理性质的总体平衡情况，将石英砂分为优、良和非标等级。质量最好的石英砂产自美国北部和中部，通常称为渥太华砂，其质量超过了 API 推荐标准。布兰迪（Brandy）砂能够达到或超过 API 推荐标准。

　　渥太华砂通常又被称为白砂，主要开采自三个大型砂矿，圣彼得（St. Peter）、乔丹（Jordan）和温沃克（Wonewoc）。由于最主要的采矿区位于伊利诺伊州北部的渥太华区，因此渥太华砂就成为这类砂的统称。渥太华砂为单晶结构，纯净度高，色白或清澈，很高的圆度和球度，含微粒极少，酸溶解度低（伊科诺米季斯和马丁，2012），视密度约为 $2.65g/cm^3$。

　　Brandy 砂为多晶结构，颜色比渥太华砂深，通常被称为棕砂，主要产于美国得克萨斯州。与渥太华砂比，Brandy 砂棱角更多，长石含量更高。

　　2. 陶粒

　　陶粒主要由铝矾土烧结或喷吹而成，具有很高的强度，一般可分为中等强度和高强度两种。

　　中等强度陶粒由铝矾土或铝质陶土制造，视密度 $2.7 \sim 3.3g/cm^3$，可承压 $55 \sim 80MPa$。高强度陶粒由铝矾土或氧化锆等材料制造，视密度约为 $3.4g/cm^3$，可承压 $100MPa$。表 4-3 对中国和美国的典型陶粒进行了对比。

表 4-3　中国与美国典型陶粒化学成分和微观晶相对比表（据俞绍诚，2010）

类别	项目	中国			美国（CARBO 公司）		
		低密度中强/%	中密度中强/%	高密度高强/%	低密度中强/%	中密度中强/%	高密度高强/%
化学成分	Al_2O_3	23		82.5	51	72	83
	SiO_2	59.5		4.5	45	13	5
	Fe_2O_3	10.5		3.5	0.9	9.9	7

续表

类别	项目		中国			美国（CARBO 公司）		
			低密度中强/%	中密度中强/%	高密度高强/%	低密度中强/%	中密度中强/%	高密度高强/%
化学成分	TiO₂				3.5	2.2	3.7	3.5
	其他					0.9	1.4	1.5
微观晶相	高含晶相	刚玉	以刚玉为主	以刚玉为主			50	>70
	中含晶相	莫来石	少量	少量		50	50	<70
		方英石	少量			50		
	低含晶相	非品质		少量			<10	
	其他		>10	>10		<2	<2	<10

注：20/40 目，中国 0.9~0.45mm，美国 0.845~0.420mm。

3. 树脂砂

树脂砂又称树脂包层砂、树脂覆膜砂，是用树脂覆膜包裹支撑剂颗粒，提高颗粒强度。

树脂砂分为预固化和可固化两类。预固化树脂砂是指压前支撑剂已包涂好，具有较高的抗压强度，在压裂过程中随着压裂液泵入地层；可固化树脂砂是指压前用与地层温度相匹配的树脂包涂支撑剂，在压裂过程中随着压裂液泵入地层，待地层温度恢复后才固结，主要用于防治出砂。

树脂砂视密度约为 2.55g/cm³，略微低于石英砂。中等强度低密度或高密度树脂砂抗压强度能承压 50~70MPa。

4.2.2　支撑剂评价方法

1. 支撑剂物理性质

支撑剂的物理性质包括支撑剂的粒度组成、圆度与球度、酸溶解度、浊度、密度和抗压强度。支撑剂的物理性质决定了裂缝导流能力。

2. 支撑剂评价方法和指标

《水力压裂和砾石充填作业用支撑剂性能测试方法》（SY/T 5108—2014）对支撑剂物理性质的测试方法进行了规范。下面对支撑剂物理性质的测试方法作简要介绍。

1）平均直径的计算

支撑剂粒径测试实验中，样品至少应有 90%能够通过系列的顶筛并留在规格上下限筛内。大于顶筛筛网孔径的样品不应超过全部实验样品的 0.1%，留在筛系列底筛上的样品不应超过全部实验样品的 1%。即 850/425μm 支撑剂样品，留在 1180μm 筛内的不应超过全部实验样品的 0.1%，系列底筛 300μm 上的样品不应超过全部实验样品的 1%。中值直径和每一级的筛子分布的样品都是合格的。

平均直径 d_{av} 用于表征水力压裂支撑剂的分布，计算公式为

$$d_{av} = \sum (n \cdot d) / \sum n \tag{4-18}$$

式中，d_{av} 为平均直径，μm；$n \cdot d$ 为粒径平均值 d 与出现频率 n 的乘积。以 1180/600 μm 支撑剂的粒径平均值、粒径分布情况为例。

粒径分析计算见表 4-4。

表 4-4　平均直径计算参数

筛目	颗粒尺寸间隔/μm	粒径均值 d/μm	出现频率 n/%	n·d/μm
10~12	2000~1700	1850	0.0	0
12~16	1700~1180	1440	1.2	1728
16~18	1180~1000	1090	37.9	41311
18~20	1000~850	925	48.7	45047
20~25	850~710	780	11.9	9282
25~30	710~600	655	0.3	197
总计				97565

因此，平均直径 $d_{av} = \sum (n \cdot d) / \sum n = 97565/100.0 = 975.6 \mu m = 0.976 mm$。

2）支撑剂的球度、圆度

球度是支撑剂接近球状的程度。圆度是支撑剂棱角锐利程度或曲度。通常采用视觉方法描述支撑剂的球度和圆度。确定球度和圆度使用最广泛的方法是使用 Krumbien/Sloss 图版（图 4-16）。现在已采用照相技术或者数字技术描述支撑剂的球度和圆度。

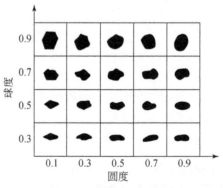

图 4-16　外观评估的支撑剂球度和圆度图示

陶粒支撑剂和树脂覆膜陶粒支撑剂的平均球度应大于或等于 0.7，平均圆度应大于或等于 0.7。其他类型支撑剂的平均球度应大于或等于 0.6，平均圆度应大于或等于 0.6。

3）酸溶解度

酸溶解度实验的目的是确定支撑剂遇酸时的适宜性。首选方法是使用 12∶3 的 HCl∶HF（即质量百分数为 12% 的 HCl 和 3% 的 HF）溶液。该方法中的支撑剂溶解度是支撑剂

中可溶物质（碳酸盐岩矿物、长石、氧化铁、泥质等）数量的一项指标。最大酸溶解度指标见表 4-5。

表 4-5　最大酸溶解度表

支撑剂粒径/μm	最大酸溶解度（质量分数）/%
树脂陶粒支撑剂、树脂砂	5
石英砂、陶粒支撑剂	7

4）浊度

浊度测试的目的是确定悬浮颗粒的数量，或存在的其他细微分离的物质。

浊度测试一般是测量悬浮物的光学性质，即液体中悬浮微粒分散和吸收光线的性能。浊度值越高，悬浮颗粒越多。大多数商业性浊度计附带的光束垂直于检波器的监测路线，这是首选测量方法。结果用 FTU 或 NTU 来表示。

石英砂浊度不应超过 150FTU，陶粒和树脂砂浊度不应超过 100FTU。

5）支撑剂体积密度、视密度和绝对密度

体积密度、视密度及绝对密度是支撑剂的重要特性。体积密度是描述充填一个单位体积的支撑剂质量，包括支撑剂和孔隙体积，体积密度可用于确定充填裂缝或装满储罐所需的支撑剂质量。视密度是表征不包括支撑剂之间孔隙体积的一种密度，通常用低黏度液体来测量视密度，液体润湿了颗粒表面，包括液体不可触及的孔隙体积。绝对密度不包括支撑剂中孔隙以及支撑剂之间的孔隙体积。

6）支撑剂破碎率

破碎率实验是确定给定应力条件下支撑剂破碎的数量，用于确定并比较支撑剂抗破碎的性能，不适用于可固化树脂砂。破碎应力级别见表 4-6，可根据用户需求，可施加其他应力条件。

表 4-6　支撑剂破碎应力分级参照表

支撑剂	破碎应力级别/MPa	
	最小	最大
人造支撑剂	35	103
天然石英砂	14	35

以支撑剂产生最大的破屑不超过 10% 来确定其承受的最高应力值，并向下圆整至最近一级的递减值 6.9MPa。表 4-7 建立了支撑剂 10% 破碎率的破碎等级，这一等级也代表了支撑剂能承受的最高应力。例如，以 33MPa 应力条件下支撑剂产生了 10% 的破碎率为例，向下圆整至 6.9×4，支撑剂能够承受的最大应力而不超过 10% 的破碎率的应力值是 28MPa，根据表 4-7，按照支撑剂破碎率小于 10% 提交的报告分类级别应是 4K。

表 4-7　ISO 13503-2 10%破碎等级分类表

10%破碎等级	应力/MPa	应力/psi
1K	6.9	1000
2K	13.8	2000
3K	20.7	3000
4K	27.6	4000
5K	34.5	5000
6K	41.4	6000
7K	48.3	7000
8K	55.2	8000
9K	62.1	9000
10K	68.9	10000
11K	75.8	11000
12K	82.7	12000
13K	89.6	13000
14K	96.5	14000
15K	103.4	15000

7）树脂砂的灼烧损耗

该实验的目的是确定树脂砂样品上可燃材料的数量。

4.2.3　特殊支撑剂

常规压裂以形成双翼缝为主，但页岩气压裂是以形成缝网为目的。支撑剂大量充填于页岩气压裂形成的主裂缝。微裂缝中如果不充填支撑剂，将在压裂结束后闭合，对产量贡献小。因此，页岩气压裂需考虑尽可能地将支撑剂充填入微裂缝，与砂岩、煤层压裂相比有显著差别，形成了超低密度支撑剂、自悬浮支撑剂、小粒径支撑剂等具有特色的支撑剂。

滑溜水是页岩气藏压裂最常用的压裂液，黏度低，基本上无法悬浮支撑剂。支撑剂被携带到裂缝端部主要依靠滑溜水的高速流动和冲刷作用。常规支撑剂在滑溜水中的沉降过程是瞬间的。支撑剂在压裂液中的沉降速度与相对密度有密切关系，为了延长支撑剂的沉降时间和增大有效支撑裂缝长度，开发出了低密度和超低密度支撑剂。

页岩气压裂施工广泛使用超低密度支撑剂，使压裂效果和页岩气藏开发的经济效益大为提高。超低密度支撑剂既具有较高的强度，又具有较低的密度。与常规支撑剂相比，超低密度支撑剂的沉降速度大大降低，从而可以获得较长的裂缝和较高的裂缝导流能力。

第一代超低密度支撑剂（ULW）相对密度为 1.25，不及石英砂相对密度（2.65）的一半。实践表明，该支撑剂具有足够的强度，可以应用于闭合压力高达 34.5MPa，地层温度超过 93℃的油气藏。

目前，在北美页岩气压裂中较为常用的超低密度支撑剂是 ULW-1.05。这是一种经过热处理的纳米复合微球。这种支撑剂没有毒性，密度为 $1.054g/cm^3$，圆度和球度均为 0.9 左右，使用的最高温度为 130℃，承受的最大闭合压力为 55.2MPa。这些基本性能均能够满足北美地区的页岩气储层要求。这种超低密度支撑剂的尺寸多为 40/70 目，也有 14/40 目，可以根据储层需要，生产不同的粒径，基本形状如图 4-17。

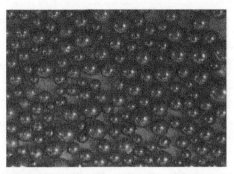

图 4-17　超低密度支撑剂（ULW-1.05）（Brannon *et al.*，2009）

1. 自悬浮支撑剂

除了通过降低支撑剂密度来降低沉降速度之外，还可以通过改变支撑剂表面的润湿性或体积的方式来控制沉降速度。自悬浮支撑剂就是通过支撑剂表面的化学处理以达到降低沉降速度而开发出的一种新型支撑剂。自悬浮支撑剂是在石英砂或陶粒外面包裹一层水凝胶聚合物。这种聚合物遇水后可以水化膨胀，降低支撑剂在低黏度压裂液中的沉降速度（图 4-18），能够将支撑剂输送到更远处以达到分布均匀的目的（图 4-19）。该技术不仅能够提高液体利用效率，提高支撑剂输送效果，而且可以减缓支撑剂导流能力的下降速度，减小对支撑裂缝的污染。

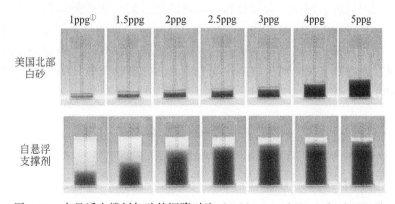

图 4-18　自悬浮支撑剂与砂的沉降对比（Goldstein and Vanzeeland，2015）

①1ppg=1lb/gal=99.69kg/m³。

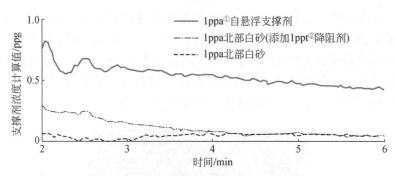

图4-19　自悬浮支撑剂与常规支撑剂的流动特征对比（Goldstein and VanZeeland，2015）

2. 100目支撑剂

在常规储层压裂中，100目甚至更小粒径的支撑剂用来封堵微裂缝，但在页岩气压裂中主要作用是支撑微裂缝，增大有效支撑体积，如图4-20。

图4-20　100目支撑剂（Al-Tailji *et al.*，2016）

尽管支撑剂的粒径较小，但对支撑剂各方面性能的要求并没有降低，仍然需要较高的抗闭合能力，同时圆度、球度、粒径分布等都要满足页岩气压裂的需要。针对页岩气压裂所开发出来的小粒径支撑剂，如粉陶、粉砂等，都有一定的行业评价标准。对于100目的陶粒支撑剂，由于粒径较小，因此对粒径的分选程度要求较高。另外就是抗破碎能力，要保证有效支撑，支撑剂必须具有较好的抗闭合能力，才能获得较长的支撑时间，进而保证较长的稳产时间。

4.3　压裂液体系

4.3.1　滑溜水压裂液体系

滑溜水压裂液是页岩气压裂的主流压裂液体系。Schein等（2004）给出滑溜水压裂的

---

①1ppa=120kg/m³。

②1ppt=0.12kg/m³。

定义：利用大量的水作为压裂液，产生足够大的裂缝体积和导流能力，以便从低渗的、较厚的产层内获得商业性的产能。最常用的液体体系就是只在清水中添加高分子聚合物减阻剂或者是低浓度的线性胶。

滑溜水压裂液主要由清水和减阻剂组成，黏度较低，容易配制，成本较低。其优势如下。

1）容易形成裂缝网络

对于天然裂缝比较发育的页岩，低黏度的滑溜水压裂液很容易使天然裂缝张开，产生更多的微裂缝，沟通大量的天然裂缝，从而形成复杂的裂缝网络系统［图 4-21（a）］。即使大量的微裂缝没有支撑剂进入和支撑，其渗透率仍要大于页岩基质几个数量级。这些微裂缝是页岩气渗流的主要通道。

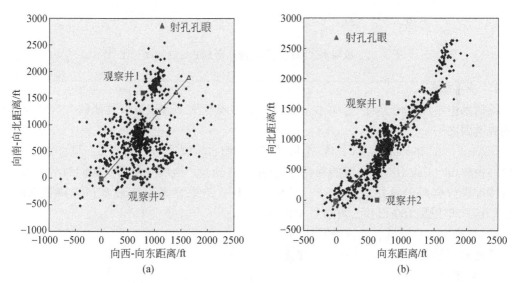

图 4-21　分别使用滑溜水和线性胶压裂时的微地震监测结果对比（Palisch *et al*. ，2010）
（a）滑溜水压裂；（b）线性胶压裂

2）容易携带支撑剂进入微裂缝

由于滑溜水黏度较低，携砂能力低，因此支撑剂在滑溜水中很容易沉降。这样，当滑溜水携带支撑剂离开井筒后，支撑剂将很快沉降在井筒周围的裂缝内。由于注入排量较大，支撑剂将在裂缝中形成一定高度的砂堤，达到动态平衡。后续注入的支撑剂将通过砂堤，不断进入新的裂缝内，并随压裂液进入微裂缝内。微裂缝开启后被填入支撑剂，能提高裂缝导流能力，特别是在裂缝垂向上部少量支撑剂仍能给整个裂缝带来较大的导流能力。

3）容易形成窄小裂缝

和胶联液、线性胶相比，滑溜水黏度更低，形成的裂缝宽度较小。图 4-22 中分别测试缝长 1000ft 和 500ft、缝高 100in 条件下常用压裂液裂缝宽度。XLGW（crosslinked gelled water）为胶联液，LG（linear gel）为线性胶，滑溜水为浓度 2% 的 KCl 溶液。可以看出，滑溜水裂缝宽度最小。页岩储层并不需要具有较高导流能力的人工裂缝。滑溜水对形成微缝最有利，最适合用来造裂缝网络，增大裂缝与储层的接触面积，尽可能地扩大页岩改造体积和泄流面积。

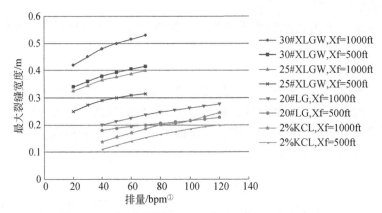

图 4-22 滑溜水和线性胶压裂液所形成的裂缝宽度对比

4）成本较低

滑溜水中添加的化学剂类型较少、加量少、成本较低。这是页岩气能够大规模商业开发的关键因之一。

Union Pacific Resources（UPR）是最早使用滑溜水压裂液的一家公司，早在 1995 年 10 月就在橡树山（Oak Hill）油田的棉花谷（Cotton Valley）地层中使用。他们对滑溜水压裂后的情况进行全面记录并对效果进行了详细分析，结果显示压裂成本可以降低 30% ~ 70%。1997 年压裂 160 口井，可节省 450 万美元。

5）低伤害，易返排，返排液易处理

滑溜水压裂液体系的组成有以下部分。

1）减阻剂

减阻剂是滑溜水压裂液的主要组成部分，在清水中的添加浓度为 0.25‰ ~ 1‰。主要有三种类型的减阻剂：阴离子型、阳离子型和非离子型。其热稳定性可达 204.4℃，在 287.8℃ 下开始降解。

减阻剂会造成地层污染，破胶剂需能够使减阻剂很快破胶返排出地层。据实验研究，发现即使减阻剂的浓度低至 0.25‰，仍会造成 0.946m³ 聚合物的潜在伤害。

2）杀菌剂

在滑溜水中使用杀菌剂主要是用来减少细菌的产生，但是添加杀菌剂会造成聚合物的降解，进而改变压裂液黏度等物理性能。通常情况下，氧气中的自由基团会造成聚合物的降解。杀菌剂需要与抗氧化剂或阻垢剂、防腐剂、聚合物等其他化学添加剂之间配伍。杀菌剂须安全高效、成本低。

杀菌剂的常用类型有季铵、戊二醛、氯化甲氧基甲基三苯基磷盐（THPS）等。在油田现场常用硫酮作为杀菌剂，实践证明这种杀菌剂不与减阻剂反应，对产酸细菌比较有

①1bpm = 2.65L/s。

效，与抗氧化剂的配伍性也较好。另外，杀菌剂对压裂液黏度有一定的影响，因此在配制压裂液时应该考虑不同杀菌剂类型对黏度的影响程度，优选合适的杀菌剂。

3）黏土稳定剂

在对页岩气大排量注入滑溜水压裂时，是否需要黏土稳定剂，一直存在争论。美国东北部的页岩黏土含量很高，以伊利石为主，需要添加黏土稳定剂。稳定黏土的常用办法就是使用浓度为 2% 的 KCl 溶液。

4）表面活性剂

使用表面活性剂的主要作用是降低表面张力。

5）阻垢剂

当 $CaSO_4$、$CaCO_3$ 和 $BaSO_4$ 等浓度超过一定值后，或者压力差足够大或者温度较低等情况时，会出现结垢沉淀等问题。

6）降滤失剂

现有的降滤失剂主要有烃类降滤失剂、陶粒类降滤失剂和聚合物类降滤失剂。

4.3.2　线性胶压裂液体系

线性胶是指一般水溶性聚合物与添加剂的水溶液，是未交联的携砂液，稠化剂的浓度也比一般的交联携砂液低，主要用于页岩气压裂缝口。线性胶分子是一种线型结构体系，该体系具有良好的耐剪切性能，在低砂比的情况下有利于压裂液携带支撑剂输送到更远的距离。线性胶压裂液体系的摩阻为清水摩阻的 23%~30%，因此可以大大降低施工压力及缝内净压力，降低压裂液在缝内流动阻力，有助于缝高的控制。线性胶压裂液体系能在要求的时间内彻底破胶，有利于压后及时返排，降低对储层伤害。因此，线性胶压裂液体系具有低伤害、低摩阻和一定的携砂能力。

线性胶压裂液体系由水溶性聚合物稠化剂与其他添加剂（如黏土稳定剂、破胶剂、助排剂、破乳剂、杀菌剂等）组成，具有易流动性，一般为非牛顿液体，可近似用幂律模型来描述。线性胶压裂液体系比较适合于物性稍差的底水气藏、特低渗气藏的压裂改造，并且在低渗储层改造中取得了一定的效果。

4.3.3　液化石油气压裂液体系

相对于滑溜水压裂液，液化石油气压裂液（LPG）主要成分是丙烷和丁烷，与天然气储层的互溶性较好，注入地层的气体也很容易在井口与甲烷分离出来，对地层没有污染。同时，液化石油气压裂液不需要处理地面返排水，而这正是滑溜水压裂液的一个比较棘手的问题。使用 LPG 压裂液时，先在地面注入交联的液化石油气压裂液，或者丙烷和丁烷的混合物，然后与支撑剂混合后泵入地层。液化石油气压裂液具有低黏度、低摩阻和低密度等特点（表4-8）。因此，所需要的泵注压力较低，泵注速度较大。

表 4-8　LPG 和滑溜水压裂液的特征对比

特征	LPG	滑溜水压裂液
黏度（105°F）/cp	0～8	0～66
比重	0～51	1～0.2
表面张力/（dyn/cm）①	7～6	72
生成反应物	非破坏性	潜在破坏性

　　使用 LPG 压裂液所产生的裂缝尺寸与常规压裂的对比如图 4-23。可以看出，LPG 压裂无水锁，有效裂缝长度显著增加。

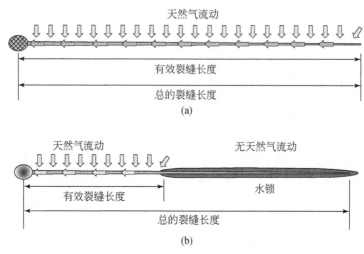

图 4-23　LPG 和滑溜水压裂液所形成裂缝的对比（据 Soni，2014）

（a）交联 LPG 压裂液压裂示意图；（b）常规压裂液压裂示意图

4.4　压裂工艺技术

4.4.1　易钻桥塞分段压裂

　　桥塞射孔连作是主流的水平井分段压裂技术。该技术通常采用套管固井，射孔后形成压裂液及油气流动通道，下入桥塞封隔。压裂施工结束后下入工具钻磨掉所有桥塞。页岩气压裂主要选择可钻式桥塞，主要特点是多段分簇射孔、可钻式桥塞封隔。可钻式桥塞分段压裂的优点有结合多段分簇射孔，可在水平段形成多条裂缝，有利于形成更复杂的裂缝网络，增大有效改造体积；压裂后可快速钻磨掉所有桥塞，并且易排出；可封隔已压裂

①1 dyn/cm=1 mN/m。

段，减小地层伤害。

可钻式桥塞分段压裂第一段由油管或者连续油管传输射孔，射孔后起出射孔枪，然后对第一段进行压裂，待第一段压裂结束后，用电缆或者连续油管下入射孔枪和可钻式桥塞，坐封封隔器，射孔枪与桥塞分离，试压，拖动电缆或连续油管，将射孔枪调整至射孔段，射孔，最后起出射孔枪。对第二段进行压裂。重复以上步骤，完成所有段的压裂。压裂结束后，通过连续油管钻磨掉所有桥塞。

4.4.2　连续油管无限级压裂

无限级压裂技术因为所受限制少，目前逐步推广应用。以贝克休斯连续油管无限级压裂为例，该技术是将滑套和套管一趟下入井内固井，井筒内实现全通径，可准确获取压裂起裂位置。滑套下入位置根据测井资料确定。压裂过程中通过连续油管打开滑套，由于不下入桥塞及投球打开滑套，因此无需后续磨铣桥塞。

该技术能减少压裂液用量。一是因为减少打磨射孔孔眼，或者下入电缆/射孔枪的液量。二是因为连续油管和管柱结构始终在井筒内，减少了顶替液量。一旦压裂过程中出现脱砂，可立即通过连续油管打循环处理，处理结束后，继续压裂施工。

4.4.3　同步压裂技术

同步压裂就是两口或更多的相互平行的井同时压裂。目的是使页岩地层遭受更大的压力，在地层内形成更为细小的像蜘蛛网似的三维立体复杂裂缝网络，从而达到裂缝与地层接触面积的最大化。相对于每口井的单独压裂，两口井同时压裂进入两口井之间地带的压裂液会更多，产生的裂缝面积会更大，如图 4-24。

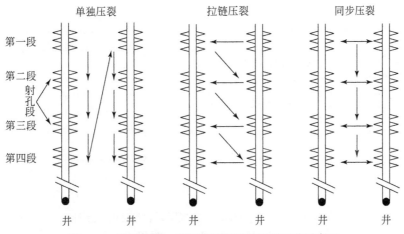

图 4-24　单独压裂、拉链压裂和同步压裂工艺示意图

同步压裂需要更多的配合，对后勤保障和组织指挥的要求更高，但可以节省成本和作业时间。刚开始常常是两口井进行同步压裂，随着对工艺技术的不断熟悉和实践，现在常

常是三口井或更多的井进行同步压裂。

4.4.4　拉链式压裂和两部跳压裂

拉链式压裂是将两口平行、距离较近的水平井井口连接，共用一套压裂车组进行 24 小时不间断地交替分段压裂，在对一口井压裂的同时，对另一口井实施分段、射孔作业。同步压裂是两口井同时压裂，另外两口井同时进行电缆桥塞作业，时效更高，但必须具备两套压裂机组，成本高。

两部跳压裂：利用压裂过程中所产生的应力干扰，尽可能地产生复杂裂缝网络。主要步骤是首先在水平井段前端某一位置压裂，再后退一定距离，进行第二段的压裂，最后在两段之间的某一位置进行第三段的压裂。这样，由于在前两段压裂中产生了应力干扰，改变了局部地应力场，那么第三段压裂所产生的裂缝会比较复杂，出现不同程度的裂缝转向，从而形成裂缝网络（Soliman *et al.*，2010）。

4.4.5　高速通道压裂

高速通道压裂是斯伦贝谢研发的压裂技术，已在国内外广泛运用。该技术与常规压裂的区别是改变了缝内支撑剂的铺置形态，把常规均匀铺置变为非均匀的分散铺置。人工裂缝由众多像桥墩一样的"支柱"支撑，支柱与支柱之间形成畅通的"通道"，众多"通道"相互连通形成网络，从而实现大裂缝内包含众多小裂缝的形态，极大地提高了油气渗流能力，所以被形象地称为"高速通道"压裂工艺（钟森等，2012）。

高速通道压裂采用限流压裂的多簇射孔工艺，在一长段内进行均匀的多簇射孔，相位和孔密度与常规射孔相同（图 4-25）。

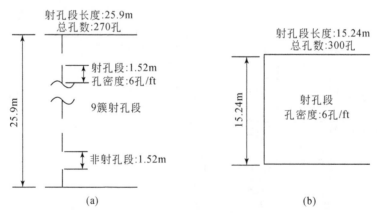

图 4-25　高速通道压裂与常规压裂射孔对比示意图
（a）高速通道压裂；（b）常规压裂

4.5　压裂裂缝监测

4.5.1　压裂裂缝监测方法

　　根据监测范围和手段的不同，目前压裂裂缝监测方法大致分为近场直接监测、远场直接监测和间接监测等三种，每种方法的优缺点具体见表 4-9 ~表 4-11。尽管方法较多，但页岩气压裂比较常用的是井下微地震、测斜仪、直接近井筒和分布式声传感（DAS）等裂缝监测技术。贾利春和陈勉（2012）对国外页岩气水力压裂裂缝监测方法进行了报道。

表 4-9　近场直接监测方法

诊断方法	主要限制	可能估计项目						
		长度	高度	宽度	方位	倾角	体积	导流
放射性示踪剂	探测深度 1 ~2km		√	√	√	√		
温度测井	小层岩石的导温系数影响结果		√					
HIT	对管柱尺寸改变敏感							√
生产测井	只能确定何层生产		√					
井眼成像测井	只能用于裸眼井				√	√		
井下电视	用于套管井，有孔眼的部分		√					
井径测井	裸眼井结果，取决于井眼质量				√			

表 4-10　远场直接监测方法

诊断方法	主要限制	可能估计项目						
		长度	高度	宽度	方位	倾角	体积	导流
地面倾斜图像	受深度限制	√	√			√	√	√
周围井井下倾斜图像	受井距限制	√	√	√	√	√	√	√
微地震像图	不可能应用于所有地层	√	√		√			
施工井倾斜仪像图	要用缝高及缝宽计算缝长	√	√					

表 4-11　间接监测方法

诊断方法	主要限制	可能估计项目						
		长度	高度	宽度	方位	倾角	体积	导流
净压力分析	油藏描述提供的模拟假设	√	√	√			√	√
试井	需要准确的渗透率与压力	√		√				√
生产分析	需要准确的渗透率与压力	√		√				√

4.5.2　压裂裂缝监测应用实例

微地震监测可以确定裂缝分布情况（图 4-26）。图中井水平段的方位是东北–西南向，结果产生的是沿水平井段分布的径向裂缝。压裂使用的是聚合物交联液，泵注排量为 70bpm，施工时间约 3h，加砂浓度平均为 3ppg。总液量为 11600bbl[①]，砂量为 700000lb[②]。最初的压裂延伸压力梯度为 0.61psi/ft[③]，在施工结束时，上升到 0～71psi/ft。监测井布置在位于该井的东南和西北方向，这样便于监测整个水平井压裂的覆盖范围和区域。通过裂缝监测结果来看，该井产生了径向裂缝，因此虽然形成了裂缝网络，但扩展范围较窄，宽度仅为 500ft。裂缝高度较小，穿越 Barnett 页岩的上下顶底板的高度有限。

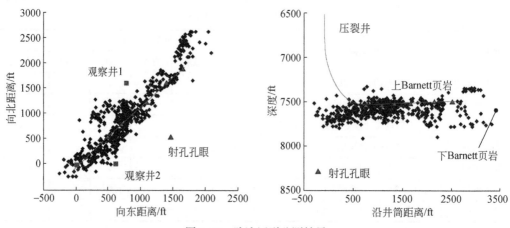

图 4-26　胶液压裂监测结果

根据胶液压裂监测结果分析认为，压裂效果不够理想，压后产量也证实这一点，因此，在压后生产几个月后，决定采取滑溜水重复压裂，以获得更高的产量。滑溜水重复压裂时，泵注排量为 125～130bpm，最后阶段为 90bpm。施工时间约为 6.5h，注入滑溜水为 60000bbl，支撑剂为 385000lb。初始破裂压力梯度为 0.7psi/ft，施工结束时为 0.77psi/ft。滑溜水重复压裂监测结果见图 4-27。显然，滑溜水重复压裂裂缝延伸范围远大于使用胶液的情况。重复压裂所产生的裂缝网络宽度约为 1500ft，长度约为 3000ft。裂缝在高度上穿越了 Barnett 页岩的上部顶层，甚至进入了 Barnett 页岩上覆的石灰层；下部进入了下 Barnett 页岩之下的 Viola 层位。这次重复压裂所获得的缝网改造体积大，沟通了大量的天然裂缝。据估计，所产生的裂缝体积为 $1.45 \times 10^9 ft^3$，而第一次使用胶液仅为 $4.3 \times 10^8 ft^3$。生产情况也证实了滑溜水压裂效果要好于胶液，说明滑溜水更容易产生裂缝网络，所获得的裂缝网络体积越大，产量越大。

---

① 1bbl＝0.159m³。

② 1lb＝0.454kg。

③ 1psi/ft＝0.023MPa/m。

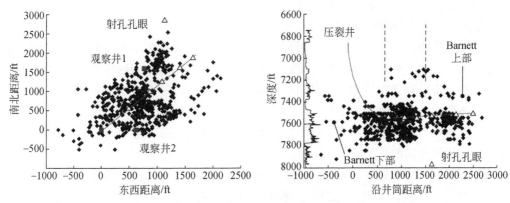

图 4-27　滑溜水重复压裂时的微地震监测结果

　　生产情况如图 4-28。在胶液压裂后的初产下降较快,半年后产量下降到 350Mcf[①]/d。同时发现观察井和测试井之间存在干扰。由于胶液压裂的改造体积远小于正常情况下滑溜水的改造体积,因此可以用来解释产量较低的原因。采用滑溜水重复压裂后,初产达到 1500Mcf/d,远高于胶液压后的产量。即使生产 3 年,滑溜水重复压裂后的产量仍高于胶液压后的产量。

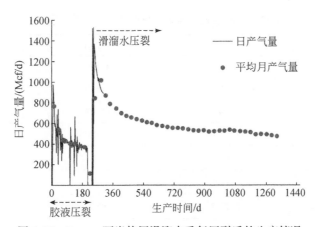

图 4-28　Barnett 页岩使用滑溜水重复压裂后的生产情况

4.6　页岩气压裂返排液处理

　　页岩气生产过程中产生的废水对水力压裂行业的发展形成了巨大挑战。页岩气开发过程采用水力压裂的作业方式,对水资源的需求量比较大。一个典型的页岩气水平钻井在钻探和水力压裂过程中需使用 $100×10^4 \sim 400×10^4$gal[②] 的水,而其中 50% ~70% 的水在该过

---

①　$1Mcf=28.317m^3$。

②　$1gal=16.387cm^3$。

程中会被消耗。同时，页岩气压裂液体系中一般含有杀菌剂、交联剂、破乳剂、降阻剂等多种添加剂，含有大量高分子聚合物。压入地层后与地层水、储层岩石等发生化学反应，同时受地层微生物影响，返排后还会带出大量烃类、重金属等污染物，因此压裂返排液具有成分复杂、污染物浓度高、处理难度高的特点。如果返排至地面的压裂废液不经过处理而直接外排，将会对周围环境，尤其是农作物及地表水系统造成污染；若进入市政污水处理系统，将严重影响污水处理效果。

只有了解水力压裂过程中的不同页岩区块中返排液的成分，才有可能为特定区块的返排液优化提供最合适的处理技术。

随着返排时间的延长，累积返排液量不断增加，返排液中总溶解固体、氯根、一些金属离子（总钙、总镁、总钡、总锶等）的浓度也不断增高，尤其是在产出水阶段，由于与地层接触时间长，返排液中总溶解固体浓度往往超过 $1.0 \times 10^5 \mathrm{mg/L}$，同时也含有相对较高含量的金属离子和有机物等。

表 4-12 列出了重庆涪陵页岩区压裂返排液的主要水质指标。从表 4-12 中可以看出，页岩气压裂返排液具有悬浮物多、总溶解固体含量高和成分复杂等特点。从每一项水质指标的波动幅度来看，即便是在同一页岩区，不同气井的压裂返排液也存在着一定的差别。除此之外，不同页岩区由于地质条件差异等原因在某些水质指标上可能存在着较大差别。

表 4-12　重庆涪陵页岩区压裂返排液的主要水质指标

项目井	1 井	2 井	3 井
$K^+ + Na^+ / (mg/L)$	2.242	6757.94	5478.99
$Ca^{2+} / (mg/L)$	49.26	186.97	112.18
$Mg^{2+} / (mg/L)$	22.41	22.69	68.07
$Cl^- / (mg/L)$	2501.6	9124.83	7106.84
$SO_4^{2-} / (mg/L)$	360	716.99	896.24
$CO_3^{2-} / (mg/L)$	0	0	22.5
$HCO_3^- / (mg/L)$	1447.7	2002.65	1808.1
总矿化度/(mg/L)	6623	18812.47	15942.93
水型	$NaHCO_3$	$NaHCO_3$	$NaHCO_3$
悬浮物含量/(mg/L)	269	952	18
pH	6.8	7	6.5
SRB 细菌/(个/mL)	25	0	$\geq 2.5 \times 10^5$
TGB 细菌/(个/mL)	$\geq 2.5 \times 10^5$	2.5	$\geq 2.5 \times 10^5$
FB 细菌/(个/mL)	$\geq 2.5 \times 10^5$	2.5	4.5
$Fe^{3+} / (mg/L)$	6	25	—

美国页岩气压裂返排液的处置主要包括 3 种方式，深井灌注、与清水混合回用和地面处理。

（1）深井灌注。是压裂返排液的主要处理手段。但是，按照美国环保署的要求，能够接纳页岩气压裂废水的灌注井远远不能够满足产生的大量压裂废水。相关法律对灌注井的选址、施工、运行以及法律责任等均有非常系统和明确的规定。因此，必须对返排至地面的压裂返排液进行处理。

（2）清污水混合处理。关键技术是清水和污水混合后能否达成较稳定的混合体系，是否对再次压裂产生影响。此外，清污水混合后造成腐蚀产物和污垢在设备内积聚，硫酸盐还原菌在此环境下将大量衍生并加快腐蚀，致使集输系统腐蚀情况急剧恶化。

（3）地面处理。主要根据不同地区压裂返排液水质的不同以及企业处理要求的不同，返排液的地面处理工程处理可分为三级。一般而言，一级处理主要去除返排液中的悬浮颗粒（TSS）、压裂液残余成分、原油等；二级处理主要去除 Ca^{2+}、Mg^{2+}、Ba^{2+} 和 Sr^{2+} 等金属离子；三级深度处理主要降低水中盐浓度，特别是 Cl^- 含量。第一、二级处理过程主要利用水力涡旋法、电絮凝法、化学絮凝法、树脂吸附法和软化法等技术进行处理；在进行第3级深度处理时，当返排液总盐度低于 40000mg/L 时一般采用超滤、纳米过滤和 RO 反渗透膜等技术，当总盐度高于 40000mg/L 时一般采用热处理技术。具体处理流程如图 4-29 所示，图中①～⑥为工艺顺序。

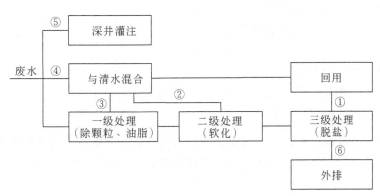

图 4-29　压裂返排液处理流程

第5章 页岩气藏数值模拟理论与应用

5.1 页岩气藏数值模拟理论

5.1.1 数理方程基础

本章页岩气藏数值模拟的基本假设条件如下：

(1) 页岩气藏为双重介质系统，气藏中每一个点同时存在两个不同的渗流场。

(2) 气体以游离态赋存于裂缝系统中，基质中吸附气和游离气并存。

(3) 页岩气藏只含甲烷一种组分。

(4) 基质微可压缩，游离气为真实气体。

(5) 气体吸附服从 Langmuir 等温吸附模型。

(6) 气体在基质孔隙及裂缝的流动考虑滑脱流。

(7) 气体在生产过程中，气藏温度保持不变。

(8) 忽略气体解吸造成的孔隙度变化，忽略重力影响。

1. 裂缝系统中的渗流方程

页岩气藏的裂缝系统中，页岩气在裂缝中的运移服从渗流和扩散两种机制；从基质系统进入到裂缝系统的气体可以看作连续性方程中的源项。所以裂缝系统中气体的质量守恒方程可表示为

$$-\nabla\cdot\left(\frac{v_{\mathrm{f}}}{B_{\mathrm{f}}}\right)+q_{\mathrm{fv}}+q_{\mathrm{mdes}}=\frac{\partial}{\partial t}\left(\frac{\phi_{\mathrm{f}}s_{\mathrm{f}}}{B_{\mathrm{f}}}\right) \tag{5-1}$$

式中，v_{f} 为裂缝中气体的流速，m/d；B_{f} 为体积系数，分数；q_{fv} 为产量项；$\mathrm{m^3/(m^3\cdot d)}$；$q_{\mathrm{mdes}}$ 为裂缝与基质的流量交换项，$\mathrm{m^3/(m^3\cdot d)}$；$\phi_{\mathrm{f}}$ 为裂缝的孔隙度；s_{f} 为气体饱和度；∇ 为哈密顿（Hamilton）算子。

页岩裂缝中气体运移包括渗流和扩散两种方式，所以流速 v_{f} 表示为

$$v_{\mathrm{f}}=v_{\mathrm{fD}}+v_{\mathrm{fS}} \tag{5-2}$$

式中，v_{fD} 是气体渗流速度，考虑气体的滑脱效应，服从修正后的达西定律；v_{fS} 是扩散速度，服从 Knudsen 扩散。式（5-2）可改写为

$$v_{\mathrm{f}}=\beta_{\mathrm{c}}\frac{-k_{\mathrm{f\infty}}\left(1+\dfrac{b_{\mathrm{k}}}{P_{\mathrm{f}}}\right)}{\mu_{\mathrm{f}}}\nabla(P_{\mathrm{f}}-P_{\mathrm{f}}gD)\ -\frac{D_{\mathrm{f}}}{\rho_{\mathrm{f}}}\nabla c_{\mathrm{f}} \tag{5-3}$$

式中，$k_{\mathrm{f\infty}}$ 为裂缝系统的绝对渗透率，$\mu\mathrm{m^2}$；P_{f} 为裂缝系统中的气体压力，kPa；μ_{f} 为裂缝系统中气体黏度，Pa·s；ρ_{f} 为裂缝系统中气体的密度，$\mathrm{kg/m^3}$；D 为深度，m；β_{c} 为单位

转换系数，8.64×10^{-6}。c_f 为裂缝系统中气体的质量浓度，kg/m^3；D_f 为裂缝系统中气体的扩散系数，m^2/d。

$$c_f = \rho_f \cdot s_f = \frac{P_f M_g}{ZRT} \cdot s_f \tag{5-4}$$

式 (5-4) 代入式 (5-3)，得

$$v_f = \beta_c \frac{-k_{f\infty}\left(1+\dfrac{b_k}{P_f}\right)}{\mu_f} \nabla(P_f - P_f gD) \ -\frac{D_f}{\rho_f}\nabla\left(\frac{s_f P_f}{Z}\right) \tag{5-5}$$

由真实气体状态方程可得

$$\frac{P_f}{Z} = \frac{P_{sc}T}{Z_{sc}T_{sc}} \cdot \frac{1}{B_f} \tag{5-6}$$

将式 (5-6) 代入式 (5-5)，再将式 (5-5) 代入式 (5-1) 中，整理得裂缝中气体渗流方程的一般形式为

$$\nabla \cdot \left[\beta_c \frac{-k_{f\infty}\left(1+\dfrac{b_k}{P_f}\right)}{\mu_f} \nabla(P_f - P_f gD) \ -D_f \nabla\left(\frac{s_f}{B_f}\right) \right] + q_{fv} + q_{mdes} = \frac{\partial}{\partial t}\left(\frac{\phi_f s_f}{B_f}\right) \tag{5-7}$$

2. 基质系统中气体渗流方程

基质系统中，存在自由气和吸附气。吸附气解吸成自由气之后通过扩散进入裂缝系统，裂缝和基质之间的窜流量可视为源项引入到渗流-解吸-扩散方程中。基质系统中气体的渗流方程可表示为

$$-\nabla \cdot \left(\frac{v_m}{B_m}\right) - q_{mdes} = \frac{\partial}{\partial t}\left[\frac{\phi_m s_m}{B_m} + (1-\phi_m)\rho_R q_{ades}\right] \tag{5-8}$$

式中，v_m 为基质中气体的流速，m/d；B_m 为气体的体积系数，分数；q_{mdes} 为裂缝与基质的流量交换项，$m^3/(m^3 \cdot d)$；ϕ_m 为基质孔隙度；s_m 为基质系统中气体饱和度；ρ_R 为基岩的密度，kg/m^3；q_{ades} 为页岩基质的解吸量，m^3/kg；∇ 为 Hamilton 算子。

与裂缝系统类似，v_m 经化简整理以后得

$$v_m = \beta_c \frac{-k_{m\infty}\left(1+\dfrac{b_k}{P_m}\right)}{\mu_m} \nabla(P_m - P_m gD) \ -\frac{D_m}{\rho_m}\nabla\left(\frac{s_m P_m}{Z}\right) \tag{5-9}$$

q_{mdes} 的表达式：

$$q_{mdes} = \frac{k_{m\infty}\left(1+\dfrac{b_k}{P_m}\right) \cdot \sigma}{B_m \mu_m}(P_m - P_f) \tag{5-10}$$

$$\alpha^* = 4\left(\frac{1}{L_x^2} + \frac{1}{L_y^2} + \frac{1}{L_z^2}\right)$$

式中，σ 表示基质与裂缝耦合因子；L_x、L_y 和 L_z 分别表示 x、y 和 z 方向的裂缝间距。

将式 (5-9)、式 (5-10) 及式 (5-3) 代入式 (5-8)，最后整理得

$$\nabla \cdot \left[\beta_c \frac{-k_{m\infty}\left(1+\dfrac{b_k}{P_m}\right)}{B_m \mu_m} \nabla(P_m - P_m gD) - D_m \nabla\left(\frac{s_m}{B_m}\right) \right] - q_{mdes} \tag{5-11}$$

$$= \frac{\partial}{\partial t}\left[\frac{\phi_m s_f}{B_m} + (1-\phi_m)\, \rho_m \frac{V_L P}{P_L + P} \right]$$

3. 模型的初始条件和边界条件

1）初始条件

页岩气渗流的初始时刻，即 $t=0$ 时，分别给出页岩储层基质和裂缝的压力空间分布，如式（5-12）所示。

$$\begin{cases} P_f(x, y, z, 0) = P_g^0(x, y, z) \\ P_m(x, y, z, 0) = P_g^0(x, y, z) \\ s_g(x, y, z, 0) = s_g^0(x, y, z) \end{cases} \tag{5-12}$$

2）外边界条件

定压外边界：当页岩储层外边界与水体相连时，页岩储层四周的压力能得到水体的补充，每一时刻，储层外边界上每个网格的压力分布都是已知的，表示如下。

$$P_g(x, y, z, t)\,\big|_\Gamma = P_e(x, y, z, t) \tag{5-13}$$

封闭外边界：外边界上没有流体流过，即边界外法线方向的导数为零。

$$\frac{\partial P}{\partial n}\,\bigg|_\Gamma = 0 \tag{5-14}$$

3）内边界条件

定产条件：

$$Q_{vg}(x, y, z, t) = Q_{vg}(t) \tag{5-15}$$

式中，Q_{vg} 为井的标准状况下的产气量函数，m^3/d。对于生产井，Q_{vg} 为负值，对于注入井，Q_{vg} 为正值。

定井底流压条件：

$$p_{fg}(x, y, z, t) = p_{wf}(t) \tag{5-16}$$

5.1.2　地下流体相态

实际地下气藏是多组分烃类系统，相图的形态和主要特征参数都受到混合物组分的直接影响，相图的变化有两个特点：①随着重组分比例的增加，临界点将向右下方迁移；②各组分的分配比例越接近，两相区的面积就越大，如果有某一组分占绝对优势，相图的面积就变得越狭窄。

烃类体系不同、其相态特征不同、相图特征也不同。

1. 干气气藏相图

在地层与分离器中，无液态烃析出的气藏为干气气藏。这类气藏成分以甲烷和乙烷为主（几乎达到90%以上），C_5 及以上的重烃含量极少。如图 5-1 所示，相图呈细窄条状，地层条件下（点 1）其等温压降线和地面分离器条件（点 3）都在相图露点线以外，所产出组分一直和原始气藏内的气体相同，没有伴生液体产出。

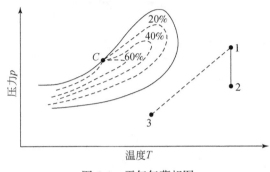

图 5-1　干气气藏相图

2. 湿气气藏相图

地下产层内无液态烃析出，但地面分离器内有液态烃析出的气藏为湿气气藏。这类气藏重烃含量略高于纯干气气藏，但仍以轻烃为主。如图 5-2 所示，湿气气藏的相图比干气气藏的相图稍宽，气藏温度高于临界凝析温度。在生产期间气藏内（地层条件下）混合气仍保持气相，但在井筒和地面条件下，进入两相区。

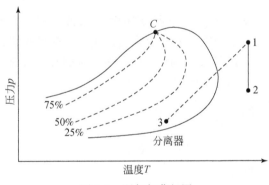

图 5-2　湿气气藏相图

3. 凝析气藏相图

以凝析油含量 $200g/m^3$ 为界限，产出凝析油的气藏可细分为含凝析油气藏和凝析气藏两大类。

（1）含凝析油气藏分为 3 类：微含（凝析油含量 $<20g/m^3$）、低含（凝析油含量 $20 \sim 50g/m^3$）和高含（凝析油含量 $50 \sim 200g/m^3$）。

（2）凝析气藏分为 3 类：贫（凝析油含量 $200 \sim 400g/m^3$）、中（凝析油含量 $400 \sim 600g/m^3$）和富（凝析油含量 $>600g/m^3$）。

对于凝析气藏来说，必须研究反凝析现象。正常情况下压力降低则液体蒸发，压力增加则蒸汽凝结，反凝析现象是指压力下降液体反而凝析出来。如图 5-3 所示，反凝析现象发生的条件是天然气温度大于临界温度，但小于临界凝析温度，同时，地层压力大于临界凝析压力。

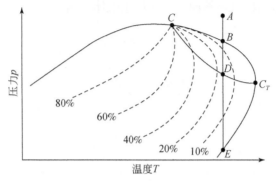

图5-3　反凝析现象示意图

假设气藏位于图中的 A 点，若采用等温降压的自然衰竭开采方式，那么气藏整个开采有4个凝析阶段特点：开采初期压力由 A 降至 B 段无相态变化；当压力降至 B 时开始有液相凝析出，在 BD 段内液相含量不断增大；在 DE 段内液相含量逐渐降低；压力降至 E 点以后重新进入普通干气藏无相态变化区。

BD 段和 DE 段是两个完全相反的过程，从 B 到 D 的压降段为反凝析（逆行凝析），连接 CDC_TBC 形成区域为反凝析区。根据相图还可得出气藏地下最大反凝析点 D 和产层内最大气液比。

在制定气藏的早期开发方案时，判断气藏中存在气油两相（即油环）十分重要。下面介绍常用的判断方法，主要是根据气藏井流物的组成，根据经验统计方法总结出来的。袁士义等（2003）对国内外常用的油环判断方法作过详细研究，发现这些方法大多数在国内外各气藏符合率较好，但个别方法的符合率偏低。

1. 气油比与气体地球化学系数判别法

$$Z_0 = \frac{C_1+C_2+C_3+C_4}{C_{5+}} + \frac{C_2}{C_3} \qquad (5-17)$$

其判别标准如表5-1所示。

表5-1　气体地球化学系数法判别标准（据袁士义等，2003）

气油比/（m³/t）	气体地球化学系数 Z_0	油气藏类型
<560	<7	油藏
900~2560	7~32	油环凝析气藏
2500~10000	20~100	凝析气藏带次生油藏
1100~58800	90~295	凝析气藏
>58800	>295	气藏

2. ϕ_1 参数判别法

$$\phi_1 = \frac{C_2}{C_3} + \frac{C_1+C_2+C_3+C_4}{C_{5+}} \qquad (5-18)$$

其判别标准如表 5-2 所示。

表 5-2　参数判别法分类标准（据袁士义等，2003）

ϕ_1 参数值	油气藏类型	ϕ_1 参数值	油气藏类型
$\phi_1 > 450$	气藏	$80 < \phi_1 \leqslant 450$	无油环的凝析气藏
$60 < \phi_1 \leqslant 80$	带小油环的凝析气藏	$15 < \phi_1 \leqslant 60$	带较大油环的凝析气藏
$7 < \phi_1 \leqslant 15$	凝析气顶油藏	$2.5 < \phi_1 \leqslant 7$	挥发性油藏（$3.8 < \phi_1 < 7$ 时，凝析气藏中含油层）
$1 < \phi_1 \leqslant 2.5$	普通黑油油藏	$\phi_1 \leqslant 1$	高黏重质油藏

3. 特征因子法

$$Z_1 = \frac{0.99F_1 + 0.99F_2 + 0.97F_3 + 0.88F_4}{3.71} \tag{5-19}$$

$$Z_2 = \frac{0.98F_1 + 0.99F_2 + 0.95F_3 + 0.79F_4}{3.71} \tag{5-20}$$

$$F_1 = \frac{C_1}{C_{5+}}、\quad F_2 = \frac{C_2 + C_3 + C_4}{C_{5+}}、\quad F_3 = \frac{C_2}{C_3}、\quad F_4 = C_{5+} \tag{5-21}$$

式中，F_i 是特征值（也称特征组分），$i = 1$，2，3，4；C_1、C_2、C_3、C_4 和 C_{5+} 分别是室内 PVT 分析的地层流体组分的摩尔分数。

其判断依据见表 5-3。

表 5-3　特征因子法判断依据（据袁士义等，2003）

判断条件	判断结果
$Z_1 \geqslant 21$，$Z_2 \geqslant 20.5$	不带油环凝析气藏
$21 > Z_1 \geqslant 17$，$20.5 > Z_2 \geqslant 17$	带小油环凝析气藏
$Z_1 < 17$，$Z_2 < 17$	带油环凝析气藏

4. 等级分类法

$$\Phi = \sum_{i=1}^{n} R_i \tag{5-22}$$

式中，n 是特征值（也称特征组分）的个数，$n = 4$；R_i 是特征值 F_i（也称特征组分）的秩数，在表 5-4 中根据 $F_1 \sim F_4$ 的值所在的区间查找。F_1、F_2、F_3、F_4 的定义与特征因子法中的定义一致。

表 5-4　特征值 F_i 的秩数（据袁士义等，2003）

F_i	$R_i = 5$	$R_i = 4$	$R_i = 3$	$R_i = 2$	$R_i = 1$	$R_i = 0$
F_1	0 ~ 25	25 ~ 50	50 ~ 75	75 ~ 100	100 ~ 125	>125
F_2	0 ~ 2	2 ~ 4	4 ~ 6	6 ~ 8	8 ~ 10	>10
F_3	1 ~ 2	2 ~ 3	3 ~ 4	4 ~ 5	5 ~ 6	>6
F_4	0.3 ~ 1.3	1.3 ~ 2.3	2.3 ~ 3.3	3.3 ~ 4.3	4.3 ~ 5.3	>5.3

等级分类法的判断标准是:

(1) $\Phi \leqslant 9$ 时, 为无油环的凝析气藏。

(2) $\Phi \geqslant 11$ 时, 为带油环凝析气藏。

(3) $9 < \Phi < 11$ 时, 为两种类型的混合带。

5.1.3　实际气体状态方程

对于游离状态的甲烷, 可以采用真实气体的状态方程描述其物性。

1. 真实气体的状态方程

根据玻意耳-查理定律, n kmol 的真实气体的状态方程为

$$pV = nZRT \tag{5-23}$$

式中, p 是气体的压力, MPa; V 是气体的体积, m^3; n 是气体的物质的量, kmol; R 是通用气体常数, 0.008314MPa · m^3/(kmol · K); T 是气体的绝对温度, K; Z 是气体偏差系数。

气体的体积可表示为

$$V = \frac{m}{\rho_g} \tag{5-24}$$

式中, m 是气体的质量, g; ρ_g 是气体的密度, g/cm^3。

将式 (5-23) 代入式 (5-24) 表示的状态方程, 即

$$\rho_g = \frac{pm}{nZRT} = \frac{M}{RT} \cdot \frac{p}{Z} \tag{5-25}$$

式中, M 是气体的摩尔质量, g/kmol。

2. 天然气的其他状态方程

式 (5-23) 是以实验研究方法为基础得到的, Z 是一个根据实验测定出的校正系数。建立气体状态方程的另一类方法是根据物质的微观结构, 从实际气体的分子运动和分子间相互作用构建气体的状态方程。常用的天然气状态方程有 VDW 状态方程, 以及在其基础上改进得到的 RK 方程、SRK 方程和 PR 方程等。

Peng 和 Robinson (1976) 提出的 PR 方程, 克服了 SRK 方程计算液相密度值偏低的缺点。我们以 PR 状态方程为例介绍状态方程的基本构成与应用。

$$p = \frac{RT}{(V_m - b)} - \frac{a}{V_m \ (V_m + b) \ + b \ (V_m - b)} \tag{5-26}$$

式中, V_m 为摩尔体积, m^3/kmol; R 为通用气体常数, 0.008314MPa · m^3/(kmol · K)。

式 (5-26) 整理成另一种表达式为

$$Z^3 - (1-B) \ Z^2 + (A - 3B^2 - 2B) \ Z - (AB - B^2 - B^3) = 0 \tag{5-27}$$

式中:

$$A = \frac{ap}{R^2 T^2} \tag{5-28}$$

$$B = \frac{bp}{RT} \tag{5-29}$$

$$Z = \frac{pV_{\mathrm{m}}}{RT} \tag{5-30}$$

公式中的 a 和 b 均与气体类型和温度有关，计算公式为

临界条件下：

$$b\ (T_{\mathrm{c}}) = \frac{0.077796RT_{\mathrm{c}}}{p_{\mathrm{c}}} \tag{5-31}$$

$$a\ (T_{\mathrm{c}}) = \frac{0.45724R^2 T_{\mathrm{c}}^2}{p_{\mathrm{c}}} \tag{5-32}$$

其他温度条件下：

$$b\ (T) = b\ (T_{\mathrm{c}}) \tag{5-33}$$

$$a\ (T) = a\ (T_{\mathrm{c}})\ \beta\ (T,\ \omega) \tag{5-34}$$

$$\beta\ (T,\ \omega)^{1/2} = 1 + (0.37464 + 1.54226\omega - 0.26992\omega^2)\ [(1 - (T/T_{\mathrm{c}})^{0.5})] \tag{5-35}$$

式中，T_{c} 为临界温度，K；p_{c} 为临界压力，MPa；ω 为偏心因子。

也可根据 Hernandez-Garduza 方程计算：

$$\beta\ (T) = 1 + C_1\ (1 - \sqrt{T/T_{\mathrm{c}}})\ + C_2\ (1 - \sqrt{T/T_{\mathrm{c}}})^2 + C_3\ (1 - \sqrt{T/T_{\mathrm{c}}})^3 \tag{5-36}$$

常见气体的基本参数见表 5-5。下面介绍状态方程的几个应用。

表 5-5　3 种常见气体的基本参数

气体类型	T_{c}/K	p_{c}/MPa	ω	C_1	C_2	C_3
N_2	126.19	3.396	0.040	0.43694	−0.07912	0.32185
CH_4	190.56	4.599	0.008	0.41108	−0.14020	0.27998
CO_2	304.13	7.377	0.225	0.71369	−0.44764	2.43752

1) 计算偏差因子 Z

在某一温度、压力条件下，根据式 (5-28) 和式 (5-29) 计算出 A、B 后，代入式 (5-27)，可求解出 Z。

2) 气体逸度

Peng 和 Robinson (1976) 根据热动力学关系式：

$$\ln\left(\frac{f}{p}\right) = \int_0^p \left(\frac{V_{\mathrm{m}}}{RT} - \frac{1}{p}\right) \mathrm{d}p \tag{5-37}$$

把式 (5-26) 代入式 (5-37) 得逸度 f 的计算式：

$$\ln\left(\frac{f}{p}\right) = Z - 1 - \ln\ (Z - B)\ - \frac{A}{2\sqrt{2}B}\ln\left(\frac{Z + 2.414B}{Z - 0.414B}\right) \tag{5-38}$$

5.1.4　数值模拟软件对比

迄今，已经有好几种能够用于页岩气储层动态分析的数值模拟软件。尽管大多数软件已在现场推广应用，但它们仍然有一定的不足。其中一些软件只能对页岩气储层的某一方面特点进行模拟，在使用这些软件时，必须认识它们的局限性。

　　目前使用较为广泛的商业软件有加拿大计算机模拟集团开发的 CMG-GEM 软件、斯伦贝谢开发的 Eclipse E300、美国先进资源国际公司开发的 COMET3 和 PHH 石油咨询有限公司开发的 GCOM。非商业性软件包括得克萨斯大学开发的 UTCHEM 和宾夕法尼亚州立大学开发的 PSU-COALCOMP。所有上述软件都能够使用 Langmuir 方程模拟单组分气体的吸附和解吸过程，并使用扩展 Langmuir 方程模拟多组分系统的吸附和解吸过程。在储层模型描述方面，这些软件可以模拟单孔隙度（SP）模型，双孔单渗（DP-SK）模型和双孔双渗模型（DP-DK）。

　　Andrade 等（2011）对页岩气数值模拟软件进行了综合对比（表5-6，表5-7）。

表 5-6　页岩气数值模拟软件主要特征（据 Andrade et al.，2011）

软件	商用	非商用	维度	计算方法		压力与饱和度求解	相		井数	
				数值	解析		单相	多相	单井	多井
ECLIPSE	√	√	3D	√	/	全隐式，IMPES	√	√	√	√
CMG	√	/	3D	√	/	全隐式，IMPES	/	√	√	√
UTCHEM	/	√	3D	√		IMPES	/	√	/	√
PMTx	√		2D		√	不适用	√	/	√	/
COMET3	√		3D	√		全隐式	/	√	/	√
PSU-COALCOMP	/	√	3D	√		全隐式	/	√	√	√
GCOMP	/	√	3D	√	/	/	/	√	/	√

表 5-7　页岩气数值模拟软件对比（据 Andrade et al.，2011）

软件包	软件	吸附模型	地层类型	吸附/解析			状态方程 EOS	局部加密
				瞬时吸附	非稳态	拟稳态		
ECLIPSE	E300	扩展 Langmuir	SP, DP-SK, DP-DK	√	√	√	P-R, R-K, S-R-K, Z-J-R-K	√
CMG	GEM	扩展 Langmuir	TP-DP, DP-DK, DP	/	√	√	P-R, S-R-K	√
UTCHEM	√	Langmuir 方程	TP-DK, DP-DK	/	/	/		√
PMTx	/	√	DP	/	√	√	Dranchuk and Abou-Kassem	不适用
COMET3	√	扩展 Langmuir	TP-DK	/	/	√		√
PSU-COALCOMP	√	IAS, 扩展 Langmuir	DP-DK, TP-DK				P-R	
GCOMP	√		DP-DK	√			/	/

　　SP. 单孔隙度；DP. 多重孔隙度；SK. 单渗透率；DK. 多重渗透率；TP. 三重介质；P-R. Peng Robinson；R-K. Redlich-Kwong；S-R-K. Soave-Redlich-Kwong；Z-J-R-K. Zudkevitch-Joffe-Redlich-Kwong；MIC. 多组分连续体模型。

5.2　Eclipse E300 数值模拟软件应用

5.2.1　多重孔隙度模型数值网格设置

在 Schlumberger 公司开发的 Eclipse E300 软件中，SHALE 模块用于页岩气数值模拟。由于页岩与煤层具有类似的性质，从储渗机理而言，煤层气储层和页岩气储层都具有裂缝，裂缝为流体的渗流通道，且二者都具有吸附、解吸和扩散特性。因此，Eclipse E300 的 SHALE 模块是煤层气 COALBED 模块的扩展。煤层的基质渗透率很低（视为 0），煤基质吸附的气体靠降压解吸，通过扩散至割理。由于气体仅通过裂缝渗流至井筒，煤层气 COALBED 模块采用了双孔隙模型。

与煤层气储层不同，页岩的基质孔隙具有一定的渗透率。在 COALBED 模块（考虑吸附的双孔模型）的基础上，SHALE 模块采用多重孔隙度网格（multi porosity）技术。在 z 方向，页岩的数模网格从上到下依次分为 3 种类型：基质层、裂缝虚拟层和基质亚层。对每 1 层地层而言，都有与其对应的 1 层基质层格（matrix cells，或 primary matrix）、1 层裂缝虚拟层（fracture cells）和多个基质亚层（matrix sub cells 或 second matrix）。

在图 5-4 中，共有两个页岩气地层。两个地层按相同的网格划分方法设置虚拟层，设置方法见表 5-8。

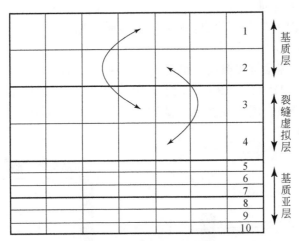

图 5-4　页岩气模型的多重网格系统划分示意图

表 5-8　地层与模拟层的对应关系

地层	z 方向的数模网格层		
	基质层	基质亚层 （虚拟层）	裂缝 （虚拟层）
#1	1	5、6、7	3
#2	2	8、9、10	4

（1）对#1 地层来说，第 1 层数模网格代表它的基质层，第 3 层数模网格代表它的裂缝虚拟层，5、6、7 层数模网格代表它的基质亚层。

（2）同理，对#2 地层来说，第 2 层数模网格代表它的基质层，第 4 层数模网格代表它的裂缝虚拟层网格，8、9、10 层数模网格代表它的基质亚层。

在图 5-4 中，基质网格与裂缝虚拟层之间的流动采用非邻联结（NNC）。类似地，基质网格与其对应的基质亚层之间流动也采用非邻联结技术。

与垂向网格层设置相关的关键词如下。

1）DIMENS 关键词与 NMATRIX 关键词

关键词"DIMENS"定义模拟网格数，一般用三个整数分别表示 x、y、z 方向上的单元格数。例如，图 5-4 中的页岩气模型在 x 方向上有 12 层网格，y 方向上有 7 层网格，z 方向上有 10 层网格，DIMENS 关键词设置为

DIMENS

12　7　10/

在多重网格（multi porosity）中，NMATRIX 关键词用于进一步定义基质孔隙系统的划分，其数值等于 1 个基质层与其对应的基质亚层的数目之和。

以图 5-4 中的网格体为例，每 1 个地层都有 1 层基质层网格，3 层基质亚层网格（即共有 4 层）。NMATRIX 关键词设置为

NMATRIX

4/

2）NMATOPTS 关键词

关键词"NMATOPTS"用于设定基质亚层的性质，有两个参数。

（1）基质亚层的形状。

在 SHALE 模块，基质被离散成一组基质亚层网格（matrix sub cells）。基质亚层的分布形式可以为线性（1D LINEAR）、径向（2D CYLINDRICAL 或 RADIAL）、球形（3D SPHERICAL）。如图 5-5、图 5-6 所示，基质亚层网格的尺度与其至裂缝的距离成指数关系。

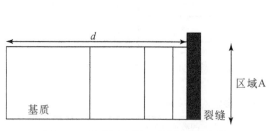

图 5-5　基质层离散（线性）示意图
（据 Schlumberger，2011）

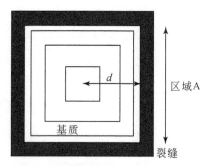

图 5-6　基质层离散（径向）示意图
（据 Schlumberger，2011）

在 E300 中还可设置为均质（UNIFORM）或垂直（VERTICAL）。如果设为垂直（VERTICAL），可以模拟重力对基质/裂缝间窜流的影响。

（2）裂缝单元的体积与最外层基质亚层网格的孔隙体积之比。

缺省值为 0.1。如果第 1 项参数为均质（UNIFORM）或垂直（VERTICAL），这项参数不需要赋值。

如果基质被离散成一组径向的基质亚层网格，裂缝单元的体积与最外层基质亚层网格的孔隙体积之比为 0.05，有

NMATOPTS

RADIAL　0.05/

5.2.2　页岩气藏模拟的常用关键词

与常规储层相比，需要额外设置页岩的吸附、解吸和扩散特性。另外，在页岩气藏的数学模拟中，多采用多段井（multi segment wells）技术模拟水平井或分支井。现对常用的几组关键词进行介绍。

1. 基质层与基质亚层的定义

采用 COALNUM 关键词与 COALNUMR 关键词

1）COALNUM 关键词

用来定义某一基质层网格的吸附特性，用数字 0，1，2，…来表示。其中 0 表示不具有吸附特性，非 0 的不同数字表示不同的吸附特性。COALNUM 在裂缝虚拟层网格应全部赋值为 0。

以图 5-4 中的网格体为例，如果两个页岩地层的吸附特性不同，则 COALNUM 应分别赋值为 1 和 2。

COALNUM

84 * 1　　--第 1 层网格（该层共有 84 个网格）赋值为 1

84 * 2　　--第 2 层网格赋值为 2

84 * 0　　--第 3 层网格为裂缝，不具有吸附特征

84 * 0/　　--第 4 层网格为裂缝，不具有吸附特征

2）COALNUMR 关键词

用在 COALNUM 关键词后，补充定义基质亚层的吸附性。当 COALNUM 为 n 时，如果 COALNUMR 也赋相同的数值，表明该基质亚层网格具有吸附特性；如果 COALNUMR 赋值为 0，表明该基质亚层网格无吸附特性，具有正常的孔隙度和渗透率等参数。

在 SHALE 模块中规定：①两种基质亚层网格间隔排列；②设置 COALNUMR 关键词时，还应参照 NMATRIX 关键词的参数（即每个基质层与其对应的基质亚层数目之和）。

以图 5-4 中的网格体为例，当 COALNUM 分别为 1 和 2 时，由于 NMATRIX 关键词赋值为 4，对应的 COALNUMR 关键词设置为：

COALNUMR

1　　0　1　0　1/--数字 1 后共有 4 个间隔排列的 0 和 1

2　　0　2　0　2/--数字 2 后共有 4 个间隔排列的 0 和 2

　/

2. 解吸类型的定义

采用 CBMOPTS 关键词。关键词有两个选项，分别对应页岩的两种解吸类型。

1）Time dependent 解吸

采用 Time dependent 类型的解吸模型时，基质亚层的划分，以及基质、基质亚层和裂缝之间的渗流如图 5-7 所示。

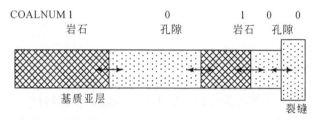

图 5-7　基质亚层的吸附类性（据 Schlumberger，2011）

2）Instant 解吸

采用 Instant 类型的解吸模型时，基质、基质亚层和裂缝之间的渗流如图 5-8 所示。

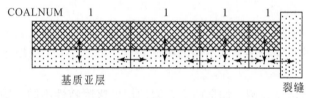

图 5-8　基质亚层的吸附类性（据 Schlumberger，2011）

CBMOPTS 关键词设为 Time dependent 解吸模型或 Instant 解吸模型时，对其他关键词的赋值也有影响。

（1）选用 Time dependent 解吸模型时，如果没有 ROCKFRAC 关键词，裂缝网格的实际孔隙度用下式计算：

$$\phi_{em} = 1 - \phi_m - \phi_f \tag{5-39}$$

式中，ϕ_{em} 为数模计算过程中的实际基质网格孔隙度，ϕ_f 为输入的对应裂缝网格的孔隙度，ϕ_m 为输入的对应基质网格的孔隙度。

在图 5-4 所示的网格中，以 $I=3$、$J=3$、$K=1$ 的基质网格（3，3，1）为例，与它对应的裂缝网格（3，3，2）。假如网格（3，3，1）的孔隙度 ϕ_m 赋值为 0.89，网格（3，3，2）的孔隙度 ϕ_f 赋值为 0.1，在数模计算过程中，基质网格（3，3，1）孔隙度实为 0.01（即 $1-0.89-0.1=0.01$）。

选用 Instant 解吸模型时，仍然以基质网格（3，3，1）为例，其孔隙度 ϕ_m 应赋值为 0.01，与它对应的裂缝网格（3，3，2）的孔隙度 ϕ_f 赋值为 0.1，在数模计算过程中直接采用网格的孔隙度值。

（2）Time dependent 解吸模型中，需要定义各气体组分的扩散系数。而 Instant 解吸模型是瞬时解吸，不再需要相应的扩散系数。

3. 吸附曲线与扩散特征的定义

采用 LANGMEXT 关键词和 DIFFCBM 关键词。

1）LANGMEXT 关键词

LANGMEXT 关键词用于定义模型中每种气体的 Langmuir 压力和 Langmuir 体积。以图 5-4 中的模型为例，如果两个页岩地层的吸附特征不同（即有 2 种不同吸附特征的页岩，COALNUM 设为 2），3 种气体（NCOMPS 为 3，且 CNAMES 设为 CO_2、N_2 和 CH_4）。

LANGMEXT

--COALNUM 为 1 的网格的 Langmuir 压力和 Langmuir 体积

276.0	0.9938	--CO_2
3951.0	0.482	--N_2
680.0	0.486/	--CH_4

--COALNUM 为 2 的网格的 Langmuir 压力和 Langmuir 体积

276.0	0.961	--CO_2
3951.0	0.441	--N_2
680.0	0.442/	--CH_4

/

2）DIFFCBM 关键词

DIFFCBM 关键词用于定义模型中每种组分的气体扩散系数。如果 2 种不同吸附特征的页岩（COALNUM 设为 2），3 种气体（NCOMPS 为 3，且 CNAMES 设为 CO_2、N_2 和 CH_4），有

DIFFCBM

--COALNUM 为 1 的网格中 CO_2、N_2 和 CH_4 的扩散系数

0.16　0.2　0.2 /

--COALNUM 为 2 的网格中 CO_2、N_2 和 CH_4 的扩散系数

0.16　0.2　0.2 /

/

4. 页岩裂缝系统的性质

1）应力敏感性

ROCKTAB 关键词可模拟页岩的应力敏感效应。ROCKTAB 主要由 3 项参数组成：地层压力、孔隙度倍数、渗透率倍数。PORO、PERMX、PERMY 和 PERMZ 关键词对网格赋值后，用关键词 ROCKTAB 对孔隙体积和渗透率乘以一定的系数，表征页岩裂缝系统的孔隙度和渗透率随地层压力下降的变化过程。

假设原始地层压力为 30MPa，ROCKTAB 关键词如下例所示。

ROCKTAB

--地层压力孔隙度乘数因子传导率乘数因子

| 5 | 0.8753 | 0.8278 |
| 10 | 0.8802 | 0.8418 |

20	0.9901	0.9704
30	1.0000	1.0000
40	1.0101	1.0305/

2）裂缝发育程度

SIGMAV 关键词用于在代表基质的网格中定义基质和裂缝之间的耦合因子。

$$\sigma = 4\left(\frac{1}{l_x^2} + \frac{1}{l_y^2} + \frac{1}{l_z^2}\right) \tag{5-40}$$

式中，l_x、l_y、l_z 分别为 x、y、z 方向的裂缝间距（即基质块尺寸）。

以图5-4中网格为例，假如两个页岩地层具有相同的裂缝密度，SIGMAV 关键词设置为

SIGMAV

0.08　　　　1　12　1　7　1　2/

5. 岩石的密度定义

ROCKDEN 关键词用于定义岩石密度。以图 5-4 中网格为例，如果地层岩石密度为 1434kg/m^3，ROCKDEN 关键词设置为

ROCKDEN

1434　　　　1　12　1　7　1　2/

6. 非达西流动的定义

对于压裂后的气井，近井带的气体流速较大。

$$\frac{\mathrm{d}p}{\mathrm{d}x} = \frac{\mu}{k}V + \beta\rho V^2 \tag{5-41}$$

式中，μ 为流体黏度；k 为渗透率；V 为渗流速度；β 为 Forchheimer 系数；ρ 为流体密度。

VDFLOW 关键词用于定义气体的 Forchheimer 系数 β，缺省值为 9.86 F（即10^7 cm^{-1}）。

7. 水平井的常规定义

为了定义确定一口井，必须按下面的顺序依次定义关键词：WELSPECS、COMPDAT、WCONHIST 或 WCONPROD。

1）WELSPECS 关键词

用于定义气井的常用数据。在定义一口井的其他关键词前，必须引入该关键词。共 13 个参数，包括：井名、所属的井组、直井井口（或水平井的"跟"）所在网格位置（I、J）、井底压力记录深度、主要流体类型、泄流半径、游离气在射开网格的流动方程类型、是否容许关井期间的层间越流、是否容许开井期间的层间越流、PVT 表号、井筒静压计算过程中流体密度的处理方式、FIP 表号。在 E300 中不会使用第 14、15 和 16 项参数。

2）COMPDAT 关键词

用于定义井的射孔段的性质。所有的单井至少必须定义一个射开的网格，共 14 个参数，包括：井名、射孔段所在网格位置（I、J、$K1 \sim K2$）、开/关射孔段、射孔段地层采用的相渗曲线的表号、射孔段地层的传导率乘数因子、井直径、射孔段地层的地层系数

（KH）、表皮系数、非达西流 D 系数、射孔段的井眼方位、Peaceman 半径。

由于 E300 中页岩气模型的理论基础是双孔隙模型，射孔段应定义在裂缝虚拟层。

3）WCONHIST 关键词

用于定义生产井在生产历史阶段的动态数据。定义 WELSPECS 和 COMPDAT 后，才能用关键词 WCONHIST 来描述生产井的生产历史。

4）WCONPROD 关键词

用于定义生产井在预测阶段的动态数据。气井用 WELSPECS 和 COMPDAT 引入后，才能用关键词 WCONPROD 来定义生产井的预测数据。

以图 5-4 中的模型为例：假如有一口井眼轨迹在#2 层的水平井，井眼直径 0.1m，它的"跟"在网格（5，5，2）网格，射孔层段分别在（5，5，2）、（7，5，2）和（9，5，2）网格。气井投产后，预计以 10000m³/d 的产气量生产。井底压力降到 5MPa（即 50bar）后，转入定井底压力生产。因为#2 层的裂缝虚拟层是第 4 层网格，射孔段应重新定义在第 4 层网格。

```
WELSPECS
   HW1   G1   5   5   1 *    GAS /
/
COMPDAT
   HW1   5   5   4   4   OPEN   1 *   1 *   0.1   1 *   0   1 *   X /
   HW1   7   5   4   4   OPEN   1 *   1 *   0.1   1 *   0   1 *   X /
   HW1   9   5   4   4   OPEN   1 *   1 *   0.1   1 *   0   1 *   X /
/
WCONPROD
   HW1      OPEN   GRAT   1 *   1 *   10000   1 *   1 *   50 //
```

8. 水平井的多段井定义方法

在前节井的常规定义基础上，为了准确模拟水平井段和分支井段中的流动，在 E300 中可以采用多段井（multi-segment）技术。从井口的油管头开始，把井筒划分为多个井段（segment）和井段节点（segment node）并编号，分段计算压力降。由于多段井的定义较为烦琐，可以采用 PETRELRE 软件，或者 ECLIPSE 中的 SCHEDULE 软件进行设置，一般不直接定义关键词。

WELSEGS 关键词用在 WELSPECS 关键词后，补充定义多段井的性质，包括几何属性和压降计算方法。关键词的参数分为两个部分。

第 1 部分参数主要用于定义第 1 井段（即 Top segment）的性质，以及各井段的共性，包括井名、Top segment 的深度（该深度是井底压力的记录深度，将替代 WELSPECS 关键词中定义的井底压力记录深度）、从井口油管头到 Top segment 之间油管的长度（这段油管中的压力降用 VFP 表计算。在多段井中只计算 Top segment 以后的油管中的压力降）、Top segment 的有效井筒容积、各井段的油管长度和深度的类型（INC 表示增量，ABS 表示累积值）、井段中压降计算方法（HFA 表示同时考虑重力、摩擦阻力和加速度；HF 表示同时考虑重力和摩擦阻力；H 表示只考虑重力）、井段中多相流模型（HO 表示均一流动；DF

表示各相之间具有速度差，即滑脱流）、Top segment 中节点的 x 坐标、Top segment 节点的 y 坐标。

第 2 部分参数定义每个分支井筒（branch）中各井段（不包括 Top segment）的性质。在 Eclipse 中，在同一分支井筒中，也可以把性质相同的相邻井段编在同一组（以距离井口油管头最近的井段作为起点位置，开始编号），进行统一赋值：①在该组中井段的最小编号（从 2 开始）；②在该组中井段的最大编号（从 2 开始）；③井段所属分支井筒的编号；④该组之前的相邻井段（靠井口油管头方向），定义该组井段在哪一个井段之后开始编号；⑤该组井段的长度。如果第 1 部分参数中设定为 INC，应输入该组中各单井段的长度。如果第 1 部分参数中设定为 ABS，应输入该组中最后一个井段节点到油管头的长度；⑥该组中井段的深度（如果第 1 部分参数中设定为 INC，应输入该组中各井段节点之间的深度差。如果第 1 部分参数中设定为 ABS，应输入该组中最后一个井段节点与油管头的深度差）；⑦油管直径（如果是环空生产，按流动截面积折算为等效直径）；⑧井壁粗糙度；⑨流动截面积；⑩井段的容积。

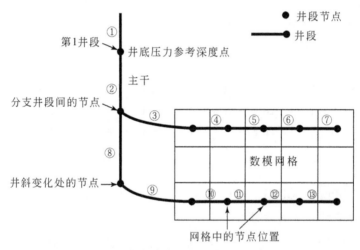

图 5-9　分支井筒划分为多段的示意图

以图 5-9 中的多段井为例：

井名为 HW2，井底压力的记录深度（Top segment 的深度）是 2000m，从井口油管头到 Top segment 之间油管的长度也是 2000m。

Main stem 是长度为 20m 的直井段，作为第 1 个分支。在第 1 井段（即 Top segment）之后开始编号，分为 1 个组，共 1 个井段。

第 2 个分支是一个长度为 130m 的水平井段，在第 2 井段之后开始编号，分为 1 个组，共 5 个井段。

第 3 个分支在第 2 井段之后开始编号，由于存在直井段（20m）和水平井段（130m），可分为 2 个组，共 6 个井段。

WELSEGS

--第 1 部分参数

```
HW2   2000   2000   1.0E2   ABS   HFA   HO /
--第 2 部分参数, Main stem 作为第 1 个分支
2   2   1   1   2020.0   2020.0   0.3   1.0E-3 /
--第 2 部分参数, 第 2 个分支
3   7   2   2   2150.0   2020.0   0.3   1.0E-3 /
/
--第 2 部分参数, 第 3 个分支, 分 2 组进行赋值
8   8   3   2   2040.0   2040.0   0.3   1.0E-3 /
9   13   3   8   2170.0   2040.0   0.3   1.0E-3 /
/
```

9. 多段井的射孔段的定义方法

COMPSEGS 关键词用在 WELSEGS 关键词和 COMPDAT 关键词后, 补充定义多段井的射孔段性质。由于多段井的射孔段的定义较为烦琐, 可以采用 PETREL RE 软件, 或者 ECLIPSE 中的 SCHEDULE 软件进行设置, 一般不直接定义关键词。

关键词的参数分为两个部分。

第 1 部分参数: 定义井名。

第 2 部分参数定义每个分支井筒中各射孔段的性质。在同一分支井筒, 也可以把性质相同的相邻射孔段编在同一组 (以距离井口油管头最近的射孔段位置作为这组射孔段的起点, 距离最远的射孔段位置作为这组射孔段的终点), 进行统一赋值: ①某个射孔段所在网格位置 I, 或一组射孔段起始位置 I; ②某个射孔段所在网格位置 J, 或一组射孔段起始位置 J; ③某个射孔段所在网格位置 K, 或一组射孔段起始位置 K; ④射孔段 (组) 所属分支井筒的编号; ⑤在 (I, J, K) 网格中, 射孔段的起始位置与油管头之间的长度, 缺省值为 0; ⑥在 (I, J, K) 网格中, 射孔段的终点位置与油管头之间的长度, 缺省值为第⑤项参数加上井眼轨迹延伸方向的网格尺寸; ⑦在 (I, J, K) 网格中, 射孔段的井眼方向为 x、y 或 z (对于水平井为 I, J, K); ⑧该组射孔段终点的网格位置。由第⑦项参数决定是否为 I、J 或 K, 缺省值为第①、②或③项参数的值; ⑨射孔段的深度。

以图 5-9 中的多段井为例, 井名为 HW2, 在第 2 个分支有 1 个射孔段 (2100m ~ 2105m) 在第 3 个分支中有 2 个射孔段 (2150m ~ 2155m, 2157m ~ 2160m)。射孔段的井眼方向为 x。

```
COMPSEGS
--第 1 部分参数, 井名
HW2 /
--第 2 部分参数, 第 2 个分支的射孔段
2   5   3   2   2100   2105   X /
--第 2 部分参数, 第 3 个分支的射孔段
2   5   4   3   2150   2155   X /
3   5   4   3   2157   2160   X /
/
```

5.2.3 数模文件构建

与常规油气藏模拟一样，页岩气的数值模拟文件可以分为 RUNSPEC、GRID、EDIT、PVT、SCAL、INITIALIZATION、SCHEDUEL、SUMMARY 部分。下面简要介绍数模文件中需要的常见关键词。计算实例参见附录。

1. RUNSPEC

RUNSPEC 主要用于为数值模拟模型各组成部分分配内存空间（如井、PVT 表、网格数据），同时指定了模型的基本特征及模拟的开始时间。其基本参数见表 5-9。除此之外，还有些可选的关键词，如 TABDIMS、REGDIMS、WELLDIMS，用于定义模型中表数、分区数以及井数的定义。

表 5-9　RUNSPEC 关键词

TITLE	定义模型的名称
DIMENS	定义 x、y、z 方向上的网格数
FIELD/METRIC	指定单位制：FIELD 表示英制单位，METRIC 表示公制单位
GAS、WATER	指定模型中的相，GAS、WATER 表示页岩气藏中出现气相和水相
DUALPORO	使用双孔模型
COAL	使用页岩气模型（在 COALBED 模块基础上）
COMPS	页岩气藏中模拟的组分数（针对组分模型）
FULLIMP	求解方法为全隐式方法
START	模拟开始的时间
EQLDIMS	平衡表维数
TABDIMS	表维数
REGDIMS	分区数
WELLDIMS	井维数
NODPPM	双重介质中，使用该关键词，输入的网格渗透率为其真实渗透率，否则，其渗透率将乘以孔隙度，表示有效渗透率
CBMOPTS	指定 SHALE 模块用的解吸类型
NMATRIX	使用离散化的基质双孔模型，进一步定义基质孔隙系统的划分

页岩是种特殊的双重介质，基质用于储集页岩气，而裂缝主要为页岩气和水的渗流通道。以 COAL 关键词表明页岩气具有与煤类似的渗流特征，即从基质表面解吸、由基质表面扩散至裂缝、由裂缝渗流至井筒。

通常页岩裂缝中含有一定比例的地层水，与常规气藏一样，需选择气水两相模型，以 WATER 和 GAS 两个关键词表征气水两相模型。

除 CH_4 外，还含有凝析油、CO_2 和 N_2 等组分的页岩气藏，或者对于注 CO_2 和 N_2 开采的页岩气藏来说，都需使用组分模型。在该部分需添加关键词 COMPS 说明组分模型。

另外，当模拟的页岩气藏不止一类页岩（其 Langmuir 参数不一致）时，需在 RUNSPEC 部分添加关键词 REGDIMS，在该关键词第 6 项（页岩分区数），改变其值以与页岩的分区数对应。它与 GRID 部分的 COALNUM 关键词息息相关，其值应不小于 COALNUM 的数目。

2. GRID

GRID 部分用于定义网格模型的几何属性和物性参数。网格可采用块中心网格，也可使用角点网格。块中心网格常用于简单模型，而角点网格常用于复杂模型中。需定义的关键词如表 5-10 所示。

表 5-10　GRID 关键词

网格几何尺寸	块中心网格	TOPS	定义气藏顶部网格的深度
		DX	x 方向网格尺寸
		DY	y 方向网格尺寸
		DZ	z 方向网格尺寸
		DXV	x 方向每一列网格尺寸
		DYV	y 方向每一行网格尺寸
	点中心网格	COORD	坐标线信息
		ZCORN	各网格拐点信息
网格物性		DPGRID	裂缝网格属性直接采用基质网格的属性
		NMATOPTS	设定基质亚层的性质
		PORO	网格孔隙度
		PERMX	网格 x 方向渗透率
		PERMY	网格 y 方向渗透率
		PERMZ	网格 z 方向渗透率
		NTG	网格的净总比
		ACTNUM	网格有效性
		COALNUM	网格为页岩/非页岩：0 表示非页岩，正整数表示不同的页岩类型，每种页岩都有相应的 Langmuir 吸附曲线
		COALNUMR	补充定义基质亚层的吸附性，0 表示非页岩，正整数表示页岩
		ROCKDEN	网格的岩石密度
		SIGMAV	裂缝与基质耦合因子

页岩气藏 GRID 部分需加关键词 ROCKDEN 设置岩石的密度，这与常规气藏存在明显的差异。页岩吸附气量是面积、厚度、页岩密度和吸附气含量的乘积。

与常规单孔介质气藏不同，在页岩气藏的数值模拟中应添加关键词 SIGMAV，以表征裂缝与基质间的耦合因子，与页岩气的解析时间相关。

在页岩系地层中，可能会出现砂岩、泥岩等非页岩，砂岩和泥岩可能是单孔隙介质，而页岩为特殊的双重介质，它们的储渗机理完全不同。在 ECLIPSE 中，可添加 COALNUM

予以区分页岩和其他岩性。如果某一网格块的 COALNUM 赋值为 0，表示网格块不是页岩（即不存在吸附现象），是常规的双孔介质；以 1、2、3 等正整数表示页岩的不同类型，在 LANGMEXT 和 DIFFCBM 关键词中应定义每种页岩的参数。

另外，对于 DX、DY、DZ、COORD、ZCORN、ACTNUM、NTG 等关键词的设置与常规气藏一样，可参考其设置方法。

3. EDIT

EDIT 部分提供了计算模拟网格的孔隙体积、传导系数和网格块中心深度等的数据，在 EDIT 部分可对孔隙体积、传导系数进行调整，其关键词设置方法可参考常规气藏的设置方法（表5-11）。

表 5-11　EDIT 关键词

MULTPV	孔隙体积的乘数
MULTX、MULTY、MULTZ	传导系数的乘数
PORV	网格块孔隙体积
TRANX、TRANY、TRANZ	网格传导系数

4. PROPS

该部分用于定义流体的吸附特性、扩散特性、PVT 属性、岩石的压缩系数以及相对渗透率。可使用组分模型和对其物性进行描述，其相关参数如表 5-12 ~ 表 5-15。

页岩气藏模拟中模型的选择依赖于地层烃类的性质和采出这些烃类的过程。页岩气组分组成较为复杂，即页岩气中含有一定比例的 N_2 和 CO_2，那么需使用组分模型。另外如果气藏中采用注入 N_2 和 CO_2 置换页岩气，也需采用组分模型。

表 5-12　页岩气 PVT 物性关键词（组分模型）

DIFFCBM	页岩气解吸后，有基质表面到裂缝的扩散系数
LANGMEXT	Langmuir 常数，包括 Langmuir 压力和 Langmuir 体积
RTEMP	储层温度
GRAVITY	流体重度
EOS	状态方程
NCOMPS	组分数
PRCORR	修正 PR 方程
CNAMES	组分数
MW	各组分的摩尔质量
OMEGAA	状态方程中的 Ω_A 系数
OMEGAB	状态方程中的 Ω_B 系数
TCRIT	临界温度
PCRIT	临界压力
VCRIT	临界体积
ZCRIT	临界 Z 因子

SSHIFT	体积转换因子
ACF	偏心因子
BIC	二元交互因子
PARACHOR	组分等比张容
VCRITVIS	黏度计算的临界体积
ZCRITVIS	黏度计算的临界偏差因子
LBCCOEF	Lorentz-Bray-Clark 法黏度计算相关系数

与常规组分模型最为不同的是，对页岩气的数值模拟，组分模型 PROPS 部分需添加 DIFFCBM 和 LANGMEXT；页岩气藏中 70%~90% 气体被吸附于页岩体表面，气体的解吸满足 Langmuir 等温解吸方程（即以 Langmuir 压力和 Langmuir 体积表征解吸过程），ECLIPSE 中以关键词 LANGMEXT 表示。

页岩气解吸后基质表面 CH_4 分子浓度高，而裂缝中 CH_4 浓度低，但由于页岩基质渗透率极低，不能有基质流动到裂缝，仅能以 CH_4 浓度的差，由基质扩散到裂缝，其扩散过程符合菲克（Fick）扩散定律。在 ECLIPSE 中以关键词 DIFFCBM 可用于多组分的扩散。

表 5-13　页岩中水性质关键词

PVTW	页岩水性质，包括体积系数、压缩系数及黏度

表 5-14　岩石压缩系数关键词

ROCK	岩石压缩常数
ROCKTAB	随压力变化的岩石压缩系数

注：ROCK 和 ROCKTAB 两个关键词，二选一，可针对模拟的实际情况选择。ROCK 将页岩的压缩性考虑为常数，而 ROCKTAB 可模拟页岩的应力敏感效应和页岩气吸附/解吸的膨胀和收缩效应。

表 5-15　相对渗透率关键词

SWFN	水相的相对渗透率
SGFN	气相的相对渗透率
SOF3	虚拟的油相相对渗透率，但模拟中实际上未使用

另外，对于 ROCK、PVTW、PVDG、SWFN、SGFN、SOF3 和状态方程的关键词等可参考常规气藏的设置方法。

5. INITIALIZATION

初始化指的是定义模拟的初始条件，如模拟开始时的压力和相饱和度。可以下面三种方式中的任意一种定义初始条件。

（1）平衡法。该方法是在气水界面和参考深度处压力的基础上，定义各网格的初始饱和度和静压分布。ECLIPSE 假设压力和饱和度都是平衡的，因此可以用平衡法来对气藏投产前的状态进行初始化。

（2）枚举法。该方法直接对各个网格的饱和度和压力进行赋值。在投产前用列举法进行初始化时，气藏工程师应确保地层中压力和饱和度分布的一致性。如果全气藏区域内的含水饱和度和压力分布数据具有很高的精确度，就非常适用于列举法来进行初始化。否则，由于压力和饱和度分布不一致，计算可能不收敛。

（3）重启运算。该方法是在前一步数模运算的中间结果基础上进行初始化。根据指令，ECLIPSE 可以在运行过程中的任意时刻输出一个对模型的完整描述，包括压力和相饱和度。该方法适用于在历史拟合完成后进行生产预测运算，但不适用于投产前的初始条件定义。

另外，如果各页岩地层处于不同的压力系统内，可对用 EQLNUM 关键词来进行平衡区分区。页岩气藏初始化关键词如表 5-16 所示。

表 5-16　页岩气藏初始化关键词

		关键词	含义
压力、饱和度初始化	平衡法	EQUIL	压力、饱和度的初始化赋值
	枚举法	PRESSURE	页岩压力
		SWAT	含水饱和度
		SGAS	含水饱和度
组分组成初始化（针对组分模型）		XMF	油相中各组分比例。如果没有油相，全设置为 0
		YMF	气相中各组分的比例

由于构造活动、地层剥蚀等因素，页岩气藏形成过程中会有一定量页岩气的散失，导致了很多页岩气藏常为欠饱和气藏，其原始吸附气量低于页岩的吸附能力。在 ECLIPSE 可使用关键词 SORBFRAC 表征出这一特征，其值为原始吸附气量与原始地层压力下最大吸附量的比值（即 Langmuir 等温吸附曲线上，原始地层压力对应的吸附气量）。EQUIL、PRESSURE、SWAT、SGAS、XMF 和 YMF 的设置方法与常规气藏类似。

6. SCHEDULE

SCHEDULE 用于定义气井的相关信息，包括井位、射孔层位、生产制度等。主要包括WELSPECS、COMPDAT，对于生产井其生产控制关键词为 WCONPROD/WCONHIST。而对于注入井其工作制度控制关键词为 WELLSTRE、WINJGAS、WCONINJE。关键词如表 5-17 所示。

表 5-17　SCHEDULE 部分关键词

WELSPECS	定义井名、所属井组、井位、井底压力的计算深度、流体类型
COMPDAT	定义井筒的射孔信息
WCONHIST	定义生产历史
WCONPROD	定义预测期的工作制度
WELSEGS	补充定义多段井的性质
COMPSEGS	补充定义多段井的射孔段

WELLSTRE	注入气的组成
WINJGAS	注入气的性质，与 WELLSTRE 对应
WCONINJE	注入气井的工作制度
WCONINJH	定义注气历史

由于 CO_2、N_2 与 CH_4 气体在页岩中竞争吸附，可进行注 CO_2、N_2 开采页岩气。在页岩气数值模拟过程中，可对其进行注气模拟的相关设置，关键词为 WELLSTRE、WINJGAS、WCONINJE。

7. SUMMARY

该部分用于指定输出的模拟结果，输出数据可能是与网格块、井、井组、划分的区域及全气田的相关数据。对于页岩气藏来说，可输出表 5-18 所示参数。

表 5-18 SUMMARY 部分关键词

FGPR	输出气藏的日产气量
FGPT	输出气藏的累积产气量
FWPR	输出气藏的日产水量
FWPT	输出气藏的累积产水量
FGPRH	输出气藏的历史产气量
FWPRH	输出气藏的历史产水量
WGPR	输出气井日产气量
WGPT	输出气井累积产气量
WWPR	输出气井日产水量
WWPT	输出气井累积产水量
WYMF	输出气井产气的组分组成
FPR	输出气藏的平均地层压力
WBHP	输出单井井底流动压力

第6章 页岩气藏动态分析

6.1 分段压裂水平井渗流规律

页岩气藏水平井完井一般采用分段压裂方式，有力地推动了页岩气储层开采的进展。对水平井进行分段压裂，在气井附近的地层中形成体积增产改造区（SRV区），产生高导流区域，能够将丰富的页岩气资源有效地开采出来。

对于页岩气储层，在储层压裂施工改造前，从事完井与储层改造的技术人员会根据储层特征，选择相应的压裂施工方式。如果压裂生产井的产层具有不同的地质特征，压裂缝的最终形态会有很大差异，在生产过程中出现的渗流特征也不相同。

6.1.1 分段压裂水平井渗流阶段

分段压裂水平井的渗流阶段较为复杂（图6-1）。Chen 和 Rajagopal（1997）把分段压裂水平井的渗流分为5个主要阶段，前4个阶段的渗流待征如图6-1所示。

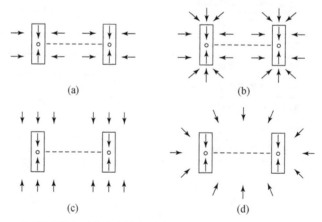

图 6-1 分段压裂水平井渗流阶段示意图（据 Chen and Rajagopal，1997）

（a）线性流或双线性流阶段；（b）早期径向流阶段；（c）复合线性流阶段；（d）拟径向流阶段

1）线性流或者双线性流阶段

在这一渗流阶段，具体的渗流类型取决于压裂缝导流能力和压裂缝长度。在每一条压裂缝控制区的渗流互不干扰，气体渗流方向垂直于压裂缝面，不考虑裂缝端部的渗流。

2）早期径向流阶段

这一渗流阶段的出现取决于压裂缝长度和间距。在这个阶段应考虑裂缝端部的渗流。在每一条压裂缝控制区的渗流互不干扰。

3）复合线性流阶段

在这一渗流阶段中，各压裂缝控制区的渗流开始相互干扰。SRV 区外部的天然气以线性流方式流入 SRV 区。在这个阶段，主要渗流方式为线性流。

4）拟径向流阶段

以 SRV 区外的渗流为主，在整个渗流区域内出现径向流。

5）边界控制流阶段

压降漏斗波及到页岩储层的外边界。外边界一般为封闭边界，渗流最终达到拟稳态阶段。

6.1.2　分段压裂水平井渗流模型

在某一口井的生产过程中，一般不会完整地出现上节中描述的 5 个渗流阶段的组合。受压裂井的参数、特别压裂缝间距和缝长的综合影响，某些渗流阶段可能会缺失。

可以把常见的渗流阶段的组合归纳为渗流模型。针对页岩气储层的渗流模型，国内外众多学者进行了研究，并建立了适用于不同渗流情况的数学模型，为页岩气储层渗流和产量递减分析奠定了基础。目前针对页岩气藏分段压裂水平井建立的渗流模型主要有线性双孔渗流模型、线性三孔渗流模型和三线性渗流模型。每一种模型都有其适用的渗流条件。

1. 线性双孔渗流模型

双孔渗流模型理论最早由 Barenblatt 等（1960）提出。Warren 和 Root（1963）将双孔渗流模型用于天然裂缝储层，建立了适用于天然裂缝储层的经典双孔渗流模型；Kazemi 等（1968）建立了压裂直井的双孔渗流模型，并采用不稳定渗流方程描述了基质向裂缝系统的渗流；Wattenbarger 等（1998）首次在压裂水平井中应用了线性双孔渗流模型：在矩形封闭致密气藏中心有一口水平井，压裂缝等间距排列（图6-2）。

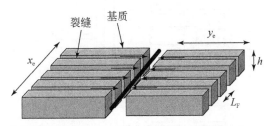

图 6-2　线性双孔渗流模型（据 Al-Ahmadi and Wattenbarger, 2011）

线性双孔模型中，储层的渗流阶段主要分为裂缝线性流（1/2 斜率直线段）阶段、基质—裂缝双线性流（1/4 斜率直线段）阶段，以及基质线性流（1/2 斜率直线段）阶段。

2. 线性三孔渗流模型

Al-Ahmadi 和 Wattenbarger（2011）提出了线性三孔模型（图6-3）。包括 3 种连续的介质：基质，低渗透率的微裂缝，高渗透率的主压裂缝。地下流体从主压裂缝流入井筒，随后，微裂缝中流体向主压裂缝进行补给，而基质中的流体只补给微裂缝。这种模型又称为双裂缝模型。

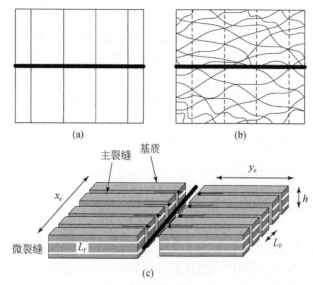

图 6-3　线性三孔渗流模型

（a）水平井与压裂缝；（b）水平井与微裂缝；（c）渗流模型

3. 三线性渗流模型

Brohi 等（2011）提出三线性渗流模型（即复合线性模型）（图 6-4），把储层分为两个区域：①在 SRV 区内部，有基质储层和压裂缝，可以采用线性双孔模型；②在 SRV 区以外，储层为单一介质，采用单一介质的线性流模型。

三线性流模型包括 SRV 区中的双线性渗流，以及外区向内区的渗流。

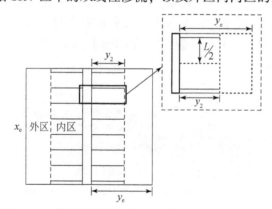

图 6-4　三线性渗流几何模型（据 Brohi *et al.*，2011）

6.1.3　渗流模型适用条件分析

1. 不同渗流模型的适用条件

线性双孔模型是其他渗流模型的基础，它忽略了页岩储层中基质和微裂缝两种介质的差异，将 SRV 区内部的储层分为基质系统和主裂缝系统两部分。线性双孔模型也不考虑

SRV 区以外的气体渗流对气井生产造成的影响。

页岩储层地质特征不同时，压裂施工后会形成不同类型的压裂缝，其渗流特征具有很大的差异。通常情况下，当储层脆性指数较小时，压裂完井后储层中形成常规的双翼对称的主压裂缝的可能性较高，可选用线性双孔模型进行分析；当脆性指数较大时，除了形成多条主压裂缝外，可能在 SRV 区形成一系列网状缝，可在 SRV 区内应用线性三孔模型，将主压裂缝定义为高导流裂缝，网状裂缝用渗透率较小的微裂缝表示。

主压裂缝的参数（如间距、压裂缝半长）不同时，在生产过程中的渗流阶段也不同。定性来讲，如果压裂缝间距较小，在地层线性流（或双线性流）后不会出现早期径向流，当储层中 SRV 区中的线性流结束后，会直接进入边界影响阶段。

井距对渗流阶段也有一定的影响。如果水平井之间的井距较大，受压裂规模的影响，每口水平井控制的 SRV 区之间存在一个没有受到改造的区域。可以把水平井的井控区之间的渗流区域看作单一介质储层，采用三线性流模型进行分析。

2. 工艺参数对渗流阶段的影响

下面，我们进一步地定量分析工艺参数对渗流阶段的影响。

以特定储层中一口分段压裂水平井为研究对象（图 6-5），储层的长度（即水平井筒之间的距离）为 y_r，主压裂缝间距为 L，主压裂缝半长为 x_f（图 6-5）。分别设定不同的 y_r/L 与不同的 y_r/x_f，根据三线性流模型绘制 p_D-t_D 曲线，研究不同裂缝参数对渗流阶段的影响。

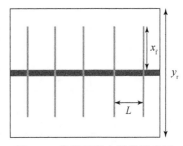

图 6-5　分段压裂水平井示意图

Nobakht 等（2013）总结表 6-1 后，得出以下结论。

（1）在所有条件下，都能观察到早期线性流阶段（线性流/双线性流）和边界控制段。

（2）只有当水平井间距与裂缝间距比值 y_r/L 较小，而且水平井间距与裂缝半长比值 y_r/x_f 较大（$y_r/L<6$，$y_r/x_f>6$），即压裂缝间距大并且压裂缝短时，才会出现早期径向流阶段。

（3）只有当水平井间距与裂缝间距比值 y_r/L 较大，而且水平井间距与裂缝半长比值 y_r/x_f 较大（$y_r/L\geq6$，$y_r/x_f>6$），即水平井间距很大时，才会出现地层复合线性流阶段。

表 6-1　不同工艺参数条件下的渗流类型

y_r/L	y_r/x_f	早期线性流（线性流/双线性流）	早期径向流	地层复合线性流	边界控制段
1	2	√	×	×	√
	3	√	×	×	√
	4	√	×	×	√
	6	√	×	×	√
	10	√	√	×	√
	15	√	√	×	√
	20	√	√	×	√

y_r/L	y_r/x_f	早期线性流（线性流/双线性流）	早期径向流	地层复合线性流	边界控制段
2	2	√	×	×	√
	3	√	×	×	√
	4	√	×	×	√
	6	√	×	×	√
	10	√	×	×	√
	15	√	√	×	√
	20	√	√	×	√
6	2	√	×	×	√
	3	√	×	×	√
	4	√	×	×	√
	6	√	×	×	√
	10	√	×	√	√
	15	√	×	√	√
	20	√	×	√	√
10	2	√	×	×	√
	3	√	×	×	√
	4	√	×	×	√
	6	√	×	×	√
	10	√	×	×	√
	15	√	×	√	√
	20	√	×	√	√
20	2	√	×	×	√
	3	√	×	×	√
	4	√	×	×	√
	6	√	×	×	√
	10	√	×	×	√
	15	√	×	×	√
	20	√	×	√	√

综上所述，我们可以按以下条件选择相应的线性渗流模型。

（1）当 $y_r/L<6$，$y_r/x_f \leqslant 6$ 时，分段压裂水平井在生产过程中不会出现早期拟径向流阶段以及地层复合线性流阶段，只出现早期裂缝线性渗流、基质线性渗流以及双线性渗流阶段，此时不考虑 SRV 区外储层渗流对生产所带来的影响，可根据压裂后在 SRV 区内产生的裂缝形态选择使用线性双孔模型或者线性三孔模型进行产量递减分析研究。

（2）当 $y_r/L \geqslant 6$，$y_r/x_f > 6$ 时，分段压裂水平井在生产过程中除了早期线性流阶段外会出现复合线性流阶段，而不会产生早期拟径向流阶段。此时，在 SRV 区外部的储层中的流体渗流会对生产造成影响，需要选择三线性流模型来进行产量递减分析研究。

6.2　Arps 产量递减曲线分析

6.2.1　Arps 产量递减分析理论

Arps（1944）产量递减曲线分析理论与线性流有密切关系。在气藏开采过程中，如果气井的工作制度相对稳定，可在气井产量下降过程中发现一些明显的规律。式（6-1）是产量递减分析的经典公式。

$$q（t）=q_i（1+bD_i t）^{-1/b} \tag{6-1}$$

式中，b 是递减指数；D_i 是递减阶段开始的瞬时递减率，T^{-1}；$q（t）$ 是递减段的瞬时产量，$L^3 T^{-1}$；q_i 是递减阶段的初始产量，$L^3 T^{-1}$。

式（6-1）是一个三个参数的生产动态拟合公式。由于初始产量 q_i 是不确定的，应在生产曲线历史拟合中拟合相关参数：①$b=0$ 时，符合指数递减；②$b=1$ 时，符合调和递减；③$0<b<1$ 时，符合双曲递减。

Kurtoglu 等（2011）在对 Elm Coulee 的部分井进行生产动态分析时，总结了页岩气井的递减特征：最初 b 的取值会在 4 左右。在之后的数周或数月时间里，b 的取值会保持在 2，最后变成 0。上述递减特征与常规储层相反：在常规油气藏，最初 b 的取值为 0，后期 b 的取值介于 0 与 1 之间，是双曲递减。

对产气量递减方程［式（6-1）］进行积分，可得到 t 时刻的累积产气量。对于不同的 b，积分结果如下：

1）指数递减（$b=0$）

$$q=q_i e^{-D_i t} \tag{6-2}$$

$$G_p（t）=\frac{q_i}{D_i}（1-e^{-D_i t}） \tag{6-3}$$

$$G_p（\infty）=\frac{q_i}{D_i} \tag{6-4}$$

式中，$G_p（t）$ 是在 t 时刻的累积产气量；$G_p（\infty）$ 是最终的累积产气量。

2）双曲递减（$0<b<1$）

$$q（t）=q_i（1+bD_i t）^{-1/b} \tag{6-5}$$

$$G_p（t）=\frac{q_i}{（b-1）D_i}（1-e^{-D_i t}）[（1+bD_i t）^{（1-\frac{1}{b}）}-1] \tag{6-6}$$

$$G_p（\infty）=\frac{q_i}{D_i}\left(\frac{1}{1-b}\right) \tag{6-7}$$

3）调和递减（$b=1$）

$$q（t）=q_i（1+bD_i t）^{-1} \tag{6-8}$$

$$G_p(t) = \frac{q_i}{D_i}\ln(1+D_i t) \tag{6-9}$$

$$G_p(\infty) = \infty \tag{6-10}$$

4）幂曲线递减（$b>1$）

$$q(t) = q_i(1+bD_i t)^{-1/b} \tag{6-11}$$

$$G_p(t) = \frac{q_i}{(b-1)D_i}(1-e^{-D_i t})[(1+bD_i t)^{(1-\frac{1}{b})}-1] \tag{6-12}$$

$$G_p(\infty) = \infty \tag{6-13}$$

6.2.2　压裂水平井的递减特征

Arps（1944）和 Garb 和 Larson（1987）在常规气藏产量递减分析中，认为最常见的递减类型是双曲递减（$0<b<1$）。Rezaee（2015）分析指出：在 t_1 以前的递减指数为 4；在 t_1-t_2 期间递减指数为 2；t_3 以后递减指数是 0（图 6-6）。当 $bD_i t>1$ 时，式（6-1）可变形为

$$q(t) = q_i(bD_i t)^{-1/b}t^{-1/b} \tag{6-14}$$

即

$$\frac{1}{q(t)} = \frac{(bD_i)^{1/b}}{q_i}t^{1/b} \tag{6-15}$$

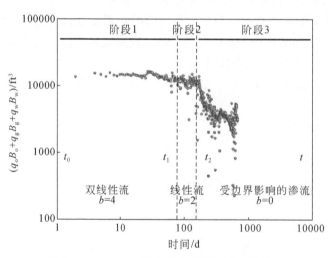

图 6-6　Eagle Ford 页岩某生产井递减阶段划分

1. 双线性流阶段

当 $b=4$ 时，符合典型垂直压裂井双线性流的渗流特征。

$$\frac{1}{q(t)} = \frac{(4D_i)^{1/4}}{q_i}\sqrt[4]{t} \tag{6-16}$$

Lacayo 和 Lee（2014）在三分之一的生产井的早期观察得到该特征。

2. 线性流动时期

当 $b=2$ 时，符合线性流动的渗流特征。Lacayo 和 Lee（2014）在大部分生产井都观察得到该特征。

$$\frac{1}{q\,(t)} = \frac{(2D_i)^{1/2}}{q_i}\sqrt{t} \tag{6-17}$$

对式（6-17）两边进行变形，得

$$\frac{\Delta p}{qB} = \frac{\Delta p\,(2D_i)^{1/2}}{q_iB}\sqrt{t} \tag{6-18}$$

式（6-18）表明：在线性流阶段，归一化压力与 $\sqrt{t}$ 是一条正斜率的直线。

3. SVR 边界控制流动阶段

页岩气井产量经过长期递减后，b 接近 1 或小于 1。对式（6-14）进行变形，得

$$\frac{\Delta p}{q\,(t)\,B} = \frac{\Delta p\,(bD_i)^{1/b}}{q_iB_i}t^{1/b} = \left[\frac{\Delta p\,(bD_i)^{1/b}}{q_iB_i}t^{(1/b-1/2)}\right]\sqrt{t} \tag{6-19}$$

上式表征了归一化压力随 $\sqrt{t}$ 的变化规律。在 SVR 边界控制流动阶段，受边界影响，斜率增大，表明归一化压力加速衰减。

拟合结果表明，在 SVR 边界控制流动阶段时期，b 值接近 0.001，递减类型可近似为指数递减（$b=0$）。如果气井从 t_2 开始受边界开始影响，从 t_2 开始的累积产量是

$$G_p\,(t-t_2) = \frac{q_2}{D_2}\left[e^{(-D_2t_2)} - e^{(-D_2t)}\right] \tag{6-20}$$

在 t_2 以后的某时刻 t，其累积产量 $G_p\,(t-t_0)$ 为

$$G_p\,(t-t_0) = G_p\,(t_1-t_0) + G_p\,(t_2-t_1) + G_p\,(t-t_2) \tag{6-21}$$

式中，$G_p\,(t-t_0)$ 是 $t-t_0$ 时间段的累积产量；$G_p\,(t_1-t_0)$ 是 t_1-t_0 时间段的累积产量；$G_p\,(t_2-t_1)$ 是 t_2-t_1 时间段的累积产量；$G_p\,(t-t_2)$ 是 $t-t_2$ 时间段的累积产量。

6.3　Duong 递减模型分析

很多页岩气井的生产过程中，在很长一段时间中的生产数据都受 SRV 区的影响，很晚才能出现边界控制的流动阶段。因此：①假定气井的所有生产数据都受裂缝的影响；②基质在渗流中的贡献可以忽略不计。Duong（2011）提出了一种新的产量递减方法。

6.3.1　Duong 模型基本参数

假设气井产气量的递减规律是

$$q\,(t) = q_1t^{-n} \tag{6-22}$$

式中，q_1 是递减初期产量；n 为指数，线性流时 $n=0.5$，双线性流时 $n=0.25$。

累积产气量 G_p 的计算公式：

$$G_p(t) = \int_0^t q\mathrm{d}t = q_1\frac{t^{1-n}}{1-n} \tag{6-23}$$

从式（6-22）和式（6-23）得

$$\frac{q(t)}{G_p(t)} = \frac{1-n}{t} \tag{6-24}$$

根据式（6-24），在双对数关系图中的直线斜率为-1。实际上，由于现场生产中的工作制度调整等原因，通常会有较大偏差。式（6-24）可修改为通式：

$$\frac{q(t)}{G_p(t)} = a_{Dng}t^{-m_{Dng}} \tag{6-25}$$

Duong 认为，对于实际的页岩气井，m_{Dng} 值将始终大于 1。若 m_{Dng} 值小于 1，则该气井可能是常规低渗透储层。确定 m_{Dng} 和 a_{Dng} 值后，$q(t)$ 和 $G_p(t)$ 的计算式如下：

$$q(t) = q_1 t^{-m_{Dng}} \exp\left[\frac{a_{Dng}}{1-m_{Dng}}\left(t^{1-m_{Dng}}-1\right)\right] \tag{6-26}$$

引入时间函数：

$$t(a_{Dng},\ m_{Dng}) = t^{-m_{Dng}}\exp\left[\frac{a_{Dng}}{1-m_{Dng}}\left(t^{1-m_{Dng}}-1\right)\right] \tag{6-27}$$

则式（6-26）可改写为

$$q(t) = q_1 t(a_{Dng},\ m_{Dng}) \tag{6-28}$$

根据式（6-25）和式（6-26），累积产量和生产时间的关系为

$$G_p(t) = \frac{q(t)}{a_{Dng}}t^{m_{Dng}} = \frac{q_1}{a_{Dng}}\exp\left[\frac{a_{Dng}}{1-m_{Dng}}\left(t^{1-m_{Dng}}-1\right)\right] \tag{6-29}$$

当生产时间趋于无穷大时，最终可采储量为

$$EUR = \frac{q_1}{a_{Dng}}\exp\left[\frac{a_{Dng}}{m_{Dng}-1}\right] \tag{6-30}$$

6.3.2　递减分析的步骤

Duong（2011）提出了如何使用 Duong 模型进行递减分析的步骤（图6-7）。

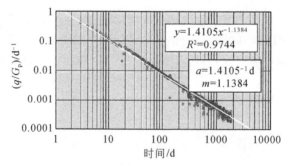

图6-7　Duong 模型的 m_{Dng} 和 a_{Dng} 拟合示意图（据 Duong，2011）

（1）绘制生产数据，检查数据正确性。

（2）确定 m_{Dng} 和 a_{Dng}。

绘制双对数图：纵坐标为产量/累积产量；横坐标为生产时间。用式（6-25）拟合 m_{Dng}

和 a_{Dng}。若回归系数 R^2 大于 0.95，则可以认为是合适的直线段，其分析结果较为准确。

（3）确定 q_1

把 m_{Dng} 和 a_{Dng} 代入式（6-27），计算时间函数 $t(a_{Dng}, m_{Dng})$。以产气量为纵坐标，时间函数 $t(a_{Dng}, m_{Dng})$ 为横坐标绘图。根据式（6-28），直线段的斜率即为 q_1。尽量利用后期时间点的数据点，作通过原点的回归直线段。同样若能得到回归系数 R^2 大于 0.95，则可认为是合适的直线段（图6-8）。

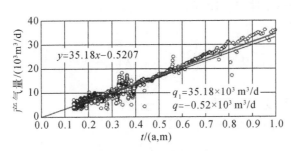

图 6-8　Duong 模型的 q_1 拟合示意图（据 Duong，2011）

4）预测产量和累积产量

Duong 模型的应用前提是线性流。对于晚期生产数据，可采用其他模型，如幂指数、扩展指数模型等。

6.4　扩展指数模型（SEPD）分析

该模型中包含了较为熟悉的伽马函数，还包括不完全伽马函数。

$$\Gamma(x) = \int_0^{+\infty} t^{x-1} e^{-t} dt \tag{6-31}$$

相对于常规情况下的 Arps 调和指数递减分析来说，SEPD 模型是根据三个参数所定义的微分方程，分别是 n、τ 和 q_i。

6.4.1　SEPD 模型基本参数

定义微分式：

$$\frac{dq}{dt} = -n \left(\frac{t}{\tau}\right)^n \frac{q}{t} \tag{6-32}$$

式中，q 为日产气量，$10^4 m^3/d$；t 为生产时间，d；n 为 SEPD 模型的递减指数，无因次；τ 为 SEPD 模型的特征时间参数，d。

1）日产气量与时间的关系

$$q = q_i \exp\left[-\left(\frac{t}{\tau}\right)^n\right] \tag{6-33}$$

式中，q_i 为递减阶段的初始产量，$10^4 m^3/d$。

2）累积产量与时间的关系

$$G_p(t) = \frac{q_i\tau}{n}\left\{\Gamma\left(\frac{1}{n}\right) - \Gamma\left[\frac{1}{n},\ \left(\frac{t}{\tau}\right)^n\right]\right\} \tag{6-34}$$

式中，$G_p(t)$ 为累积产量，10^4m；Γ 为伽马函数。

　　3）单井最终可采储量

$$\text{EUR} = \frac{q_i\tau}{n}\Gamma\left(\frac{1}{n}\right) \tag{6-35}$$

EUR 为单井最终可采储量，10^4m。

　　4）剩余可采程度

$$rp = 1 - \frac{G_p(t)}{\text{EUR}} = \frac{1}{\Gamma\left(\dfrac{1}{n}\right)}\Gamma\left(\frac{1}{n},\ -\ln\frac{q}{q_i}\right) \tag{6-36}$$

式中，rp 为剩余可采程度，无因次。

　　将式（6-33）两边同时取对数，变形得

$$\begin{cases} \ln\left(-\ln\dfrac{q}{q_i}\right) = A + n\ln t \\[2mm] A = n\ln\dfrac{1}{\tau} \end{cases} \tag{6-37}$$

　　该方法只能评价递减阶段的生产数据，不适用于产量上升阶段和稳产阶段。因此，SEPD 模型计算出了可采储量之后，还需进一步校正，公式如下：

$$\text{EUR} = \frac{q_i\tau}{n}\Gamma\left(\frac{1}{n}\right) + G_{p0} \tag{6-38}$$

式中，G_{p0} 为所取递减段之前的累积产量。

6.4.2　递减分析的步骤

　　求取可采储量的计算步骤如下。

　　（1）整理生产井的产量 q 和累积产量 $G_p(t)$ 资料，划分产量上升阶段、稳产阶段和递减阶段，确定 q_i。如果气井是经作业后重新生产，且其新的 q_i 值大于原来的 q_i 值，则应该使用新的 q_i 值。

　　（2）基于式（6-37），代入 q_i 值，绘制无因次产量（$-\ln\dfrac{q}{q_i}$）为时间 t 双对数关系曲线，拟合直线得到 n 值和 A 值，再计算出 τ 值。

　　（3）根据式（6-33）求预测的日产气量，根据式（6-34）求预测的累积产气量。

　　（4）根据式（6-35）求最终可采储量。

6.5　页岩气藏物质平衡分析原理

　　Moghadam 等（2011）推导了气藏物质平衡方程的通式，可以计算页岩气藏的储量。物质平衡方程建立的基础是：①初始压力条件下游离气储量 G_F 全部在孔缝中；②对页岩气藏，增加吸附气储量 G_A 的表达式。

　　假设气体吸附基本符合 Langmuir 吸附模型，忽略储层条件下吸附气占有的孔隙体积，但考虑解吸后的游离气的体积，得

$$G_{total} = G_{Ai} + G \tag{6-39}$$

式中，G_{total} 为初始总天然气储量，m^3；G_{Ai} 为初始吸附气储量，m^3；G 为初始游离气储量，m^3。

6.5.1　吸附气储量计算

　　对页岩气藏，需要考虑吸附气的储量。采用 Langmuir 方程描述单位质量岩石吸附气含量 G_c 为

$$G_c = \frac{V_L p}{p_L + p} \tag{6-40}$$

吸附气的总储量为

$$G_{Ai} = \rho_B V_B \frac{V_L p_i}{p_L + p_i} \tag{6-41}$$

式中，ρ_B 为岩石密度，kg/m^3；V_B 为岩石体积，m^3；V_L 为 Langmuir 体积常数，m^3/kg；p_L 为 Langmuir 压力常数，MPa；p_i 为原始地层压力，MPa。

6.5.2　气藏物质平衡方程构建

　　初始条件下被气体充满的储层地下体积等于剩余游离气储量 $(G - G_p) B_g$、水侵与排采造成的孔隙体积变化量 ΔV_{wip}、岩石与液体变形膨胀量 ΔV_{ep}、解吸气量 ΔV_d 之和。物质平衡方程为

$$GB_{gi} = (G - G_p) B_g + \Delta V_{wip} + \Delta V_{ep} + \Delta V_d \tag{6-42}$$

式中，G_p 为累积产气量，m^3；B_{gi} 为原始地层压力条件下气体的体积系数；B_g 为地层压力为 p 时气体体积系数。

　　下面分别阐述各项的表达式：

　　1）在气藏中，地层水的侵入与排采造成的孔隙体积变化量 ΔV_{wip}

$$\Delta V_{wip} = W_e - W_p B_w \tag{6-43}$$

式中，ΔV_{wip} 为水侵造成的孔隙体积变化量，m^3；W_p 为累积产水量，m^3；B_w 为水的体积系数；W_e 为水侵量，m^3。

　　对于常规气藏，水侵量可按照前人提出的水体模型计算，例如 Schilthuis 稳态模型、Fetkovich 拟稳态模型、Carter & Tracy、van Everdingen & Hurst 非稳态模型，但应注意每一种模型都有它的假设条件和适用范围。对于页岩气藏，一般无地下水体形成的水侵。由于大规模采用活性水压裂，可以把压裂后未返排的残液的地下体积视为水侵量。

　　2）岩石和液体的弹性变化量 ΔV_{ep}

　　通常情况下，与气体的压缩系数相比，储层岩石和液体的压缩系数很小，可以忽略其

对气体物质平衡的影响。但是在高压或应力敏感性储层中，储层岩石和液体的压缩系数很大，如果忽略储层岩石和液体弹性膨胀的影响，计算的地质储量会严重偏高。

在应力敏感储层中，Rahman 等（2006）和杨宇等（2016a）考虑到岩石和液体的非线性压缩变形，提出了由岩石和液体弹性膨胀造成的体积变化量的通用形式，各部分相加得

$$\Delta V_{ep} = \frac{GB_{gi}}{S_{gi}} \Big[\big(1 - e^{-\int_p^{p_i} C_f dp} \big) + S_{wi} \big(e^{\int_p^{p_i} C_w dp} - 1 \big) + S_{oi} \big(e^{\int_p^{p_i} C_o dp} - 1 \big) \Big] \tag{6-44}$$

式中，ΔV_{ep} 为岩石和液体的弹性变化造成的孔隙体积变化量，m^3；B_{gi} 为初始条件下气体体积系数；S_{gi} 为原始含气饱和度（小数）；S_{wi} 为原始含水饱和度（小数）；S_{oi} 为原始含油饱和度（小数）；C_w 为水压缩系数，MPa^{-1}；C_f 为储层岩石压缩系数，MPa^{-1}；C_o 为油的压缩系数，MPa^{-1}。

在无应力敏感的储层中，C_f 是常量，同时，忽略水和油的非线性压缩变形，这时式（6-44）可以简化为

$$\Delta V_{ep} = \frac{GB_{gi}}{S_{gi}} \Big[\big(1 - e^{-C_f(p_i - p)} \big) + S_{wi} \big(e^{C_w(p_i - p)} - 1 \big) + S_{oi} \big(e^{C_o(p_i - p)} - 1 \big) \Big] \tag{6-45}$$

由于 $e^x \approx 1 + x$，所以式（6-45）还可以进一步简化为

$$\Delta V_{ep} = \frac{GB_{gi}}{S_{gi}} \big(C_f + S_{wi} C_w + S_{oi} C_o \big) \big(p_i - p \big) \tag{6-46}$$

如果气藏孔隙中无油，上式简化为

$$\Delta V_{ep} = \frac{GB_{gi}}{S_{gi}} \big(C_f + S_{wi} C_w \big) \big(p_i - p \big) \tag{6-47}$$

3）吸附气解吸出的游离气的地下体积 ΔV_d

页岩气的储存机理与常规气藏不同。储集系统中除了游离气外，在有机质表面还吸附了大量的吸附气。气藏开采过程中，随着地层压力下降，吸附气不断从有机质表面解吸出来，并占据一定的空间。

吸附气的总储量为

$$G_A = \rho_B V_B \frac{V_L p}{p_L + p} \tag{6-48}$$

其中，

$$V_B = \frac{GB_{gi}}{S_{gi} \phi} \tag{6-49}$$

地层压力为 p 时，解吸出的天然气占据的孔隙体积为

$$\Delta V_d = \rho_B B_g \frac{GB_{gi}}{S_{gi} \phi} \left(\frac{V_L p_i}{p_L + p_i} - \frac{V_L p}{p_L + p} \right) \tag{6-50}$$

4）气藏中游离气的物质平衡方程的通式

（1）应力敏感性储层。

如果考虑岩石的应力敏感性，把式（6-43）、式（6-44）和式（6-50），代入式（6-42），得

$$GB_{gi} = (G - G_p)B_g + (W_e - W_pB_w) + \frac{GB_{gi}}{S_{gi}}\Big[(1 - e^{-\int_p^{p_i}C_f dp}) + S_{wi}(e^{\int_p^{p_i}C_w dp} - 1)$$

$$+ S_{oi}(e^{\int_p^{p_i}C_o dp} - 1) + \frac{\rho_B B_g}{\phi}\Big(\frac{V_L p_i}{p_L + p_i} - \frac{V_L p}{p_L + p}\Big)\Big] \tag{6-51}$$

（2）无应力敏感性的储层。

不考虑岩石和流体的应力敏感性时，岩石压缩系数 C_f 为常数。同时，忽略水和油的非线性压缩变形。结合式（6-43）、式（6-46）和式（6-50），将 ΔV_{wip}、ΔV_{ep} 和 ΔV_d 代入式（6-42），得到更常用的形式：

$$GB_{gi} = (G - G_p)\,B_g + (W_e - W_pB_w) + GB_{gi}\frac{C_f + S_{wi}C_w + S_{oi}C_o}{S_{gi}}\,(p_i - p)$$

$$+ \rho_B B_g \frac{GB_{gi}}{S_{gi}\phi}\Big(\frac{V_L p_i}{p_L + p_i} - \frac{V_L p}{p_L + p}\Big) \tag{6-52}$$

上式两边同除以地层孔隙体积 $(GB_{gi})/S_{gi}$，可简化成：

$$\frac{p}{Z}\,(S_{gi} - C_{wip} - C_{ep} - C_d) = \frac{p_i}{Z_i}\Big(1 - \frac{G_p}{G}\Big)S_{gi} \tag{6-53}$$

其中，

$$C_{wip} = \frac{\Delta V_{wip}}{GB_{gi}/S_{gi}} = \frac{W_e - W_pB_w}{GB_{gi}/S_{gi}} \tag{6-54}$$

$$C_{ep} = \frac{\Delta V_{ep}}{GB_{gi}/S_{gi}} = (C_f + S_{wi}C_w + S_{oi}C_o)\,(p_i - p) \tag{6-55}$$

$$C_d = \frac{\Delta V_d}{GB_{gi}/S_{gi}} = \frac{\rho_B B_g}{\phi}\Big(\frac{V_L p_i}{p_L + p_i} - \frac{V_L p}{p_L + p}\Big) \tag{6-56}$$

值得注意的是，式中的 C_{wip}，C_{ep}，C_d 不是压缩系数。

6.6　含气量现场测试与评价

6.6.1　现场测试含气量的理论基础

页岩总含气量的现场测试方法主要参考煤层气藏，有美国矿业局（USBM）法等。现场测定的页岩含气量是由 3 个阶段的实测气量构成，即损失气量、解吸罐解吸气量和残余气量。

1. 损失气量

指从钻遇页岩储层到页岩样被封入解吸罐以前，自然解吸出的天然气量。这部分气体无法直接测得，通常依据早期的解吸数据推测计算。损失气的体积取决于钻遇页岩到把页岩样密封于解吸罐的时间、页岩的物理特性、钻井液特性、水饱和度和游离态气体含量的综合影响：钻井液的密度较大时，对于页岩气的逸散有阻滞作用；井深越大，从取心到岩心装罐所需时间越长，损失气量越大。缩短取心时间是准确减少损失气的有效途径之一。

2. 解吸罐解吸气量

页岩样置于解吸罐中，在正常大气压和储层温度下，自然脱出的页岩气量称为解吸气量。当一周内平均解吸气量小于 $10\mathrm{cm^3/d}$，或在一周内每克样品的解吸量平均小于 $0.05\mathrm{cm^3/d}$ 时，停止解吸测试。

3. 残余气量

指充分解吸结束后残留在页岩样中的气量。将样品罐加入钢球后密封，放在球磨机上磨 2h，然后按测试解吸气的程序测残余气。在页岩气开发中要特别注意残余气的含量。

在取心和测试解吸气量的过程中，需要进行精确的时间记录，包括钻遇页岩层时刻 (t_1)、开始取心时刻 (t_2)、开始起钻时刻 (t_3)、页岩心提至井深一半时刻 (t_4)、页岩心提出井口时刻 (t_5)、岩心装罐结束时刻 (t_6)、在罐里开始解吸时刻 (t_7)。

国内进行现场含气性测试时，要求在取心过程中，每 100m 井深的提心时间不得超过 2min；页岩心提出井口时刻 (t_5) 与岩心装罐结束时刻 (t_6) 的间隔小于 10min；岩心装罐结束时刻 (t_6) 与开始解吸时刻 (t_7) 的间隔小于 2min。

下面引入损失气时间和零时间的定义。

零时间 (t_0)：甲烷开始解吸的时间。零时间与钻井液类型有关。

（1）气相或雾相钻井液：假设穿遇页岩时开始解吸，零时间为钻遇页岩时刻，即 $t_0 = t_1$。

（2）水基钻井液：假设岩心提到距井口一半时开始解吸，零时间为页岩心提至井深一半时刻，即 $t_0 = t_4$。

损失气时间 (T)：从零时间 t_0 到装罐结束时刻 t_6 之间的时间长度。

在现场把出井的页岩心立即装罐密封，以样品罐密封起计时测量。USBM 法测试要求解吸开始按每小时计量 $4\sim5$ 次，压力不超过 $28\sim34\mathrm{kPa}$，含气量高的样品计量要求加密，几天过后气量已经很小，气压发生波动，要防止发生倒吸现象，当解吸速率降为一周内平均每天低于 $10\mathrm{cm^3}$ 时，停止现场解吸。

假设岩样为球形，在径向上气体作线性扩散，即

$$\frac{\partial^2 C}{\partial r^2} + \frac{2}{r}\frac{\partial C}{\partial r} = \frac{1}{D}\frac{\partial C}{\partial t} \tag{6-57}$$

初始条件为

$$C = C_0, \quad t = 0 \tag{6-58}$$

在不同的方法中，采用的边界条件也不同。

USBM 法：

$$C = 0, \quad r = R_a \tag{6-59}$$

史威法：

$$C = \frac{t_5 - t}{t_5 - t_2}C_0, \quad r = R_a, \quad t < t_5$$
$$C = 0, \quad r = R_a, \quad t \geq t_5 \tag{6-60}$$

式中，C 为页岩气体浓度，$\mathrm{kg/m^3}$；D 为扩散系数，$\mathrm{m^3/s}$；R_a 为球半径，m；C_0 为页岩气

初始浓度，kg/m³。

球体初始含气量：

$$V_0 = \frac{4\pi R_a{}^3 \phi C_0}{3} \tag{6-61}$$

当解吸 t 时间后，球体含气量：

$$V(t) = 4\pi\phi \int_0^{R_a} r^2 C(r,\ t)\,dr \tag{6-62}$$

Carslow 和 Jaeger（1959）求解的初期解吸气量为

$$V_0 - V(t) = a_1 t^{0.5} + a_2 (t^{0.5})^2 \tag{6-63}$$

式中，V_0 为初始含气量，kg；$V(t)$ 为解吸 t 时间后的球体含气量，kg；a_1、a_2 为系数。

6.6.2　USBM 法计算损失气量

美国矿业局采用的直接法（USBM 法）计算损失气量的理论假设岩样是球形的，且孔径的分布是单峰的。气体在孔隙中的扩散是等温过程，且服从菲克第一定律，所有孔隙中气体的初始浓度相同，取心过程中球体的边界处气体浓度为零。当损失气量（逸散气量）不超过总含气量的 20% 时，直接法计算的含气量比较准确。

USBM 法认为解吸最初几个小时释放出的气体与解吸时间（$t = \Delta t + T$）的平方根成正比：

$$V_{STP}(\Delta t) + V_S = 203.1 G_{ci}\sqrt{\frac{D}{R_a^2}}\sqrt{\Delta t + T} \tag{6-64}$$

即

$$V_{STP}(\Delta t) = 203.1 G_{ci}\sqrt{\frac{D}{R_a^2}}\sqrt{\Delta t + T} - V_S \tag{6-65}$$

式中，$V_{STP}(\Delta t)$ 为解吸罐解吸气量，cm³；G_{ci} 为损失气量与解吸罐总解吸气量之和（不包括残余气量），cm³；D 为扩散系数，cm²/s；R_a 为岩心半径，cm；Δt 为解吸罐解吸时间（从装罐结束时刻 t_6 开始计时），s；T 为损失气时间，s；V_S 为损失气量，cm³。

把式（6-65）简化为下式：

$$V_{STP}(\Delta t) = b\sqrt{\Delta t + T} - V_S \tag{6-66}$$

式中，b 为常数；对于水基钻井液，有 $T = t_6 - t_0 = t_6 - t_4$。

Waechter 等（2004）在 USBM 法基础上提出多项式拟合法：

$$V_{STP}(\Delta t) = a_1\sqrt{\Delta t + T} + a_2 (\sqrt{\Delta t + T})^2 - V_S \tag{6-67}$$

式中，a_1 和 a_2 为拟合系数。

在 USBM 法中，以标准状况下的解吸气量 V_{STP} 为纵坐标，以 $\sqrt{\Delta t + T}$ 为横坐标作图。取早期数据点，反向延长到横坐标零点，可估算出损失气量（图6-9）。

根据式（6-65），从拟后的斜率可以计算扩散系数：

$$D = R_a^2 \left(\frac{b}{203.1 G_{ci}}\right)^2 \tag{6-68}$$

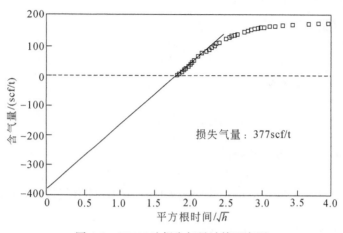

图 6-9　USBM 法损失气量计算示意图

6.6.3　史威法计算损失气量

USBM 法以孔隙单峰分布为前提，即假设所有孔隙大小都是相同的。岩屑在井筒上升过程中，Smith 和 Williams（1981）假设球体边界处气体浓度线性下降。当岩屑到达地面后，球体的边界处气体浓度为零。在井口收集钻屑装入解吸罐中，解吸测试方法与 USBM 法相同。虽然史威法是针对钻井岩屑解吸建立的，但同样适用于岩心柱塞样。

通过求解扩散方程，引入两个无因次时间。

1）地面时间比

地面时间比=地面暴露时间/损失气时间

即

$$STR = \frac{t_6 - t_5}{t_6 - t_0} \tag{6-69}$$

式中，t_5 为页岩心提出井口时刻；t_6 为岩心装罐结束时刻；t_0 为零时间，常设为开始取心时刻（即 t_2）。

2）损失时间比

损失时间比=损失气时间/从零时间到实测气解吸 25% 的时间

即

$$LTR = \frac{t_6 - t_0}{t_6 - t_0 + t_{25\%}} \tag{6-70}$$

式中，STR 为地面时间比，无因次；LTR 为损失时间比，无因次；$t_{25\%}$ 为在解吸罐中实测解吸气达到总解吸气量的 25% 所需的时间（从装罐结束时刻 t_6 开始计时）。

由两个无因次时间比，查图得到体积校正因子 VCF（图 6-10）。

$$V_S = V_{STP} \times (VCF - 1) \tag{6-71}$$

式中，V_S 为损失气量，cm^3；V_{STP} 为总的解吸罐解吸气量，cm^3；VCF 为体积校正因子，无因次。

　　损失气量与总含气量的比值小于 50% 时，史威法是准确的，即校正因子最大值是 2。

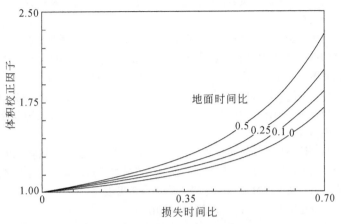

图 6-10　史威法体积校正因子（Smith and Williams，1981）

6.6.4　曲线拟合法计算损失气量

　　USBM 法是通过解吸罐实测的早期数据进行直线拟合。Amoco 法也称曲线拟合法，通过所有的解吸数据拟合：

$$V_{\text{STP}}(\Delta t) = G_{\text{ci}}\left[1 - \frac{6}{\pi^2}\exp\left(-\pi^2\frac{D}{R_{\text{a}}^2}\Delta t\right)\right] - V_{\text{S}} \tag{6-72}$$

式中，$V_{\text{STP}}(\Delta t)$ 为解吸罐解吸气量，cm^3；G_{ci} 为损失气量与解吸罐总解吸气量之和（不包括残余气）；D 为扩散系数，无因次；R_{a} 为岩心半径，cm；Δt 为解吸罐解吸时间，s；V_{S} 为损失气量，cm^3。

　　在 Amaco 法中，有 3 个未知参数：G_{ci}、$\dfrac{D}{R_{\text{a}}^2}$ 和 V_{S}，可以采用回归法进行拟合求解。

参 考 文 献

陈建国, 邓金根, 袁俊亮等. 2015. 页岩储层 I 型和 II 型断裂韧性评价方法研究 [J]. 岩石力学与工程学报, (6): 1101~1105

陈万钢, 吴建光, 王力等. 2018. 北美页岩气压裂技术 [M]. 北京: 科学出版社

陈鑫堂. 1986. 自然伽玛能谱测井资料的地质解释 [J]. 测井技术, 10 (4): 24~32

邓克俊. 2010. 核磁共振测井理论及应用 [M]. 东营: 中国石油大学出版社

董大忠, 邹才能. 2012. 中国页岩气勘探开发进展与发展前景 [J]. 石油学报, 33 (1): 107~114

董大忠, 王玉满, 黄旭楠等. 2016. 中国页岩气地质特征、资源评价方法及关键参数 [J]. 天然气地球科学, 27 (9): 1583~1601

贺承祖, 华明琪. 1998. 储层孔隙结构的分形几何描述 [J]. 石油与天然气地质, 19 (1): 15~23

贾利春, 陈勉. 2012. 国外页岩气井水力压裂裂缝监测技术进展 [J]. 天然气与石油, 30 (1): 44~46

蒋廷学. 2016. 页岩气压裂技术 [M]. 上海: 华东理工大学出版社

金衍, 陈勉. 2011. 井壁稳定力学 [M]. 北京: 科学出版社

梁狄刚, 郭彤楼, 陈建平等. 2008. 中国南方海相生烃成藏研究的若干新进展 (一): 南方四套区域性海相烃源岩的分布 [J]. 海相油气地质, 13 (2): 1~16

罗鹏, 吉利明. 2013. 陆相页岩气储层特征与潜力评价 [J]. 天然气地球科学, 24 (5): 1060~1068

聂海宽, 张金川. 2012. 页岩气聚集条件及含气量计算—以四川盆地及其周缘下古生界为例 [J]. 地质学报, 86 (2): 349~361

潘钟祥, 高纪清, 陈荣书. 1987. 石油地质学 [M]. 北京: 地质出版社

彭大钧. 1994. 含油气盆地异常高压带 [M]. 北京: 石油工业出版社

斯伦贝谢. 1998. 测井解释常用岩石矿物手册 [M]. 吴庆岩, 张爱军译. 北京: 石油工业出版社

唐颖, 李乐忠, 蒋时馨. 2014. 页岩储层含气量测井解释方法及其应用研究 [J]. 天然气工业, 34 (12): 46~54

王世谦, 王书彦, 满玲等. 2013. 页岩气选区评价方法与关键参数 [J]. 成都理工大学学报 (自然科学版), 40 (6): 609~619

王志刚. 2015. 涪陵页岩气勘探开发重大突破与启示 [J]. 石油与天然气地质, 36 (1): 1~6

肖立志, 张晓玲, 谢庆明. 2015. 页岩气岩石物理与测井评价及微观渗流特性研究 [M]. 北京: 科学出版社

谢然红, 肖立志, 邓克俊. 2006. 核磁共振测井孔隙度观测模式与处理方法研究. 地球物理学报, 49 (5): 1567~1572

杨宇, 康毅力, 郭春华等. 2006. 裂缝性地层测试压裂分析在川西须家河组的应用 [J]. 石油钻探技术, 34 (6): 57~60

杨宇, 孙晗森, 彭小东. 2013. 煤层气储层孔隙结构分形特征定量研究 [J]. 特种油气藏, 20 (1): 31~34

杨宇, 周文, 林璠, 等. 2014. 一种新的致密气藏平均毛管压力计算模型 [J]. 成都理工大学学报 (自然科学版), 41 (6): 769~772

杨宇, 孙晗森, 刘世界等. 2015a. 煤层气藏工程 [M]. 北京: 科学出版社

杨宇, 张凤东, 孙晗森. 2015b. 试井分析 [M]. 北京: 地质出版社

杨宇, 孙晗森, 彭小东等. 2016a. 气藏动态储量计算原理 [M]. 北京: 科学出版社

杨宇, 周文, 闫长辉等. 2016b. 砂岩—页岩互层气藏物质平衡方程构建与应用 [J]. 煤炭学报, 41 (1): 174~180

伊科诺米季斯，马丁. 2012. 现代压裂技术：提高天然气产量的有效方法 ［M］. 卢拥军等译. 北京：石油工业出版社

于炳松. 2016. 富有机质页岩沉积环境与成岩作用 ［M］. 上海：华东理工大学出版社

俞绍诚. 2010. 水力压裂技术手册 ［M］. 北京：石油工业出版社

虞绍永，姚军. 2013. 非常规气藏工程方法 ［M］. 北京：石油工业出版社

袁士义，叶继根，孙志道. 2003. 凝析气藏高效开发理论与实践 ［M］. 北京：石油工业出版社

曾秋楠，周新桂，于炳松等. 2015. 陆相页岩气储层评价标准探讨—以延长组富有机质页岩为例 ［J］. 新疆地质. 33 （3）：409 ~ 414

张金川，聂海宽，徐波等. 2008. 四川盆地页岩气成藏地质条件 ［J］. 天然气工业，28 （2）：151 ~ 156

张逸群，余刘应，张国锋. 2017. 基于微注入压降测试的页岩气储层快速评价方法 ［J］. 石油钻探技术，45 （3）：107 ~ 112

赵金洲，许文俊，李勇明等. 2015. 页岩气储层可压性评价新方法 ［J］. 天然气地球科学，26 （6）：1165 ~ 1172

钟森，任山，黄禹忠等. 2012. 高速通道压裂技术在国外的研究与应用 ［J］. 中外能源，17 （6）：39 ~ 42

周文，徐浩，邓虎成等. 2016a. 四川盆地陆相富有机质层段剖面结构划分及特征. 岩性油气藏 ［J］. 28 （6）：1 ~ 8

周文，徐浩，余谦等. 2016b. 四川盆地及其周缘五峰组—龙马溪组与筇竹寺组页岩含气性差异及成因 ［J］. 岩性油气藏，28 （5）：18 ~ 25

邹顺良. 2017. 微注压降测试在涪陵页岩气井的应用 ［J］. 江汉石油职工大学学报，30 （1）：34 ~ 35

Adiguna H, Torres V C. 2013. Comparative study for the interpretation of mineral concentrations, total porosity, and TOC in hydrocarbon-bearing shale from conventional well logs ［J］. SPE 166139

Al-Ahmadi H A, Wattenbarger R A. 2011. Triple-porosity models: one further step towards capturing fractured reservoirs heterogeneity ［J］. SPE 149054

Al-Tailji W H, Shah K, Davidson B M. 2016. The application and misapplication of 100-mesh sand in multi-fractured horizontal wells in low-permeability reservoirs ［J］. SPE 179163

Amankwah K A G, Schwarz J A. 1995. A modified approach for estimating pseudo-vapor pressures in the application of the dubinin-astakhov equation ［J］. Carbon, 33 （9）：1313 ~ 1319

Ambrose R J, Clarkson C R, Youngblood J E et al. 2011. Life-cycle decline curve estimation for tight/shale Reservoirs ［J］. SPE 140519

Andrade P J F, Civan F, Devegowda D et al. 2011. Design and examination of requirements for a rigorous shale-Gas reservoir simulator compared to current shale-gas simulator ［J］. SPE 144401

Arps J J. 1944. Decline curve analysis ［C］//Houston Meeting

Athy L F. 1930. Density, porosity and compaction of sedimentary rocks ［J］. AAPG Bulletin, 14 （1）：1 ~ 24

Barenblatt G I, Zheltov I P, Kochina I N. 1960. Basic concepts in the theory of seepage of homogeneous liquids in fissured rocks ［strata］ ［J］. Journal of applied mathematics and mechanics, 24 （5）：1286 ~ 1303

Barree R D, Harris H G, Towler B F et al. 2013. Effects of high pressure-dependent leakoff （PDL） and high process-zone Stress （PZS） on stimulation treatments and production ［J］. SPE 167038

Bello R O, Wattenbarger R A. 2010. Multi-stage hydraulically fractured horizontal shale gas well rate transient analysis ［J］. SPE 126754

Beskok A, Karniadakis G E. 1999. A model for flows in channels, pipes, and ducts at micro and nano scales

[J]. Microscale thermophysical engineering, 3 (1): 43 ~ 77

Bihan A L, Nicot B, Marie K et al. 2014. Quality control of porosity and saturation measurements on source rocks [C]//SPWLA 55th Annual Logging Symposium

Bowers G L. 1995. Pore pressure estimation from velocity data: accounting for overpressure mechanisms besides undercompaction [J]. SPE 27488

Bowers G L. 2001. Determining an appropriate pore-pressure estimation strategy [C]//Offshore Technology Conference

Bowers J, Sardo A. 2017. A new approach to the girth welding of clad pipelines [C]//Offshore Mediterranean Conference

Brannon H D, KendrickD E, Luckey E et al. 2009. Multistage fracturing of horizontal shale gas wells using > 90% foam provides improved production [J]. SPE 124767

Brent A C S, Azbel K. 2014. Predicting pore pressure in active fold-thrust systems: An empirical model for the deepwater Sabah foldbelt [J]. Journal of Structural Geology, 69: 465-480

Brohi I G, Pooladi D M, Aguilera R. 2011. Modeling fractured horizontal wells as dual porosity composite reservoirs-application to tight gas, shale gas And tight oil cases [J]. SPE 144057

Brunauer S, Deming L, Deming W et al. 1940. A theory of the van der waals adsorption of gases [J]. Journal of the American Chemical Society, 62 (7): 1723 ~ 1732

Bruno L, Aguilera R. 2013. Evaluation of quintuple porosity in shale petroleum reservoirs. [J]. SPE165681

Carslaw H S, Jaeger J C. 1959. Conduction of heat in solids [M]. Oxford University Press, Ely house, London

Chen C C, Rajagopal R. 1997. A multiply- fractured horizontal well in a rectangular drainage region [J]. SPE 37072

Chong K K, Grieser W V, Passman A. 2010. A completion guide book to shale-play stimulation in the last two decades [C]// Proceedings of Canadian Unconventional Resources and International Petroleum Conference. SPE 133874

Cipolla C L, Warpinski N R, Mayerhofer M J. 2008. Hydraulic Fracture Complexity: Diagnosis, Remediation, And Explotation [J]. SPE 115771

Civan F. 2010. Effective correlation of apparent gas permeability in tight porous media [J]. Transport in Porous Media, 82 (2): 375 ~ 384

Civan F, Rai C S, Sondergeld C H. 2011. Shale- gas permeability and diffusivity inferred by improved formulation of relevant retention and transport mechanisms [J]. Transport in Porous Media, 86 (3): 925 ~ 944

Cluff R M. 2012. Howtoassess shales from well logs- apetrophysicists perspective [C]//IOGA66th AnnualMeeting, Evansville, Indiana

Coates G R, Xiao L Z, Prammer M G. 1999. NMR logging principles and applications [M]. Texas: Gulf Publishing Company

Colten B V A. 1987. Role of pressure in smectite dehydration-Effects on geopressure and smectite-to-illite transformation [J]. American Association of Petrology & Geology Bulletin,, 71 (11): 1414 ~ 1427

Couzens-Schultz B A, Azbel K. 2014. Predicting pore pressure in active fold-thrust systems: An empirical model for the deepwater Sabah foldbelt [J]. Journal of Structural Geology, 69: 465 ~ 480

Cui X, Bustin A M M, Bustin R M. 2009. Measurements of gas permeability and diffusivity of tight reservoir rocks: different approaches and their applications [J]. Geofluids, 9 (3): 208 ~ 223

Dicker A I, Smits R M. 1988. A practical approach for determining permeability from laboratory pressure-pulse decay measurements [J]. SPE 17578

Dubinin M M. 1960. The potential theory of adsorption of gases and vapors for adsorbents with energetically nonuniform surfaces [J]. Chemical Reviews, 60 (2): 235~241

Dubinin M M, Astakhov V A. 1970. Development of the concepts of volume filling of micropores in the adsorption of gases and vapors by microporous adsorbents-communication 1. carbon adsorbents [J]. Physical Chemistry, 20 (1): 3~7

Duong A N. 2011. Rate-decline analysis for fracture-dominated shale reservoirs [J]. SPE 137748

Economides M J, Nolte K G. 1987. Reservoir Stimulation [M]. Schlumberger Educational Services

Elsaig M, Aminian K, Ameri S et al. 2016. Accurate evaluation of Marcellus Shale Petrophysical Properties [J]. SPE 184042

Fertl W H, Chilingar G V. 1988. Total organic carbon content determined from well logs [J]. SPE 15612

Fertl W H, Rieke H H. 1980. Gamma ray spectral evaluation techniques identify fractured shale reservoirs and source-rock characteristics [J]. SPE 8454

Firdaus G, Heidari Z. 2015. Quantifying electrical resistivity of isolated kerogen from organic-rich mudrocks using laboratory experiments [J]. SPE 175078

Garb F A, Larson T A. 1987. Valuation of oil and gas reserves (1987 PEH Chapter 41) [J]. Society of Petroleum Engineers

Gillard M R, Medvedev O O, Hosein P R et al. 2010. A new approach to generating fracture conductivity [J]. SPE 135034

Goldstein B, VanZeeland A. 2015. Self-suspending proppant transport technology increases stimulated reservoir volume and reduces proppant pack and formation damage [J]. SPE 174867

Grieser W V, Wheaton W E, Magness W D et al. 2007. Surface reactive fluid's effect on shale [J]. SPE 106815

Guidry F K, Walsh J W. 1993. Well log interpretation of a devonian gas shale: An example analysis [J]. SPE 26932

Guidry F K, Luffel D L, Olszewskl A J. 1990. Devonian shale formation evaluation model based on logs, new core analysis methods, and production tests [C]//SPWLA 31st Annual Logging Symposium

Herron S L, Tendre L L. 1990. Wireline source-rock evaluation in the Paris Basin [J]. AAPG Studies in Geology, 30: 57~71

Hoesni, Jamaal M. 2004. Origins of overpressure in the Malay Basin and its influence on petroleum systems [J]. University of Durham, 35 (12): 12397~12401

Jacobi D J, Gladkikh M, LeCompte B et al. 2008. Integrated petrophysical evaluation of shale gas reservoirs [J]. SPE 114925

Jaeger J C, Cook N G W. 1979. Fundamentals of rock mechanics [M]. New York, Chapman and Hall

Javadpour F. 2009. Nanopores and apparent permeability of gas flow in mudrocks (shales and siltstone) [J]. Journal of Canadian Petroleum Technology, 48 (8): 16~21

Javadpour F, Fisher D, Unsworth M. 2007. Nanoscale gas flow in shale gas sediments [J]. Journal of Canadian Petroleum Technology, 46 (10): 55~61

Juan C G, Rattia A J. 2012. Unconventional reservoirs: basic petrophysical concepts for shale gas [J]. SPE 153004

Julia F W, Robert M R, Jon H. 2007. Natural fractures in the Barnett Shaleand their importance for hydraulic fracture treatments [J]. AAPGBulletin, 2007, 91 (4): 603 ~ 622

Katz A J, Thompson A H. 1985. Fractal sandstone pores: implications for conductivity and formation [J]. Physical Review Letters, 54 (3): 1325 ~ 1328

Kazemi H, Klein R C, Turner F N et al. 1968. Dynamics of oxygen transfer in the cerebrospinal fluid [J]. Respiration physiology, 4 (1): 24 ~ 31

Kent A B. 2007. Barnett Shale gas production, Fort Worth Basin: Issues and discussion [J]. AAPG Bulletin, 91 (4) 523 ~ 533

Klinkenberg L J. 1941. The permeability of porous media to liquids and gases [J]. Socar Proceedings, 2 (2): 200 ~ 213

Krohn C E. 1988. Fractal measurements of sandstone, shale and carbonate [J]. Journal of Geophysical Research Solid Earth, 93 (4): 3297 ~ 3305

Kuila U, Mccarty D K, Derkowski A et al. 2014. Total porosity measurement in gas shales by the water immersion porosimetry (WIP) method [J]. Fuel, 117 (1): 1115 ~ 1129

Kurtoglu B, Cox S A, Kazemi H. 2011. Evaluation of long-term performance of oil wells in elm coulee Field [J]. SPE 149273

Lacayo J, Lee J. 2014. Pressure normalization of production rates improves forecasting results [J]. SPE 168974

Lewis R, David L, Pearch M, et al. 2004. New Evaluation Techniques for Gas Shale Reservoirs [C] // Reservioir Symposium. Schlumberger

Loucks R G, Reed R M, Ruppel S C et al. 2010. Preliminary classification of matrix pores in mudrocks [C]// Gulf CoastAssociation of Geological Societies Transactions. AAPG Bulletin

Loyalka S K, Hamoodi S A. 1990. Poiseuille flow of a rarefied gas in a cylindrical tube: solution of linearized Boltzmann equation [J]. Physics of Fluids, 2 (11): 2061 ~ 2065

Luffel D L, Guidry F K. 1992. New core analysis methods for measuring reservoir rock properties of devonian shale [J]. SPE 20571

Luffel D L, Guidry F K, Curtis J B. 1992. Evaluation of devonian shale with new core and log analysis methods [J]. SPE 21297

Mandelbrot B B. 1983. The fraetal geometry of nature [M]. New York, W. H. Freeman and Company

Mavko G, Mukerji T, Dvorkin J. 2009. The Rock Physics Handbook [M], 2nd. United Kingdom: Cambridge University Press

Moffat D H, Weale K E. 1955. Sorption by coal of methane at high pressures [J]. Fuel, 34: 417 ~ 428

Moghadam S, Jeje O, Mattar L. 2011. Advanced gas material balance in simplified format [J]. Journal of Canadian Petroleum Technology, 50 (1): 90 ~ 98

Morriss C, Rossini D, Straley C et al. 1997. Core analysis by low-field NMR [J]. Society of Petrophysicists and Well-Log Analysts, 38 (2): 84 ~ 95

Nick D H, Yang R T. 1997. Theoretical basis for the dubinin-radushkevitch (D-R) adsorption isotherm equation [J]. Adsorption-journal of the International Adsorption Society, 3 (3): 189 ~ 195

Nobakht M, Clarkson C R, Kaviani D. 2013. New type curves for analyzing horizontal well with multiple fractures in shale gas reservoirs [J]. Journal of Natural Gas Science & Engineering, 10 (1): 99 ~ 112

Ozawa S, Kusumi S, Ogino Y. 1976. Physical adsorption of gases at high pressure IV an improvement of the dubinin—astakhov adsorption equation [J]. Journal of Colloid and Interface Science, 56 (1): 83 ~ 91

Palisch T T, Vincent M, Handren P J. 2010. Slickwater fracturing: food for thought [J]. SPE 115766

Passey Q R, Creaney S, Kulla J B et al. 1990. A practical model for organic richness from porosity and resistivity logs [J]. AAPG Bull, 74 (12): 1777~1794

Passey Q R, Bohacs K, Esch W L et al. 2010. From oil-prone source rock to gas-producing shale reservoir-geologic and petrophysical characterization of unconventional shale gas reservoirs [J]. SPE 131350

Pemper R R, Sommer A, Guo P et al. 2006. A new pulsed neutron sonde for derivation of formation lithology and mineralogy [J]. SPE 102770

Pemper R R, Han X, Mendez F E et al. 2009. The direct measurement of carbon in wells containing oil and natural gas using a pulsed neutron mineralogy tool [J]. SPE 124234

Peng D Y, Robinson D B. 1976. A new two-constant equation of state [J]. Industrial and Engineering Chemistry Fundamentals, 15 (1): 59~64

Prammer M G, Drack E D, Bouton J C et al. 1996. Measurements of clay-bound water and total porosity by magnetic resonance logging [J]. SPE 36522

Quirein J, Eid M, Cheng A. 2014. Predicting the stiffness tensor of a transversely isotropic medium when the vertical poisson's ratio is less than the horizontal poisson's ratio [C]//SPWLA 55th Annual Logging Symposium. Society of Petrophysicists and Well-Log Analysts

Rahman N M A, Anderson D M, Mattar L. 2006. New, rigorous material balance equation for gas flow in a compressible formation [J]. SPE 100563

Rezaee M R. 2015. Fundamentals of gas shale reservoirs [M]. John Wiley & Sons

Rickman R, Mullen M J, Petre J E et al. 2008. A practical use of shale petrophysics for stimulation design optimization: all shale plays are not clones of the barnett shale [J]. SPE 115258

Satti I A, Ghosh D, Wan I W Y et al. 2014. Analysis of overpressure mechanisms in a field of Southwestern Malay Basin [C]//Offshore Technology Conference-Asia

Schein G W, Carr P D, Canan P A et al. 2004. Ultra lightweight proppants: their use and application in the barnett shale [J]. SPE 90838

Schieber J. 2011. Shale microfabrics and pore development-An overview with emphasis on the importance of depositional processes [C]//2011 CSPG CSEG CWLS Convention

Schlumberger. 1989. Geo Frame 3.8—ELANPlus Theory [R]. Schlumberger

Schlumberger. 2011. Eclipse reservoir simulation software version 2011.1 technical description [R]. Schlumberger

Schmoker J W. 1979. Determination of organic content of appalachian devonian shales from formation-density logs [J]. American Association of Petroleum Geologists Bulletin, 63 (9): 1504~1509

Schmoker J W. 1981. Determination of organic-matter content of Appalachian Devonian shales from gamma-ray logs [J]. American Association of Petroleum Geologists Bulletin, 65 (7): 1285~1298

Schmoker J W, Hester T C. 1983. Organic carbon in bakken formation, United States portion of williston basin [J]. AAPG Bulletin, 67 (12): 2165~2174

Smith D M, Williams F L. 1981. A new technique for determining the methane content of coal [C]//Proceedings of the 16th Intersociety Energy Conversion Engineering Conference

Soeder D J. 1988. Porosity and permeability of eastern devonian gas shale [J]. SPE 15213

Soliman M Y, East L E, Augustine J R. 2010. Fracturing design aimed at enhancing fracture complexity [J]. SPE 130043

Sondergeld C H, Newsham K E, Comisky J T et al. 2010. Petrophysical considerations in evaluating and producing shale gas resources [C]// SPE Unconventional Gas Conference 2010. Society of Petroleum Engineers

Soni T M. 2014. LPG-Based fracturing: an alternate fracturing technique in shale reservoirs [J]. SPE 170542

Straley C, Morriss C, Rossini D et al. 1997. Core Analysis By Low-field NMR [J]. Society of Petrophysicists and Well-Log Analysts, 38 (2): 84~95

Swami V, Clarkson C R, Settari A. 2012. Non-darcy flow in shale nanopores: do we have a final answer? society of petroleum engineers [J]. SPE 162665

Thiercelin M J, Plumb R A. 1994. A core-based prediction of lithologic stress contrasts in east texas formations [J]. SPE 21847

Thomsen L. 1986. Weak elastic anisotropy [J]. Geophysics, 51 (10): 1954~1966

Tomasz T, Derkowski A, Kuila U et al. 2016. Dual liquid porosimetry: a porosity measurement technique for oil- and gas-bearing shales [J]. Fuel, 183: 537~549

Traugott M. 1997. Pore/fracture pressure determinations in deep water [J]. World Oil, 218 (8): 68~68

Waechter N B, Hampton G L, Shipps J C. 2004. Overview of coal and shale gas measurements: field and laboratory precedures [C]//Proceeding of the 2004 international Coalbed Methane Symposoium. The University of Alabama. Tuscaloosa, Alabama

Wang F P, Reed R M. 2009. Pore networks and fluid flow in gas shales [J]. SPE 124253

Ward J. 2010. Kerogen density in the marcellus shale [J]. SPE 131767

Warren J E, Root P J. 1963. The behavior of naturally fractured reservoirs [J]. SPE 426-PA

Wattenbarger R A, El-Banbi A H, Villegas M E et al. 1998. Production analysis of linear flow into fractured tight gas wells [C]//SPE rocky mountain regional/low-permeability reservoirs symposium. Society of Petroleum Engineers

Yu S, Lee W J, Miocevic D J et al. 2013. Estimating proved reserves in tight/shale wells using the modified sepd method [J]. SPE 166198

Zhao H, Givens N B, Curtis B. 2007. Thermal maturity of the Barnett Shale determined from well-log analysis [J]. AAPG Bulletin91 (4): 535~549

附　　录

本例中，模型为长 50m，宽 50m，厚 18m 的页岩气藏概念模型；模拟注入 CO_2 开采页岩气，模型中有两口井（一注一采）；由 ROCK 考虑储层在吸附/解吸过程中的收缩和膨胀；由于涉及 CH_4 和 CO_2 两个组分，采用组分模型进行模拟。

RUNSPEC
--标题为 SHALE GAS TEST
TITLE
SHALE GAS TEST
--网格维数 x 方向 11 个网格，y 方向 11 个网格，z 方向 12 层网格。
--1~2 层网格为基质，3~4 层网格为裂缝，5~12 层网格为基质亚层
DIMENS
11　　11　　12 /
--双孔模型
DUALPORO
--气水两相模型
WATER
GAS
--公制单位
METRIC
--解释为页岩气模型
COAL
--烃类气体中包含 2 种组分，CH_4 和 CO_2
COMPS
2 /
--选择全隐式计算方法
FULLIMP
--平衡表维数
EQLDIMS
2　100　　2　　1　　20 /

--表维数
TABDIMS
2　　1　　40　20　　1　2 /
--分区数

```
REGDIMS
1     1     1*    1*    1*     2 /
--井维数
WELLDIMS
5    13     1     2 /
--开始模拟时间
START
26   'JAN'    1983 /
--输入渗透率为有效渗透率，如不加该关键字，渗透率为输入渗透率×其孔隙度
NODPPM
--解析模型为 Time dependent
CBMOPTS
'TIMEDEP' /
--基质孔隙系统的数量。
--1 个基质层+4 个基质亚层
NMATRIX
5 /


GRID
=============================================================
INIT


--指定 x 方向每一列网格块的大小
DXV
2.5   5.0   5.0   5.0   5.0   5.0   5.0   5.0   5.0   5.0   2.5 /


--指定 y 方向每一行网格块的大小
DYV
2.5   5.0   5.0   5.0   5.0   5.0   5.0   5.0   5.0   5.0   2.5 /


--把基质层的参数赋给裂缝虚拟层
DPGRID


--平均分配基质外层和裂缝网格的体积比
NMATOPTS
UNIFORM/


EQUALS
```

--z 方向网格为 9m 一层

--模型顶部深度 1253.6m

'DZ'　　　9.0　1 11 1 11 1 1 /

'DZ'　　　9.0　1 11 1 11 2 2 /

'TOPS'　1253.6　1 11 1 11 1 1 /

--两层裂缝虚拟层在 x、y、z 方向上的渗透率均为 30.65mD

--两层裂缝孔隙度为 0.01

--裂缝虚拟层无吸附特性

'PERMX'　30.65　1　11 1 11 3 4 /

'PERMY'　0.65　1　11 1 11 3 4 /

'PERMZ'　30.65　1　11 1 11 3 4 /

'PORO'　　0.01　1　11 1 11 3 4 /

COALNUM　0　　1　11 1 11 3 4 /

--第 1 层基质层的吸附特性为 1

--第 2 层基质层的吸附特性为 2

--两层基质层在 x、y、z 方向上的渗透率均为 3.0mD

'COALNUM'　1　1　11 1　11　1　1 /

'COALNUM'　2　1　11 1　11　2　2 /

'PERMX'　3.0　1　11 1　11　1　2/

'PERMY'　3.0　1　11 1　11　1　2/

'PERMZ'　3.0　1　11 1　11　1　2/

--两层基质层的孔隙度为 1-0.01-0.89=0.1

--基质与裂缝间的耦合因子为 0.08

--两层基质层的岩石密度为 1434kg/m^3

'PORO'　　0.89　1 11 1 11 1 2/

SIGMAV　0.08　1 11 1 11 1 2/

'ROCKDEN'1434　1 11 1 11 1 12 /

/

--重新定义基质亚层的吸附特性

COALNUMR

1　0 1 0 1 0/

2　0 2 0 2 0/

/

PROPS

===

--第 1 层 CO_2 扩散系数、CH_4 扩散系数
--第 2 层 CO_2 扩散系数、CH_4 扩散系数
DIFFCBM
10000. 0　　10000. 0 ／
10000. 0　　10000. 0 ／
／

--Langmuir 压力（Bar）Langmuir 体积（m^3/kg）
LANGMEXT　　　--coalnum 1
19. 030　　0. 0240808　　　　--CO_2
46. 885　　0. 01180736 ／　　--CH_4
19. 030　　0. 0240808　　　　--CO_2
46. 885　　0. 01180736 ／　　--CH_4
／

--储层温度为 90℃
RTEMP
90／

--状态方程采取 PR3 方程
EOS
PR3／

--2 种组分
NCOMPS
2／

--采取修正状态方程
PRCORR

--各组分名称
CNAMES
'CO2'
'C1' ／

--CO_2 和 CH_4 摩尔质量和

MW

44. 01

16. 043/

--状态方程中 CO_2 和 CH_4 的 Ω_A 系数

OMEGAA

0. 457235529

0. 457235529/

--状态方程中 CO_2 和 CH_4 的 Ω_B 系数

OMEGAB

0. 077796074

0. 077796074/

-- CO_2 和 CH_4 的临界温度，K

TCRIT

304. 7

190. 6/

-- CO_2 和 CH_4 的临界压力，bar

PCRIT

73. 865925

46. 04208

/

-- CO_2 和 CH_4 的临界体积，$m^3/kg\text{-}mol$

VCRIT

0. 094

0. 098/

-- CO_2 和 CH_4 的临界偏差因子

ZCRIT

0. 274077797373227

0. 284729476628582/

-- CO_2 和 CH_4 的体积转换系数

SSHIFT

-0. 0427303367439383

-0. 144265618878948/

--CO_2 和 CH_4 的偏心因子
ACF
0. 225
0. 013/

--CO_2 和 CH_4 的二元交互系数
BIC
0. 1/

--CO_2 和 CH_4 的等张比容
PARACHOR
78
77/
--CO_2 和 CH_4 的黏度计算的临界体积，$m^3/kg\text{-}mol$
VCRITVIS
0. 094
0. 098/

--CO_2 和 CH_4 的黏度计算的临界偏差因子
ZCRITVIS
0. 274077797373227
0. 284729476628582/

--Lorentz-Bray-Clark 公式黏度计算系数
LBCCOEF
0. 1023 0. 023364 0. 058533 -0. 040758 0. 0093324/

--基质中不含水
SWFN
0. 00　　0. 0　　0. 0
1. 00　　0. 0　　0. 0 /

--裂缝的含水饱和度、水的相对渗透率和水的毛管压力
0. 00　　0. 000　　0. 0
0. 05　　0. 0006　　0. 0
0. 10　　0. 0013　　0. 0

```
0. 15    0. 002    0. 0
0. 20    0. 007    0. 0
/
```

--基质中含气饱和度、气的相对渗透率和气/油毛管压力
SGFN
```
0. 00    0. 000    0. 0
0. 025    0. 0035    0. 0
0. 05    0. 007    0. 0
0. 10    0. 018    0. 0
0. 15    0. 033    0. 0
/
```

--裂缝中含气饱和度、气的相对渗透率和气/油毛管压力
```
0. 00    0. 000    0. 0
0. 025    0. 0035    0. 0
0. 05    0. 007    0. 0
0. 10    0. 018    0. 0
0. 15    0. 033    0. 0
/
```

--模型中需虚拟一个油的相渗曲线，实际计算中未使用
SOF3

--基质中虚拟的含油饱和度、水/油系统中油的相渗、气/油系统中油的相渗
```
0. 0    0. 0    0. 0 /
```

--裂缝中虚拟的含油饱和度、水/油系统中油的相渗、气/油系统中油的相渗
```
0. 0    0. 0    0. 0 /
```

--水的 PVT 参数
PVTW
--压力体积系数压缩系数参考压力下的黏度
```
1. 034              1. 00370    5. 8E-5    0. 60700      0. 00E+00 /
```

--岩石压缩系数
ROCK
--参考压力压缩系数

1.01325　　　1.45E-05 /

--地面条件下油水气相对密度
GRAVITY
--油 API 相对密度、水相对密度、气相对密度
40.0000　　　　　　　　0.99000　　　　　　　0.678 /

--初始状态下全部是 CH_4，没有 CO_2
ZI
0.0　　1.0 /

--无分区
REGIONS

--基质层、裂缝层和基质亚层的相渗曲线
SATNUM
242 * 1　　　-- outer matrix
242 * 2　　　-- fracture
968 * 1 / -- matrix sub cells

EQLNUM
242 * 1
242 * 2
968 * 1 /

SOLUTION
==
EQUIL
--深度压力油水界面深度油水界面压力气油界面深度气油界面压力
1255　　100.0　1262.6　0　1262.6　0　　2 *　　1 *　　1　/ --all gas
1255　　100.0　1253.6　0　1253.6　0　　2 *　　1 *　　1　/ --all water

RPTRST
'BASIC = 2' SWAT SGAS　YMF /

SUMMARY
==

ALL

RUNSUM
--气田日产气量
FPR

FGIP

PERFORMA

--气田 CO_2 日产量
FCWGPR
1 /

--气田 CH_4 日产量
FCWGPR
2 /

--气田 CO_2 累积产量
FCWGPT
1 /

--气田 CH_4 累积产量
FCWGPT
2 /

--生产井中各组分的摩尔分数
WYMF
'P' 1 /
'P' 2 /
/

--P 井的井底流压
WBHP
P /

--I 井的井底流压
WBHP

I /

RPTONLY
SCHEDULE
==

RPTSCHED
PRES SWAT SGAS YMF MLSC /

TUNING
--下一时步的最大值下下一时步的最大值所有时步的最小值截断时
--间步的最小值时间步增长因子最大值时间步衰减因子最小值
0.01　　60.0　　　0.01　.015　　2.0　　0.10 /
　　　　　　　　　　　　　　　　　　　/
--一个时间步中最大迭代次数一个时间步中最小迭代次数迭代过程
--中线性迭代的最大次数
60　　　　1 *　　60　　　　　/

WELSPECS
--井名井组　I　J　井底压力计算深度主要流体类型为气相
'P'　　'G'　　11　11　1253.6　'GAS'　0　'STD'　'SHUT'　'NO' /
'I'　　'G'　　1　1　1253.6　'GAS'　0　'STD'　'SHUT'　'NO' /
/
--模拟时步
TSTEP
365 /

--井名　I　J　射孔层位开/关井油管尺寸
COMPDAT
'P'　　11　11　3　4　'OPEN'　0　0　0.073　0　0.0　0　'Z'　0 /
'I'　　1　1　3　4　'OPEN'　0　0　0.073　0　0.0　0　'Z'　0 /
/
--将传导系数乘以指定值
WPIMULT
'I'　　0.25 /
'P'　　0.25 /
/

--设置注入气的组分，CO_2比例为1，表明注入CO_2
WELLSTRE
'CO2'   1.0   0.0 /
/

--说明注入类型为气，并制定组分类型
WINJGAS
'I'   STREAM   'CO2' /
/

WCONPROD
--井名开/关井控制模式为定井底压力
'P'   'OPEN'   'BHP'   1E20   1E20   25000   1E20   1E20   50   0   0 0 /
/

--注入CO_2
WCONINJE
--井名注入类型开/关井控制模式等
'I'   'GAS'   'OPEN'   'RATE'   7079. 2   1 *   150. 0 /
/

--模拟时步
TSTEP
1 * 365 /

--开/关井
WELOPEN
P   SHUT /
I   SHUT /
/

--模拟时步
TSTEP
2 * 365 /

WCONINJE
--井名注入类型开/关井控制模式等
'I'   'GAS'   'OPEN'   'RATE'   7079. 2   1 *   150. 0 /

```
/

--模拟时步
TSTEP
1 * 365 /

END
```